编委会名单

主　编　周　颖　刘维平

副主编　曹晓真　刘溪源　陈建平

参　编　王小龙　周玉香　王弘浩　辛国省　张　娟
　　　　王钰鑫　陈西凤　何　涛　赵　娜　李会菊
　　　　费媛媛　苏俊喜　施文艺　郭　亮　潘　昊
　　　　师亚芳　徐誉彰　陈亚飞　宋前进　孙嘉欣
　　　　陆　颖

JIANKANG YANGNIU SHIYONG JISHU

健康养牛
实用技术

周 颖 刘维平 编著

黄河出版传媒集团
阳 光 出 版 社

图书在版编目（CIP）数据

健康养牛实用技术 / 周颖，刘维平编著. -- 银川：阳光出版社，2023.8
ISBN 978-7-5525-6954-4

Ⅰ. ①健… Ⅱ. ①周… ②刘… Ⅲ. ①养牛学－教材 Ⅳ. ①S823

中国国家版本馆CIP数据核字(2023)第149458号

健康养牛实用技术　　周　颖　刘维平　编著

责任编辑　马　晖
封面设计　赵　倩
责任印制　岳建宁

黄河出版传媒集团
阳　光　出　版　社　出版发行

出 版 人　薛文斌
地　　址　宁夏银川市北京东路139号出版大厦（750001）
网　　址　http：//www.ygchbs.com
网上书店　http：//shop129132959.taobao.com
电子信箱　yangguangchubanshe@163.com
邮购电话　0951–5047283
经　　销　全国新华书店
印刷装订　宁夏银报智能印刷科技有限公司
印刷委托书号　（宁）0026798

开　本　880 mm × 1230 mm　1/16
印　张　21.25
字　数　320千字
版　次　2023年8月第1版
印　次　2023年8月第1次印刷
书　号　ISBN 978-7-5525-6954-4
定　价　68.00元

前言

养牛业是我国畜牧业的重要组成部分，对于提高农村居民可支配收入和国家食品安全具有重要意义。随着社会经济和科学技术的高速发展，传统经验养牛模式已逐渐被淘汰，规模化、集约化的科学养牛模式正在变成主流。如何提高养牛的健康水平和生产效益，同时减少疾病的发生和环境污染是每一位从业者更为关注的重点。本书是在参阅大量文献资料，吸收、引用和借鉴畜牧兽医学者对健康养牛研究成果的基础上，汇集了众多经验丰富的养牛专家的心得和经验，归纳总结了笔者多年生产实践中的具体经验和做法而成的。全书包括牛的品种识别、生理特征、体型鉴定、饲养管理、饲草调制和疾病防治等十章八十三节，力求内容全面，论述准确，语言简练，通俗易懂。旨在将基础理论和生产实践有机结合，为健康养牛提供技术指导和理论参考，促进养牛业的发展，提高养牛户的收益和生产效益。本书可供养牛生产管理人员、基层畜牧兽医技术人员和广大农村养殖专业户参阅，也可作为农业大中专、农村职业中学以及基层动物防疫人员和新型职业农民的养殖业培训参考教材。

本书在编辑出版过程中，得到了业内前辈、专家、教授和各级领导的大力支持和帮助，在此表示衷心感谢。因学识水平和时间所限，漏误之处在所难免，敬请各位同行专家批评指正！

编著者

2023 年 5 月

目　录

第一章　国内外优良牛品种的识别

第一节　牛的起源和分类

一、牛的起源

牛的祖先是原牛，大约两百万年前，原牛这个物种在印度出现，种群逐渐向中东和整个亚洲扩张，到 25 万年以前已扩张到欧洲。原牛的体形远大于一般家牛。一头较大的家牛肩高也只有 1.5 米，但原牛可达 1.75~2.00 米，体重可达 1 吨。原牛性情凶猛，具有多种家牛已消失的特征，如牛角向前。一般公牛毛色呈黑色，背部有条白线；母牛与幼牛毛色为红褐色。

二、牛的分类

牛按照动物学和经济用途可分为两大类。（见图 1–1、图 1–2）

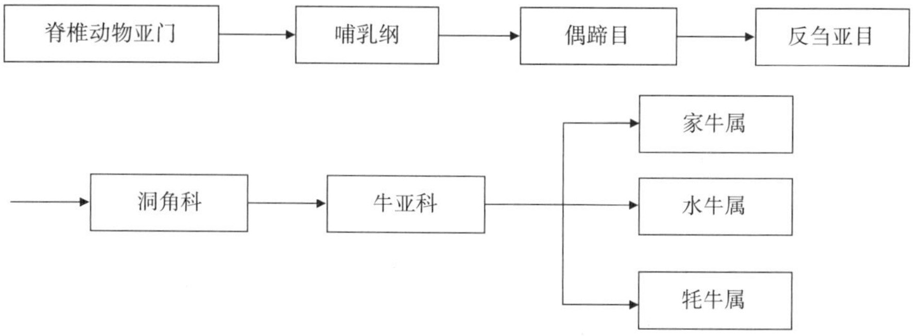

图 1–1　动物学分类

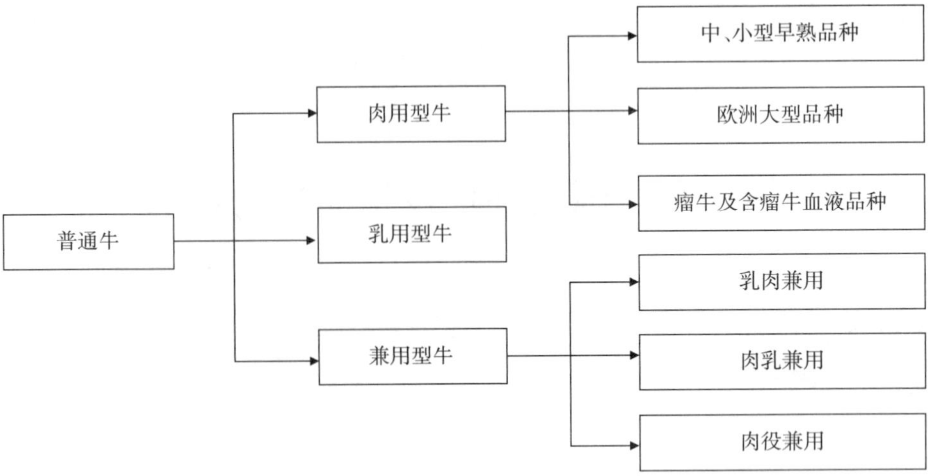

图 1-2 经济用途分类

第二节 国外主要牛品种

一、优良肉用牛品种

据估计，全世界约有 60 多个专门化的肉牛品种，其中英国有 17 个，法国、意大利、美国、俄罗斯各 11 个。国外的肉牛品种按体型大小和产肉性能，大致可分为 3 大类。

（一）中、小型早熟品种

这类品种主产于英国，其特点是生长快，胴体脂肪多，皮下脂肪厚，体型较小。一般成年公牛体重 550~700 千克，母牛 400~500 千克，成年母牛体高在 127 厘米以下为小型，128~136 厘米为中型。如英国的海福特牛、短角牛、安格斯牛等。（见图 1-3）

1. 安格斯牛

产地：原产于英国的阿伯丁、安格斯和金卡丁等郡，全称阿伯丁-安格斯牛，是英国最古老的肉牛品种之一。

育成史：安格斯牛是 1800 年以后才开始被单独识别出来，作为优种肉牛进行饲养的。世界上第一个饲养安格斯牛的人是苏格兰人休·华生。华生住在苏格兰的安格斯，是一个非常会选黑色的无角牛种的人。所以后来这种牛都被称为安格斯。华生的两头著名的牛，一只公的叫“老翘课”，英文原名叫 Old Jock，生于 1842 年；另一只母的叫“老个懒妮”，英文原名是 Old Granny，生于 1824 年，活了 35 岁并生了 29 只小牛。现

图 1-3　安格斯牛

在世界上有注册的安格斯牛绝大多数都是这两头牛的后代。

外貌特征：安格斯牛以被毛黑色或红色，以及无角为其重要特征，故也称其为无角黑牛或无角红牛。该牛体躯低矮、结实、头小而方，额宽，体躯宽深，呈圆筒形，四肢短而直，前后裆较宽，全身肌肉发达，具有现代肉牛的典型体型。安格斯牛成年公牛平均活重 700~900 千克，母牛 500~600 千克，犊牛平均初生重 25~32 千克；公、母牛成年体高分别为 130.8 厘米和 118.9 厘米。

生产性能：具有良好的增重性能，日增重约为 1 000 克。早熟易肥，胴体品质和产肉性能均高。育肥牛屠宰率一般为 60%~65%。12 月龄性成熟，18~20 月龄可以初配。对环境适应性好，耐粗饲、耐寒，性情温和，易于管理。产犊间隔短，一般都是在 12 个月左右，连产性好，极少难产。

2. 海福特牛

产地：原产于英格兰西部威尔士地区的海福特县及邻近诸县，是英国最古老的牛种之一。（见图 1-4）

育成史：海福特牛的培育已有 200 多年的历史。原基础牛是当地以役用为主的威尔士土种牛。18 世纪初以后，遂向肉用方向选育，曾采用近交方法，严格淘汰不良个体，使群中牛早熟性和肉用性能显著提高，于 1790 年育成海福特肉牛品种。

图 1-4　海福特牛

外貌特征：体躯宽深，前胸发达，肌肉肥满，四肢短，尻部丰满，呈长方形或矩形。分有角、无角两种。被毛暗红色，具有“六白”特征，即头、颈、垂、腹下、四肢下部及尾为白色，皮肤为橙黄色。

生产性能：犊牛初生重，公的为34千克，母的为32千克；12个月龄体重达400千克，平均日增重1千克以上。成年体重，公牛为1 000~1 100千克，母牛为600~750千克。屠宰率一般为60%~65%，经肥育后，可达67%~70%，净肉率达60%。肉质嫩，多汁，大理石花纹好。

3. 短角牛

产地：短角牛原产于英格兰的诺桑伯、德拉姆、约克和林肯等郡，它是在18世纪用当地的提兹河牛、达勒姆牛与荷兰中等品种杂交育成的。因该品种牛是由当地土种长角牛经改良而来，角较短小，故取其相对的名称而称为短角牛。（见图1–5）

图1–5 短角牛

育成史：短角牛的培育始于16世纪末17世纪初，最初只强调育肥，20世纪初，经培育的短角牛已是世界闻名的肉牛良种了。1950年，随着世界奶牛业的发展，短角牛中一部分又向乳用方向选育，于是逐渐形成了近代短角牛的两种类型，即肉用短角牛和乳肉兼用型短角牛。世界各国都有短角牛的分布，以美国、澳大利亚、新西兰、日本和欧洲各地饲养较多。

外貌特征：被毛卷曲，多数呈紫红色，红白花其次，沙毛较少，个别全白。大部分都有角，角形外伸、稍向内弯、大小不一，母牛较细，公牛头短而宽，颈短粗厚。胸宽而深，垂皮发达。乳房发育适度，乳头分布较均匀，偏向乳肉兼用型，性情温驯。

生产性能：兼用种成年公牛体重约1 000千克，母牛600~750千克。乳用种年产乳3 000~4 000千克，乳脂率3.9%左右。肉用种体重较大，体质强健，早熟易肥；肉质肥美，屠宰率可达65%~72%。

4. 日本和牛

产地：现今日本和牛的起源来自何处尚未定论，但大多数说法是外来民族迁入时，从中国、朝鲜半岛带入的，据考证我国的蒙古牛、鲁西牛对和牛的血统都有一定影响。日本和牛是世界公认的顶级肉牛，和牛肉质细嫩多汁、入口即化，红色的肌肉组织中大理石状的脂肪纹理分布均匀、间隔细致，一眼看去宛如雪花洒落于红宝石上，在日本人们将之称为霜降，中国则称为雪花牛肉。（见图1–6）

育成史：和牛形成分为3个历史阶段，第1阶段在19世纪末，日本和牛是以田间

图 1–6　日本和牛

耕作为主，役用性能非常好；第 2 阶段是在 20 世纪初，导入了部分欧洲牛的血统，向役乳兼用型发展，泌乳性能有所改善；第 3 阶段是二战结束后，国内肉食品需求增加，农业逐步实现耕作机械化，需要培养本国肉用牛品种，经过导入欧、美等国肉牛的血统，培育出今天的日本和牛新品种。

（二）大型品种

大型品种产于欧洲大陆，原为役用牛，后转为肉用。其特点是体格高大，肌肉发达，脂肪少，生长快，但较晚熟。成年公牛体重 1 000 千克以上，母牛 700 千克以上，成年母牛体高在 137 厘米以上，如法国的夏洛莱牛、利木赞牛、意大利的皮埃蒙特牛等。（见图 1–7）

1. 夏洛莱牛

图 1–7　夏洛莱牛

产地：原产于法国中部的夏洛莱和涅夫勒地区，本是古老的大型役用牛，经选育成为著名的大型肉牛品种。该牛以体型大、生长迅速、瘦肉多、饲料转化率高而著名。

育成史：18 世纪开始系统选育，主要是通过本地品种严格选育而成。1864 年建立良种登记簿，1887 年成立夏洛莱品种协会，1920 年被育成为专门的肉用品种。1986 年法国的夏洛莱牛达 300 多万头，占法国牛总头数的 15%，其中适龄母牛 130 万头，良种登记母牛达 17 万头以上。1964 年全世界 22 个国家联合，成立了国际夏洛莱牛协会，推动了该牛种的进一步提高。

外貌特征：全身乳白色或浅乳黄色，额宽脸短，角中等粗细，向两侧或前方伸展，背厚腰宽，臀部丰满，肌肉十分发达，使身躯呈圆筒形，四肢粗壮结实。公牛常有双鬐甲或凹背的弱点。牛角和蹄呈蜡黄色。鼻镜、眼睑等为肉色。

生产性能：以生长速度快，瘦肉产量高而著称。平均日增重公犊 1 000~1 200 克，母犊 1 000 克。12 月龄公犊体重达 525 千克，母犊 360 千克。屠宰率为 65%~70%，胴体产肉率为80%~85%。成年活重，公牛平均为 1 100~1 200 千克，母牛为 700~800 千克。

2. 利木赞牛

产地：原产于法国中部的利木赞高原，并因此得名。在法国，其主要分布在中部和南部的广大地区，数量仅次于夏洛莱牛，育成后于 20 世纪 70 年代初，输入欧美各国，现在世界上许多国家都有该牛分布。（见图 1–8）

图 1–8　利木赞牛

育成史：当初是大型役用牛，适合山区气候，被认为是由金色阿奎丹牛的一个支系繁育而成。利木赞牛 1850 年开始选种，1886 年建立良种登记，1924 年宣布育成专门化的肉牛品种，约有 120 万头，是法国第二大肉牛品种。

外貌特征：利木赞牛毛色为红色或黄色，口、鼻、眼周围、四肢内侧及尾帚毛色较浅，角为白色，蹄为红褐色。头较短小，额宽，胸部宽深，体躯较长，后躯肌肉发达，四肢粗短。

生产性能：肉用性能好，生长快，尤其是幼年时期，8 月龄小牛就可以生产出具有大理石纹的牛肉；12 月龄体重可达 450~480 千克，平均日增重 1 000 克，屠宰率为 68%~70%，牛肉品质好，瘦肉率高，高达 80%~85%。平均成年体重，公牛为 1 200 千克、母牛为 600 千克。在法国较好饲养条件下，公牛活重可达 1 200~1 500 千克，母牛达 600~800千克。

3. 皮埃蒙特牛

产地：原产于意大利北部皮埃蒙特地区，是在役用牛基础上选育而成的专门化肉用品种。20 世纪引入夏洛莱牛杂交而含双肌基因，是目前国际上公认的终端父本，已被世界 22 个国家引进，用于杂交改良。（见图 1–9）

图 1–9　皮埃蒙特牛

育成史：该牛属于欧洲原牛与短角型瘤牛的混合型，早在古罗马时期就有记载。过去是役用牛，由于 20 世纪 60 年代国际市场对牛肉需要量日益增加，激发了欧洲大陆国家对原有品种的选育。皮埃蒙特肉牛国家育种协会于20世纪70年代成立，1984年开始全面的性能登记，出版了第一册种公牛手册，并组织了全意大利的皮埃蒙特牛种畜后裔鉴定，测定的项目包括犊牛出生重、遗传常态、生长速度、难产度、肌肉度等。1985年种牛测定站建成。1991年起开始系统地公布后裔测定结果。现在有20多个国家成功地繁殖了该品种。

外貌特征：该牛体型高大，体躯呈圆筒状，肌肉发达。毛色为乳白色或浅灰色，公牛肩胛毛色较深，黑眼圈。母牛的尾毛均呈黑色。犊牛幼龄时毛色为乳黄色，鼻镜黑色。

生产性能：生长快，育肥期平均日增重1 500克。肉用性能好，屠宰率一般为65%~70%，肉质细嫩，瘦肉含量高，胴体瘦肉率达84.13%。

（三）兼用品种

兼用品种多为乳肉兼用或肉乳兼用，主要品种有西门塔尔牛、瑞士褐牛和丹麦红牛。

1. 西门塔尔牛

产地：原产于瑞士阿尔卑斯山区的河谷地带。原是瑞士的大型乳、肉、役三用品种，占其总牛数的50%，在世界各国分布很广。其肉、奶性能并不比专门的肉用和奶用品种逊色。（见图1–10）

图1–10 西门塔尔牛

外貌特征：毛色多为黄白花或淡红白花，头、胸、腹下、四肢、尾帚多为白色。后躯较前躯发达，中躯呈圆筒形。四肢强壮，蹄圆厚。乳房发育中等，额颈上有卷曲毛。乳头粗大，乳静脉发育良好。

生产性能：肉乳兼用性能均佳。平均产奶量4 000千克以上，乳脂率为4.0%。初生至12月龄日增重1.32千克，肥育后屠宰率可达65%。与我国北方黄牛杂交，后代体格增大，生长加快，很受欢迎。

世界上许多国家也都引进西门塔尔牛在本国选育或培育，育成了自己的西门塔尔牛，并冠以本国国名而命名。中国西门塔尔牛品种于2006年在内蒙古和山东省同时育成。

2. 丹麦红牛

产地：原产于丹麦，乳肉兼用。世界各地均有分布，我国于1984年引入，分别饲养

图 1-11　丹麦红牛

在西北农林科技大学和吉林省畜牧兽医研究所。以乳脂率、乳蛋白率高而著称。(见图 1-11)

外貌特征:全身被毛红色,鼻镜浅灰至深褐色,蹄壳黑色,部分牛乳房或腹部有白斑毛。被毛软、短,光亮。体格较大,体躯方正深长,背腰平直,四肢粗壮结实。乳房发达而匀称,乳头长。

生产性能:具有较好的乳用性能。美国 2000 年平均产奶量为 7 316 千克,乳脂率为 4.16%,乳蛋白含量为 3.57%;高产群平均产奶量为 9 533 千克,乳脂率为 4.53%,乳蛋白含量为 3.55%。12~16 月龄小公牛在良好的肥育条件下,平均日增重可达 1.01 千克,屠宰率为 57%。该品种平均屠宰率为 54%。改良本地黄牛效果明显,产奶量比秦川牛高 2~3 倍,产肉性能也有明显提高。

二、优良的乳用牛品种

1. 荷斯坦牛

地域分布:美国、加拿大、日本、澳大利亚等国。(见图 1-12)

图 1-12　荷斯坦牛

外貌特征:体格高大,结构匀称,皮薄骨细,皮下脂肪少,乳房特别庞大,乳静脉明显,后躯较前躯发达,呈楔形或三角形。毛色为黑白相间,额部有白星,腹下、四肢下部及尾帚尾白色,其余多为黑色。

生产性能:一般母牛平均产奶量为7 500~12 000 千克,乳脂率为 3.6%~3.7%。

荷斯坦品种标准是世界荷斯坦奶牛协会成员单位制定的全球性标准,在全球范围内得到采纳和公认,澳大利亚荷斯坦协会(Holstein Australia)就使用这些标准,并依据标准进口或出口母犊牛。中国标准见表 1-1。

表 1-1　荷斯坦牛品种特征（GB/T 3157—2008）

体外特征		属大型乳用牛品种，体格较大。毛色以黑白花为主，黑白花的多少不一，也有少量黄白花或红白花，额部多有白星
体尺与体重	犊牛	出生重不低于 36 千克
	母牛	18 月龄体重不低于 390 千克，体高不低于 130 厘米，体斜长不低于 140 厘米，胸围不低于 175 厘米。24 月龄体高不低于 135 厘米，体重不低于 650 千克，体斜长不低于 145 厘米，胸围不低于 180 厘米
	公牛	24 月龄体高不低于 143 厘米，体重不低于 720 千克
产奶性能		在正常饲养管理条件下，头胎母牛 305 天产奶量不低于 5 000 千克，乳脂率不低于 3%，乳蛋白率不低于 2.9%；经产母牛 305 天产奶量不低于 6 000 千克，乳脂率不低于 3.4%，乳蛋白率不低于 2.9%
繁殖性能	公牛	10~13 月龄性成熟，13~17 月龄可采精，原精液品质符合 GB/T 4143 的规定
	母牛	10~12 月龄性成熟，发情周期为 18~23 天，初配年龄为 15~18 月龄、体重在 380 千克以上，妊娠期 282~290 天，头胎产犊年龄为 24~27 月龄
利用年限		在正常饲养管理条件、健康状况良好的情况下，公牛可利用年限为 9 岁以上，母牛可产奶 5 个泌乳期以上
适应性		不耐热，适合在低海拔、寒温气候地区饲养

2. 娟姗牛

产地：原产于英吉利海峡南端的娟姗岛。娟姗牛属小型乳用品种，育成历史悠久，是举世闻名的高乳脂率奶牛品种，世界各国均有引进。（见图 1-13）

图 1-13　娟姗牛

外貌特征：体型小，细致紧凑，清秀美观。头小而轻，两眼突出，明亮有神，颈细长，胸宽深，尻部宽平，四肢端正，乳房质地柔软，发育匀称，后躯发育良好，呈三角形。被毛短细，为灰褐、浅褐及深褐色，鼻镜、舌和尾帚为黑色，嘴、眼周围有浅色毛环。成年公牛体重为 650~750 千克，母牛体重为 340~450 千克，犊牛初生重为 23~27 千克。

生产性能：产奶量一般为 3 500~5 000 千克，乳脂率为 5.5%~6.0%，个别达 8.0%。乳色黄，风味好，适于制作黄油，其鲜奶及奶制品备受欢迎。

第三节　中国五大地方良种黄牛

一、秦川牛

产地与分布：秦川牛为中国五大地方良种黄牛之首，因产于陕西省关中地区的“八百里秦川”而得名。该牛主要产地包括渭南、临潼、蒲城、富平、大荔、咸阳、兴平、乾县、礼泉、泾阳、三原、武功、扶风、岐山等15个县（市）。（见图1–14）

图1–14　秦川牛

体型外貌：角短而钝、多向外下方或向后稍弯。毛色有紫红、红、黄3种，以紫红和红色居多。鼻镜多呈肉红色，蹄壳分红、黑和红黑相间3色。

生产性能：在中等饲养条件下，18月龄平均屠宰率为58.3%，净肉率为50.5%。母牛产奶量为（715.8±261.0）千克，乳脂率为4.70%。

二、南阳牛

产地与分布：产于河南南阳白河和唐河流域的广大平原地区，以南阳市郊区、南阳县、唐河为主。邓县、新野、镇平、社旗、方城等县（市）为主要产区。（见图1–15）

图1–15　南阳牛

体型外貌：公牛角基粗，以萝卜头角为主，母牛角细。鬐甲较高，公牛肩峰8~9厘米。毛色有黄、红、草白3种。鼻镜多为肉红色，其中部分带有黑点。蹄壳以黄蜡、琥珀色带血筋较多。

生产性能：公牛育肥后，1.5岁平均体重可达441.7千克，日增重813克。屠宰率为55.6%。3~5岁阉牛经强度育肥，屠宰率可达64.5%，净肉率达56.8%。母牛产乳量为600~800千克，乳脂率为4.5%~7.5%。

三、鲁西牛

产地与分布：主要产于山东西南部，以菏泽市的郓城、巨野、梁山和济宁地区的嘉祥、

金乡、济宁、汶上等县为中心产区。(见图 1–16)

图 1–16　鲁西牛

体型外貌:公牛多平角或龙门角,母牛角形多样,以龙门角较多。被毛以浅黄色最多,多数牛有完全或不完全的“三粉”特征(眼圈、口轮、腹下与四肢内侧色淡)。

生产性能:1.0~1.5 岁牛平均日增重 610 克。屠宰率为 53%~55%,净肉率为 47%左右。母牛性成熟早,一般 10~12 月龄开始发情,母牛初配年龄多在 1.5~2.0 周岁。终生可产犊 7~8 头,最高可达 15 头。

四、晋南牛

产地与分布:产于山西省晋南盆地,包括运城市的万荣、河津、永济、运城、夏县、闻喜、芮城、临猗、新绛,以及临汾市的侯马、曲沃、襄汾等县(市),以万荣、河津和临猗 3 县的数量最多、质量最好。(见图 1–17)

图 1–17　晋南牛

体型外貌:公牛颈较粗短,顺风角,肩峰不明显。蹄大而圆,质地致密。毛色以枣红为主,鼻镜粉红色。成年公牛平均体重 607 千克,体高 139 厘米;母牛平均体重 339 千克,体高 117 厘米。

生产性能:成年公牛肥育后屠宰率可达 52.3%,净肉率为 43.4%。母牛奶量为 745.1 千克,乳脂率为 5.5%~6.1%。9—10 月开始发情,2 岁配种,终生产犊 7~9 头。

五、延边牛

产地与分布:延边牛主要产于吉林省延边朝鲜族自治州的延吉、和龙、汪清、珲春及毗邻各县。(见图 1–18)

图 1–18　延边牛

体型外貌:延边牛属役肉兼用品种。胸部深宽,骨骼坚实,被毛长而密,皮厚而有弹力。公牛额宽,头方正,角基粗大,多向后方伸展，呈“一”字形或倒“八”字角，颈厚而隆起，肌肉发达。母牛头大小适中，角细而长，多为龙门角。毛色多呈浓淡不同的黄色，其中浓黄色占 16.3%，黄色占 74.8%，淡黄色占 6.7%，其他占 2.2%。鼻镜一般呈淡褐色，带有黑点。

生产性能：延边牛自 18 月龄育肥 6 个月，日增重为 813 克，胴体重 265.8 千克，屠宰率为 57.7%，净肉率为 47.23%，肉质柔嫩多汁，鲜美适口，大理石纹明显。延边牛耐寒，耐粗饲，抗病力强。使役持久力强，不易疲劳。

第四节　中国牛种培育与改良

一、夏南牛的培育

图 1–19　夏南牛

夏南牛经历 21 年的培育，于 2007 年 5 月 15 日在北京通过国家畜禽遗传资源委员会的评审，标志着中国第一个肉用牛品种——夏南牛正式诞生。夏南牛是以夏洛莱牛为父本，南阳牛为母本经过杂交、正反回交和横交固定三个阶段培育形成的新品种。夏南牛具有耐粗饲、适应性强的特点，舍饲、放牧均可，在黄淮流域及以北的农区、半农半牧区都能推广应用，适宜生产优质牛肉和高档牛肉。（见图 1–19）

图 1–20　延黄牛

二、延黄牛的培育

延黄牛是以利木赞牛为父本，延边黄牛为母体，经过杂交、正反回交和横交固定三个阶段，形成的含 75%延边黄牛、25%利木赞牛血统的稳定群体。2008 年 2 月被农业部命名为中国高档肉牛品种。（见图 1–20）

三、辽育白牛的培育

辽育白牛是以夏洛莱牛为父本，以辽宁本地黄牛为母本进行杂交后，在第 4 代的杂交群中选择优秀个体进行横交和有计划选育，采用开放式育种体系，形成了含夏洛莱牛血统93.75%、本地黄牛血统6.25%遗传组成的稳定群体。该群体抗逆性强，适应当地饲养条件，是经国家畜禽遗传资源委员会审定通过的肉牛新品种。（见图1-21）

图1-21　辽育白牛

四、华西牛的培育

华西牛是利用当地蒙古牛、三河牛和西门塔尔牛等品种进行杂交组合筛选，并于2004年开始组建华西牛育种核心群，开展选育提高工作。最终在2022年育成的新品种“华西牛”。该牛生长速度快，净肉率高达53.95%，成年公牛体重达900千克，成年母牛重550千克以上，主要生产性能达到国际先进水平。同时，它繁殖性能好，适应性强，既适应我国的牧区、农区以及北方农牧交错带，也适应南方草山草坡地区。（见图1-22）

图1-22　华西牛

五、中国荷斯坦牛的培育

中国荷斯坦奶牛是19世纪末期，由中国的黄牛与当时引进我国的荷斯坦牛杂交，经过1970年至1980年的不断选育，逐渐形成的。中国荷斯坦牛在培育过程中，因各地引进的荷斯坦公牛和本地母牛的类型不一，以及饲养条件的差异，其体型分大、中、小三个类型。中国荷斯坦奶牛体格健壮，结构匀称。毛色呈黑白花，花片分明。中国荷斯坦牛的原名为“中国黑白花奶牛”，于1997年更名为“中国荷斯坦奶牛”。中国荷斯坦牛，因受荷兰兼用荷斯坦牛的影响，近似兼用型。毛色一般为黑白相间，额部多有白斑，腹底部、四肢膝关节以下及尾端多呈白色，体质细致结实，体躯结构匀称，泌乳系统发育良好，蹄质坚实。（见图1-23）

图1-23　中国荷斯坦奶牛

第二章　牛的消化生理及行为特征

第一节　牛特殊的消化道结构

牛与单胃动物不同，它的胃由 4 部分组成，即瘤胃、网胃、瓣胃、皱胃（真胃），分别又被称为第一、第二、第三和第四胃（见图 2-1）。饲料按顺序流经这四个胃室，其中一部分在进入瓣胃前返回到口腔内再咀嚼。牛和其他动物如绵羊、山羊、骆驼和长颈鹿都属于反刍动物，复胃是它们特有的消化道结构。

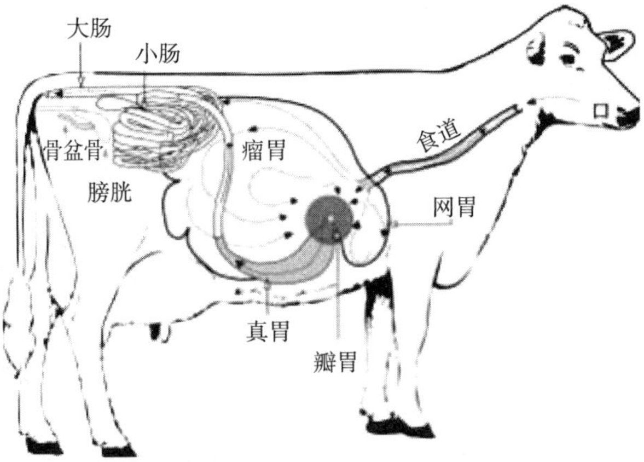

图 2-1　反刍动物的消化道结构

反刍动物的日粮主要由植物原料组成，它们不进食时也不断咀嚼，这一咀嚼活动被称为反刍，反刍是反刍动物从植物细胞壁（纤维）中获得能量过程的一个步骤，反刍动物能够利用纤维和非蛋白氮，跟它特殊的消化生理特点有很大关系，特别是庞大的瘤胃系统。纤维是植物保持其强度和硬度的结构成分，是草和其他植物茎叶的主要组成部分。纤维素和半纤维素是存在于植物细胞壁内的复糖，不能被非反刍动物利用。

但在瘤胃、网胃中生活的微生物群系则可使牛从纤维中获得能量。牛日粮中所需要的氮主要来自构成蛋白质的氨基酸以及其他非蛋白氮(NPN,例如尿素)。非蛋白氮不能被非反刍动物所利用,但是,可以被瘤胃细菌用来合成蛋白质。牛所需氨基酸的主要来源是瘤胃中合成的细菌蛋白。

反刍动物的复胃主要包括瘤胃、网胃、瓣胃、皱胃,前三部分合称为前胃,前胃的黏膜没有腺体,除了特有的反刍、食管反射和瘤胃运动外,还有微生物的独特的生理作用,皱胃有能分泌胃液的腺体,功能同单胃动物一样。

一、瘤胃

成年牛的瘤胃最大,约占胃总容积的80%,呈前后稍长,左右略扁的椭圆形囊状,几乎占据整个腹腔;左侧瘤胃前端至膈,后端达盆腔前口,其后腹侧部超过正中平面而突入腹腔右侧。成年反刍动物吞咽的食团经食管先进入瘤胃的前庭,由于精料的食团较重,秸秆或草料的食团比较松软,在瘤胃的运动下所食入的饲草、饲料就会分层,上层多为粗料,而下面为流体。

二、网胃

网胃位于瘤胃前部,实际上这两个胃并不完全分开,因此饲料颗粒可以自由地在两者之间移动。内皮有蜂窝状组织,故网胃俗称蜂窝胃,主要功能如同筛子。随着饲料吃进去的重物,如钉子和铁丝,都存在其中,因此,美国的牛仔都称网胃为“硬胃”。

三、瓣胃

瓣胃又称重瓣胃、第三胃、千叶胃,呈球形,位于腹腔前部右侧。瓣胃前通网胃,后接皱胃,黏膜面形成许多大小不等的叶瓣,没有消化腺,体积大约有10升。瓣胃是具有很强吸收能力的小器官,水、矿物质(如钠和磷)等在瓣胃被吸收,再经唾液重新返回瘤胃。由于瘤胃和真胃的消化方式差异很大,瓣胃是一个连接瘤胃和真胃的过渡器官。瓣胃不是反刍动物一个必不可少的器官,因为骆驼、美洲驼、羊驼都没有这一器官,因此这些动物又被称为假反刍动物。瓣胃主要功能是阻留食物中的粗糙部分,继续加以磨细,并输送较稀部分入皱胃,同时吸收大量水分和酸。

四、皱胃

皱胃又称真胃，是反刍动物的第四个胃，它相当于非反刍动物的胃，分泌强酸和许多消化酶。非反刍动物摄取食物首先在真胃内消化，而进入反刍动物真胃的食糜主要是来自瘤胃未完全消化的饲料颗粒、瘤胃细菌消化的终产物以及瘤胃内流出的微生物。

五、瘤胃微生物群

（一）瘤胃的特点

（1）瘤胃能够提供厌氧性微生物繁殖的良好环境，是一个可容纳大量消化物的发酵罐，不断有食物和水分进入瘤胃，为微生物的生长和繁殖提供了丰富的食物。成年牛的瘤胃内容物体积约为 56.9 升，水牛的瘤胃内容物体积约为 59.6 升。

（2）瘤胃内上部的二氧化碳、甲烷及少量氮、氢、氧等气体节律性运动，与所食入的饲草、饲料连同瘤胃液中的微生物相混合（瘤胃—网胃食物交换），让微生物充分接触所食入的饲草、饲料以便更好地进行分解。

（3）由于微生物发酵作用产生大量的热，瘤胃内温度往往超过动物的体温，有时高达39~42 ℃。

（4）瘤胃内 pH 通常维持在 6.0~7.0，瘤胃内容物保持和血液一样的渗透压。

（5）瘤胃具有高度厌氧条件，瘤胃的缺氧环境有利于一些特殊细菌种类生长，其中包括那些可降解植物细胞壁（纤维）为简单糖类（葡萄糖）的菌株，微生物发酵葡萄糖从而获得能量以维持自身的生长，其发酵终产物为挥发性脂肪酸，挥发性脂肪酸通过瘤胃壁吸收成为反刍动物主要的能量来源。

（二）瘤胃主要微生物

瘤胃微生物的区系十分复杂，且常因饲料种类、给饲时间、个体差异等因素而变化。瘤胃微生物主要为细菌、原生动物（主要包括鞭毛虫、纤毛虫）、真菌，但在消化中以厌氧性纤毛虫和细菌为主，它们的种类和数量也最多。1 克瘤胃内容物中，含细菌 150 亿~250 亿个和纤毛虫 60 万~100 万条，其总容积约占瘤胃液的 3.6%，其中细菌和纤毛虫各约占 50%（按容积计）。但就代谢活动的强度和其作用的重要性来说，细菌远远超过纤毛虫。

1. 纤毛虫类

瘤胃纤毛虫种类繁多,至今没有统一的分类标准,一般将其分成全毛目和内毛目两大类。厌氧性纤毛虫主要有全毛虫科的均毛虫属和绒毛虫属,以及头毛虫科的两腰虫属、内腰虫属、头毛虫属。其中以内腰虫和两腰虫为最多,占纤毛虫总数的58%~98%,能分解纤维素的主要为两腰虫。

2. 细菌类

瘤胃细菌的种类很多,其中能分解纤维素的主要有产琥珀酸丝状杆菌、解纤维梭菌、黄色瘤胃球菌、白色瘤胃球菌、小瘤胃杆菌等;能分解发酵淀粉和糖的主要有牛链球菌、丁酸梭菌、丁酸弧菌属的一个种、瘤胃新月单胞菌等;能合成蛋白质的主要有淀粉球菌、淀粉八叠球菌、淀粉螺旋菌和另外一些嗜碘微生物;能合成维生素的主要有瘤胃黄杆菌、丁酸梭菌等。

3. 甲烷菌

甲烷菌属于原核生物中的古细菌,从系统发生学角度讲,它不同于“真细菌”,其严格厌氧,细胞壁组成中不含肽聚糖,细胞膜内含有假胞壁质、蛋白质、糖蛋白或杂多糖,拥有特殊的辅酶,如CoM和F420。目前通过比较甲烷菌细胞内16S rRNA碱基序列的相似性(即同源性)的大小,即SAB值将甲烷菌分为5大类:甲烷杆菌、甲烷球菌、甲烷八叠球菌、甲烷微菌和甲烷火菌。

4. 鞭毛虫

鞭毛虫多存在于出生不久的反刍动物中,随着动物日龄的增加,采食饲料类型和组成的改变,鞭毛虫的数量逐渐减少。

5. 真菌

自1975年Orpin等首先证明瘤胃中有真菌存在以来，人们对其进行了更深入的研究。截至2000年,瘤胃中已有15种厌氧真菌被分离出来。根据游离孢子的形态和菌丝的形成方式,将它们分为两个类型,即多中心类型真菌和单中心类型真菌。多中心类型真菌主要包括根囊鞭菌和厌氧鞭菌两个属，单中心类型真菌主要包括新美鞭菌、梨囊鞭菌和盲肠鞭菌三个属。

6. 瘤胃微生物间的相互关系

瘤胃内多种细菌之间和细菌与纤毛虫之间,彼此存在着相互共生、共同作用,组成微生物区系。在各类微生物协同作用下,完成饲料营养物的分解和利用。例如,纤毛虫生长必须利用瘤胃细菌的代谢产物，另一方面纤毛虫所产生的刺激素能提高细菌分解纤维素的能力。甲烷菌寄生在纤毛虫体上。瘤胃与微生物的共生关系对粗纤维的分解甚为重要。

(三)瘤胃微生物的主要作用

1. 暂时贮存饲料

家畜采食时把大量饲料贮存在瘤胃内,休息时将大的饲料颗粒反刍入口腔内,慢慢嚼碎,嚼碎后的饲料迅速通过瘤胃,为再食入饲料提供空间。

2. 分解纤维素

反刍动物最主要的特征之一就是能广泛利用高纤维饲料，反刍动物饲料中的纤维素,主要依靠瘤胃内的细菌、纤毛虫和真菌来分解,在纤维素的分解消化中,细菌和真菌发挥 80%的作用,纤毛虫起平衡控制作用。在瘤胃中微生物协同作用下,纤维素逐段被分解,最终产生挥发性脂肪酸,被反刍动物所吸收利用。

3. 分解与合成糖

瘤胃中微生物分解淀粉、葡萄糖和其他糖类,产生低级脂肪酸、二氧化碳和甲烷等,同时利用饲料分解产生的单糖和双糖合成糖原,贮存于微生物体内,待微生物随食糜进入小肠后被消化,这种糖原又可被利用作为反刍动物体的葡萄糖来源之一。

4. 分解与合成蛋白质

瘤胃微生物能利用简单的含氮物合成微生物蛋白质。微生物生长过程中合成了氨基酸,它是构成蛋白质的材料。细菌能够用氨基酸或尿素作为氮源来合成氨基酸,因此,在反刍动物中可以用尿素或铵盐来代替日粮中一部分蛋白质饲料。没有细菌的这一转化过程,铵盐和尿素对反刍动物将是无用的。瘤胃中合成的细菌蛋白在小肠中被消化从而成为反刍动物所需氨基酸的主要来源。瘤胃中的细菌、纤毛虫等能将饲料中的蛋白质分解为氨基酸、氨和酸类等,因此饲料蛋白经甲醛处理后,使其不易被瘤胃微生物分解,待排入小肠后再被消化,可提高饲料蛋白的利用率。

饲料中蛋白质在瘤胃中可能出现两种情况,一是被降解,二是不被降解。这主要决定于饲料中蛋白质的溶解度,只有溶解度低的才能通过瘤胃,进入真胃和小肠,被蛋白酶水解成游离氨基酸,被肠道吸收利用。而多数饲料蛋白质被微生物降解,产生氨、小肽和游离氨基酸,在微生物作用下,后者还能继续分解为氨,一部分通过胃壁吸收氨进入体内代谢，一部分被微生物利用合成微生物蛋白，进入肠道，通过自身的降解，为动物提供蛋白质营养。

降解速度快的氮源（如尿素）和降解速度慢的氮源（如豆饼），两者比例合适才能使微生物生长速度最快。生产中一般要求前者占 25%，后者占 75%。

5. 合成维生素

瘤胃微生物能合成 B 族维生素和维生素 K 等，所以日粮中缺乏此类水溶性维生素并不影响反刍动物的健康。幼畜时期瘤胃尚未发育，不能合成上述维生素，要靠母乳供给，因牛乳中含有维持犊牛正常生长的维生素，当犊牛缺少母乳时，要进行人工补充。

6. 微生物对瘤胃内容物 pH 的调节

瘤胃菌群的代谢产物可调节瘤胃内容物的酸碱度。纤毛虫可以通过降低瘤胃内淀粉和可溶性糖的浓度，达到稳定 pH 的作用，在以精料为主要的日粮条件下，对防止产生酸中毒以及部分缓解精料代替草料而引起的 pH 下降，导致纤维素消化能力下降有重要意义。

7. 瘤胃微生物的解毒功能

瘤胃纤毛虫具有降低硝酸盐、亚硝酸盐的致毒作用，细菌也有此功能，但不如纤毛虫强。因此，纤毛虫和细菌对防止动物食入被污染饲料而中毒具有特殊意义。

8. 瘤胃中微生物的负面影响

一部分瘤胃微生物是有害无益的，如甲烷菌，它的主要作用就是合成甲烷；甲烷被认为是仅次于二氧化碳的引起全球变暖的重要气体。反刍动物体内甲烷的产生也是瘤胃内发酵能量损失的主要原因，有 6%~15%的饲料能量以甲烷的形式被损耗。

第二节　牛消化器官的功能

一、口腔

唾液中的缓冲物质（如碳酸盐和磷酸盐等）中和了瘤胃微生物发酵产生的酸，从而使瘤胃维持中性偏酸的环境，这一环境有利于微生物的发酵和生长。

二、瘤胃、网胃

瘤胃和网胃是位于消化道最前端的两个胃。瘤胃的内含物不断地与网胃内含物相混合(每分钟混合一次),这两个胃(常被称为瘤网胃)共用一高密度的微生物群系,包括细菌、原生动物和真菌。饲料中70%~85%的可消化干物质和约50%的粗纤维在这里被微生物消化变成挥发性脂肪酸、二氧化碳、氨气及合成蛋白质和某些纤维素。

三、瓣胃

水、钠、磷、残留的挥发性脂肪酸等物质在瓣胃被吸收,瓣胃还能分泌强酸和消化酶,促进营养物质的吸收。

四、真胃

真胃可以继续消化那些未在瘤胃中完全消化的饲料(一些蛋白质和脂类)、消化瘤胃中生成的细菌蛋白(每天0.5~2.5千克)。

五、小肠

肠腺、肝脏和胰脏均可分泌消化酶,碳水化合物、蛋白质和脂肪在小肠经酶消化,水、矿物质和消化产物(如葡萄糖、氨基酸、脂肪酸等)在小肠被吸收。

六、盲肠和大肠

未被小肠吸收的消化产物通常可以在盲肠中继续被某些微生物发酵。水分在大肠被重新吸收,粪便也在大肠内形成。

第三节　牛的消化生理特性

一、采食和饮水

牛喜食酸甜口味的饲料,采食迅速,休息时反刍。因此,特别要注意检查饲草、饲料,防止牛把塑料袋、钉子、铁丝、玻璃等异物吞咽至瘤胃中,引起瘤胃收缩,造成创伤性胃炎、创伤性心包炎,或网瓣孔堵塞导致死亡。

牛无上门齿,嘴唇厚,靠舌头伸入料槽把食料卷入口中,放牧时喜食高草,每天饮水4次,15~30升,多为午前或晚上饮水。

二、唾液分泌

每天每头牛咀嚼可产生 160~180 升唾液，但如果没有刺激反刍（例如日粮有过多精饲料的情况），只能产生 30~50 升唾液。而唾液中富含碳酸盐、磷酸盐、尿素等物质，可中和瘤胃内微生物所产生的有机酸，加速饲料消化或形成食团促进反刍，且唾液可使瘤胃维持中性偏酸的环境，这一环境有利于微生物的发酵和生长。若唾液分泌不足，微生物活性就会降低，消化受阻，容易引起酸中毒。

三、微生物消化

微生物可分解和利用碳水化合物，产生乙酸、丙酸、丁酸等挥发性脂肪酸，乙酸和丁酸是泌乳牛合成乳脂肪的主要原料。40%的乙酸被乳腺利用，也可分解饲料中蛋白质和合成菌体蛋白质；还能合成维生素，如 B 族维生素，供牛体利用。

四、反刍

反刍动物是哺乳动物中比较特别的一个类群，它们的日粮主要由植物原料组成。反刍动物即使在不进食时也会频繁地咀嚼，这一咀嚼活动称为"反刍"。它是指反刍动物采食饲草，特别是粗饲料时，大部分未经充分咀嚼就吞咽进入瘤胃，经过瘤胃中胃液浸泡和软化一段时间后，食物经逆呕重新回到口腔，再次经过咀嚼，混入唾液并吞咽进入瘤胃的一个过程。在反刍活动中，反刍动物可从植物细胞壁（即纤维）中获得能量，且减小了纤维的尺寸，暴露出糖以供微生物发酵，因此瘤胃又有"天然发酵罐"之称。另外，反刍过程中分泌大量的唾液，对饲料浸泡、软化以及在瘤胃中的发酵和氮素循环等具有重要作用，早期补饲可使反刍生理提前。而唾液中的缓冲物质（碳酸盐和磷酸盐）中和了微生物发酵产生的有机酸，以便维持一个有利于纤维降解和瘤胃中微生物生长的中性偏酸的环境。

反刍动物与单胃动物有一个重要区别是，反刍动物能大量利用纤维素或半纤维素并消化吸收，而这些纤维素或半纤维素不能被单胃动物利用。在瘤胃和网胃中生活的微生物群系则可使反刍动物从纤维素中获得能量。此外，非蛋白氮不能被单胃动物利用，但可被瘤胃细菌用以合成蛋白质，瘤胃中合成的细菌蛋白是反刍动物所需氨基酸的主要来源。反刍动物的咀嚼和反刍对饲料颗粒的磨碎是必需的。不同反刍动物对饲料的采食和反刍时间见表 2-1。

表 2-1　不同反刍动物的采食与反刍时间

项目	牛	绵羊	山羊
采食/(分·天$^{-1}$)	330	240	254
反刍/(分·天$^{-1}$)	465	491	446
反刍/(分·千克$^{-1}$,NDF)	84	850	830
咀嚼次数/天	49 912	35 482	40 094
咀嚼次数/个(食团)	52	71	78

五、食管沟反射

食道沟起始于贲门，是连接食管与瓣胃间可以启闭的沟状管道。早期家畜瘤胃功能还没有发育，所以不具备消化能力。当犊牛受到吮吸的条件反射后，分布于唇、舌、口腔和咽部黏膜内的感受器，通过神经传入到延髓的反射中枢，由迷走神经传出，作用于食管沟，及时引起食管沟的闭合、收缩呈管状通道，使乳汁直接经食管沟和瓣胃进入皱胃，这种食道沟在吮吸的刺激或液体中的固体悬浮物刺激而引起闭合的现象，就叫食管沟反射性。食管沟反射可保证乳汁不致溢入瘤胃和网胃中发酵，引起腹泻。牛到了成年，食管沟反射自然消失。

六、瘤胃发酵和嗳气

反刍动物的瘤胃中寄生着大量的微生物(1毫升瘤胃液中微生物数 10^9~10^{10} 个)，这些微生物使进入瘤胃的饲料不断发酵产生挥发性脂肪酸和二氧化碳、甲烷等气体，所产生的气体通过不断嗳气排出体外。当牛过量食入易发酵的牧草后，瘤胃发酵作用急剧上升，所产生的气体超过嗳气负荷时，就会出现臌气。如不及时救治，就会因臌气而窒息死亡。

七、必须采食粗饲料

粗饲料能有效地刺激反刍和促进唾液分泌，维持正常的瘤胃内环境，促进胃蠕动和胃内容物的混合与后送，避免粗纤维含量低引起的乳脂含量下降。

八、瓣胃的消化

滤器作用：接受来自网胃的流体食糜，当通过瓣胃之间的叶片时，移去大部分的水分，截留于叶片之间的较大食糜颗粒,被叶片的粗糙表面揉搓、研磨,使其变得更为细碎。

九、排泄行为

正常牛每天平均排尿 9 次,排粪 12~18 次,因饲料性质、采食量、环境温度、湿度和个体状况而异。例如,吃青草时比吃干草排粪次数多,产奶牛比干奶牛排粪次数多。

第四节　三大营养物质的消化吸收

一、蛋白质的消化吸收

饲料蛋白质进入瘤胃后，被微生物降解为氨基酸，并继续分解为氨和支链脂肪酸。一部分氨除用于微生物合成菌体蛋白外,大多数氨经瘤胃吸收,入门静脉,随血液进入肝脏合成尿素。合成的尿素一部分经唾液和血液返回瘤胃再利用,另一部分从肾排出,这种氨和尿素的合成和不断循环,称为瘤胃中的氮素循环。反刍家畜体内饲料蛋白质经瘤胃微生物分解的那一部分称为降解蛋白质(RDP),不被分解的部分叫做非降解蛋白质(UDP)或过瘤胃蛋白。饲料蛋白质被瘤胃降解的那部分占饲料蛋白质数量的百分比称为降解率。各种饲料蛋白质在瘤胃中的降解率和降解速度不一样,蛋白质溶解性愈高,降解愈快,降解程度也愈高。

瘤胃能将品质低劣的饲料蛋白质转化为高质量的菌体蛋白,这是主流;同时它又可将优质的蛋白质降解,尤其是高产奶牛需要较多的优质蛋白质,而供给时又很难逃脱瘤胃的降解。为了解决这个问题,可对饲料进行预处理,使其中的蛋白质免遭微生物分解,即所谓保护性蛋白质。主要处理方法:对饲料蛋白质进行适当热处理、化学处理或用某种物质包裹在蛋白质外面。这样可使饲料中过瘤胃蛋白增加,使更多的氨基酸进入小肠。以奶牛为例,蛋白质的代谢详见图 2-2。

二、碳水化合物的消化和吸收

(一)粗纤维的消化吸收

饲料中粗纤维被反刍动物采食后,在口腔中不发生变化,进入瘤胃后,瘤胃细菌分泌的纤维素酶将纤维素和半纤维素分解为乙酸、丙酸和丁酸。三种脂肪酸的比例,

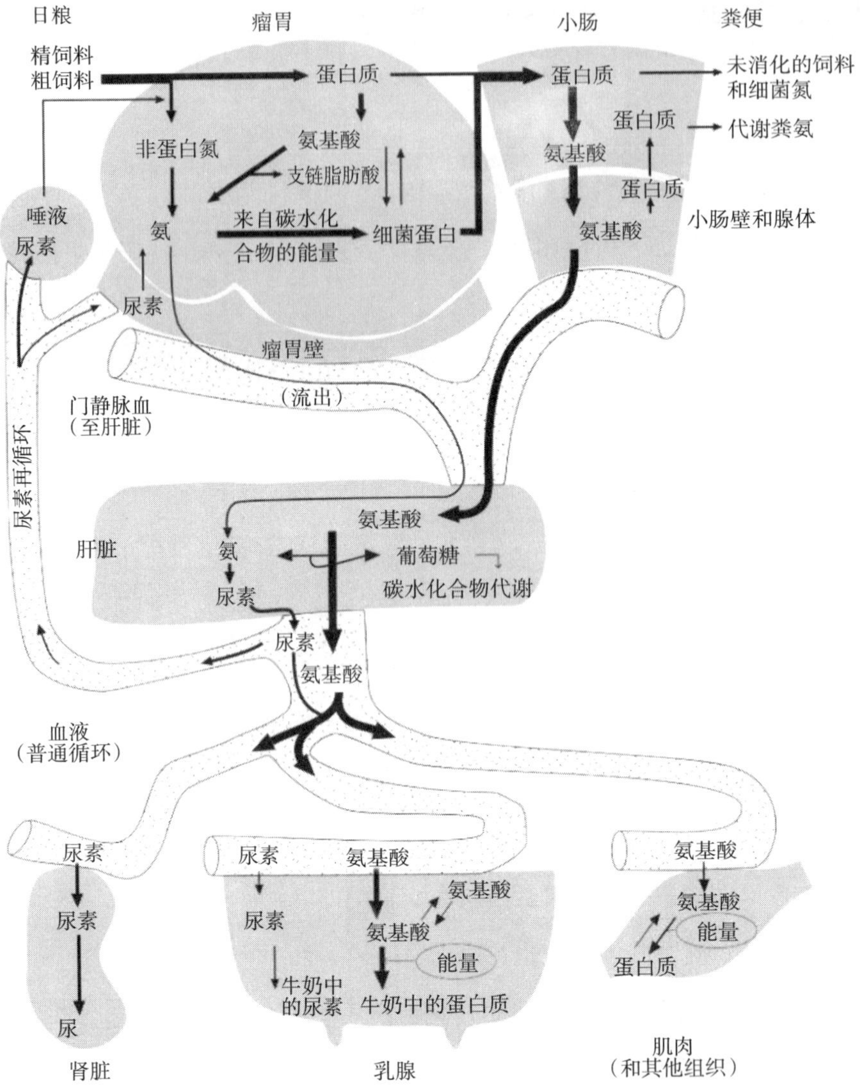

图 2-2 奶牛的蛋白质代谢图

受日粮结构的影响而产生显著差异，一般来说，饲料中精料比例较高时，乙酸生成比例减少，丙酸比例增加。约 75%的挥发性脂肪酸经瘤胃壁吸收，20%经皱胃和瓣胃壁吸收，约 5%经小肠吸收。

三种挥发性脂肪酸（VFA）通过三羧酸循环形成高能磷酸化合物（ATP），产生热能，以供动物使用。乙酸、丁酸有合成乳脂肪中短链脂肪酸的功能，丙酸能合成葡萄糖的原料，而葡萄糖又是合成乳糖的原料。瘤胃中未分解的纤维性物质，到盲肠、结肠后受细菌的作用发酵分解为 VFA、二氧化碳和甲烷。VFA 被肠壁吸收，参与代谢，二氧化碳、甲烷由肠道排出体外，最后未被消化的纤维性物质以粪的型式排出。

(二)淀粉的消化吸收

由于反刍动物唾液中淀粉酶含量少、活性低,因此饲料中的淀粉在口腔中几乎不被消化。进入瘤胃后,淀粉在细菌的作用下发酵分解为 VFA 与二氧化碳,VFA 的吸收代谢与前述相同。瘤胃中未消化的淀粉与糖转移至小肠,在小肠受胰淀粉酶的作用,变为麦芽糖;在有关酶的进一步作用下,转变为葡萄糖,并被肠壁吸收,参与代谢。小肠中未消化的淀粉进入盲肠、结肠,受细菌的作用,产生与前述相同的变化。以奶牛为例,碳水化合物代谢详见图 2-3。

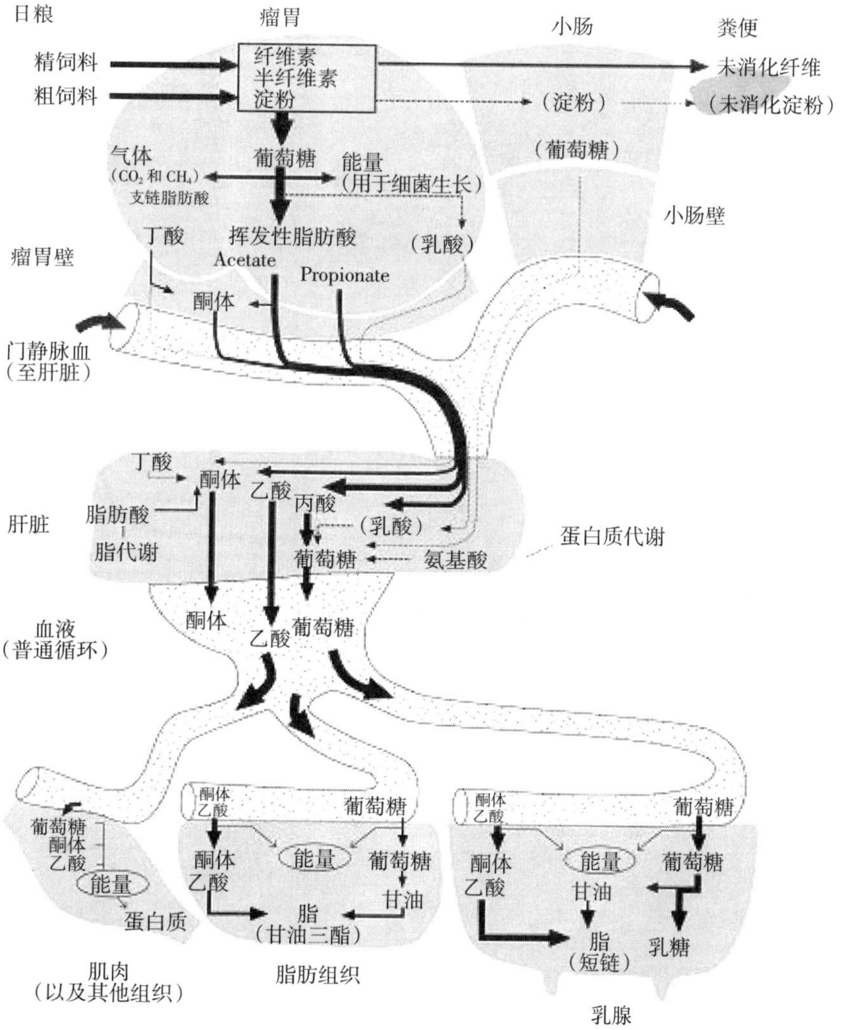

图 2-3　奶牛的碳水化合物代谢图

三、脂肪的消化吸收

被反刍动物采食的饲料中的脂肪，在瘤胃微生物作用下发生水解，产生甘油和各种脂肪酸。其中包括饱和脂肪酸和不饱和脂肪酸，不饱和脂肪酸在瘤胃中经过氢化作用变为饱和脂肪酸。甘油很快被微生物分解成 VFA。脂肪酸进入小肠后被消化吸收，随血液运送至体组织，变成体脂肪贮存于脂肪组织中。以奶牛为例，脂代谢详见图2-4。

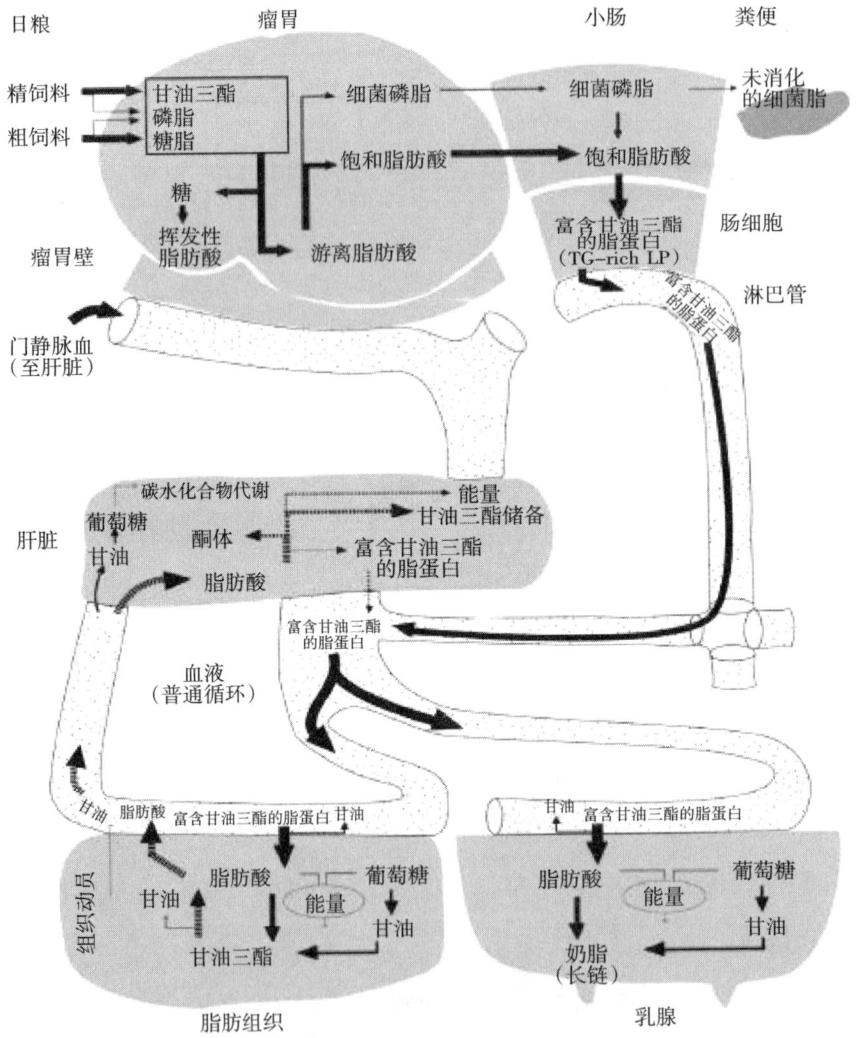

图 2-4　奶牛的脂代谢图

第五节　牛的行为学特性

一、肉牛的行为习性

（一）群居性

牛的合群性强，一般都是群居生活，利用牛的这一习性可以对牛进行大群饲养，方便管理。成群后它们会按优等序列原则自行排列地位，所以一般情况下不要随便调群。时常以3~5头结群活动，舍饲时仅有2%单独散窝，40%以上以3~5头结群卧地。在牛群转移时，常以小群驱赶为宜，但如果牛群过大则会影响牛的辨识能力，增加争斗次数，影响采食。因此，牛群规模应控制在70头以下，每头牛的适宜运动面积15~30平方米。

（二）记忆力强

特别是公牛，记忆力特别强，对接触过的人和事印象深刻，对兽医或打过它的人，再接近时会有反感的表现。因此，饲养公牛的过程中一定要胆大心细，切不可麻痹大意，否则一旦出现意外，很可能对饲养员的人身安全造成伤害。

（三）耐寒怕热

牛体积大，单位重量的体表面积小，加之汗腺不发达，体表散热机能差，所以耐寒而不耐热。在高温环境下，食欲下降，反刍减少，消化机能降低，生产性能严重下降。所以在饲养中要特别注意防暑降温。

（四）运动性

牛是运动性的动物，每天总共只睡1.0~1.5小时，在建设牛场时要给牛留有运动场地。

（五）繁殖特性

牛为单胎动物，双胎较少。牛是常年发情的动物，发情周期平均为21天，发情持续期为1天左右。牛的胎盘结构为弥散型，其特点是母子胎盘结合紧密，不易分离，故易发生难产。公牛性反射强，射精浅，射精量较少。

（六）反刍习性

牛采食时经初步咀嚼混入唾液形成食团囫囵吞下，进入瘤胃贮存，经被带入的碱性唾液软化和瘤胃内水分浸泡后，待休息时再进行反刍。反刍包括逆呕、再咀嚼、再混入唾液、再吞咽4个过程。

（七）采食

牛采食相对比较粗放，不经仔细咀嚼即吞下，待卧息时反刍再咀嚼，因此饲喂草料时要注意清除混在饲草中的铁丝、铁钉等金属异物，块根类饲料要切片或粉碎后饲喂，整块饲喂易引起食道堵塞，发生创伤性网胃炎及创伤性心包炎。

（八）牛鼻唇腺的分泌

成年牛的鼻唇分泌率为0.8毫克/（米^2·分），当给予适口性好的饲料时，其分泌量可加倍。这种分泌物可蒸发冷却鼻镜。

（九）讲究卫生

牛喜欢清洁干燥的环境，很讲究卫生，不饮脏水、不吃污草。因此饲喂时应少给勤添，清理剩余草料。牛舍地面应时常清扫，运动场内的粪便应及时清除，保持干燥、清洁，防止积水。

二、奶牛的行为习性

（一）争强好胜

公牛争斗性较强，母牛一般比较温顺，特别是高产奶牛。但有的母牛也好斗，特别是在采食、饮水和进出牛舍时以强欺弱，对比较凶猛的牛最好从牛群中挑出去单独饲养。

（二）母性行为

母牛在产犊后2小时左右后即与犊牛建立牢固的相互关系，主要方式包括外貌、气味、叫声。人工哺乳的犊牛也可由此认出犊牛饲养员，便于日后的乳房按摩和人工挤奶。

（三）好奇心强

奶牛不怕生人，表现出好奇性，当你经过牛舍饲槽前，它会立即抬头观望，年龄越小的牛好奇性越强。

（四）喜好安静

奶牛比较好静，不喜欢嘈杂的环境，强烈的噪声会使奶牛产生应激反应，产奶量会下降或产生低酸度的酒精阳性乳(酸度在 11~18 度),但轻柔的音乐有利于泌乳性能的发挥。

(五)足量饮水

奶牛一天的饮水量一般是日粮干物质进食量的 4~5 倍,产奶量的 3~4 倍。奶牛采食后 2 小时内须要饮水,最好让其自由饮水,水温 10~25 ℃为宜,冬天宜饮温水,夏天宜饮凉水。

(六)大量排粪尿

奶牛的采食量和饮水量大,排粪尿的数量也大,一头成年母牛一昼夜排粪量约为 30 千克,占日粮采食量的 70%左右,一昼夜排尿量约为 20 千克,占饮水量的 30%左右。

(七)常年发情

奶牛发情时,首先表现兴奋,不停走动,不时哞叫,与其他母牛在运动场相互追逐、顶撞、打转,随后接收其他母牛亲近,然后接受其他母牛嗅闻,随后接受其他母牛爬跨时站立不动。公牛的求偶行为表现为驱使母牛向前移动,并对所追逐的母牛表现出以头贴近母牛尾站立的守护行为,如见到其他公牛靠近,便表现出用前蹄刨地、低头弯颈、扩张鼻孔、喘粗气等威吓性行为。母牛的发情全过程可分为互嗅阶段、尾随阶段、爬跨阶段,以后退回到尾随、互嗅阶段,发情终止。发情持续时间平均 18 小时,范围 6~30 小时。

第三章　牛的体型外貌和生产力

第一节　牛的体型外貌及鉴定

外貌是体躯结构的外部表现,内部组织器官的发育情况是构成外貌的基础。个体的体质外貌表现是其遗传基础与其所处的外界环境条件，尤其是饲养管理等条件相互作用的结果。体型外貌与牛的生产性能密切相关,是选择和鉴定牛体质和生产潜力的手段之一。但是,体型外貌与生产性能之间的关系是相对的,它不是选择牛的唯一标准,因为还有营养水平和健康状况等。

一、肉牛品种的外貌特点

基本特点:如图 3-1,从整体上看,体躯低垂,皮薄骨粗,全身肌肉发达,被毛细密,皮下脂肪发达,体格充实,前后躯均发达,中躯相对较短,使前、中、后躯趋于相等。侧视、俯视、后视均疏松而匀称,体型呈"矩形"。

图 3-1　肉牛体型示意图

局部来看,与产肉性能至关重要的有鬐甲、背腰、前胸和尻等部位，其中尤以尻部最为重要。鬐甲要求宽厚多肉,与背腰在一条直线上;腰要求宽广,与鬐甲及尾根在一条直线上,显得十分平坦而多肉;尻部应宽、长、平、直而富有肌肉,忌尖尻和斜尻。

肉牛的理想外貌特征为"五宽五厚",即额宽、颊厚,颈宽、垂厚,胸宽、肩厚,背宽、肋厚,尻宽、臀厚。

二、奶牛品种的外貌特点

基本特点：从整体看，全身清秀，细致紧凑，棱角明显，皮薄骨细，血管暴露，被毛细短而有光泽；肌肉不甚发达，皮下脂肪沉积不多；胸腹宽深，后躯和乳房十分发达。

局部来看，头清秀、颈狭长，背部平直，腹部大但不下垂，尻部宽平直。（见图 3–2）

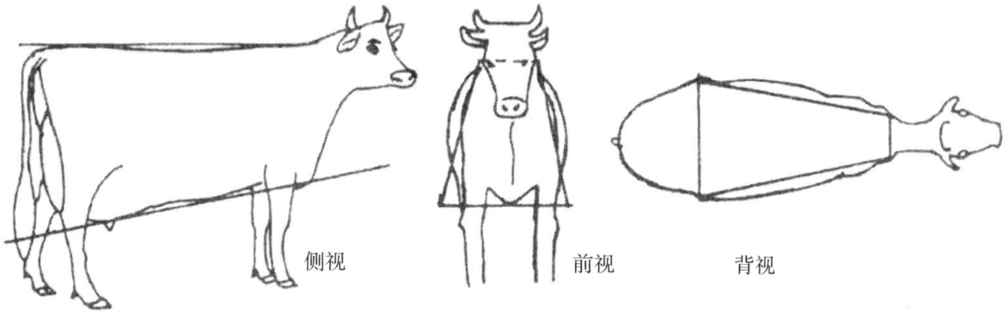

图 3–2 奶牛三视图

（1）侧望：构成一个楔形，即前躯浅后躯深，表示其消化系统、生殖系统和泌乳系统发育良好。

（2）前望：构成一个楔形，表示鬐甲和肩胛部肌肉不多，胸部宽阔，肺活量大。

（3）上望：构成楔形，表示后躯宽大，发育良好。

侧望、前望、上望呈“三楔”。

乳房：要求外形结构良好，乳腺充分发育，容积大，附着紧凑，向前后延伸扩大，充满两股间，并突出于后方但不下垂；4 个乳区均匀发育，乳头距离均等，大小适中，呈圆柱状，乳头长度 7~9 厘米；乳房上的被毛短而稀，皮肤柔软，乳静脉显露，乳静脉粗大、弯曲而且分枝多是血液循环良好的标志，乳井的粗细是说明乳静脉大小的标志。乳房内部腺体组织占 75%~80%，结缔组织占 20%~25%，坚决淘汰“肉质乳房”。

奶牛的理想外貌特征为“三宽三大”，即背腰宽、腹围大，腰角宽、骨盆大，后裆宽、乳房大。

三、外貌鉴定方法

（一）概念

外貌鉴定主要是指根据上述不同生产类型牛的外貌特点，对生产能力进行鉴定，以外貌鉴别在生产中应用最多，其次还有测量（体尺）鉴别、评分鉴别和线性外貌鉴别等。

（二）外貌鉴别方法步骤

用眼睛观察牛的外貌，并借助于手的触摸对家畜各个部位和整个畜体进行鉴别。被鉴别的牛自然地站在宽广而平坦的广场上，鉴别者站在距牛 5~8 米的地方。

（1）首先进行一般的观察，对整个畜体环视一周，掌握牛体各部位发育是否匀称。

（2）站在牛的前面、侧面和后面分别进行观察。从前面观察头部的结构、胸和背腰的宽度、肋骨的扩张程度和前肢的肢势等；从侧面观察胸部的深度，整个体形，肩及尻部的倾斜度，颈、背、腰、尻等部的长度，乳房的发育情况以及各部位是否匀称；从后面观察体躯的容积和尻部发育情况。

（3）肉眼观察完毕，再用手触摸，了解其皮肤、皮下组织、肌肉、骨骼、毛、角和乳房等发育情况。

（4）最后让牛自由行走，观察四肢的动作、肢势和步样。

依据 GB/T 35568—2017，将牛体分为 4 大项，16 小项，总分为 100，依据标准评分后确定等级，分为特级、一、二、三、四级。

表 3-1　奶牛体型性状线性评分表

分类	体型性状	线性分									单位
		1	2	3	4	5	6	7	8	9	
体躯容量	体高	≤130	132	135	137	140	142	145	147	≥150	厘米
	胸宽	≤13	16	19	22	25	28	31	34	≥37	厘米
	体深	60:40	—	55:45	—	50:50	—	45:55	—	40:60	—
	腰强度	极弱	—	弱	—	中等	—	强	—	极强	—
尻部	尻角度	≤-4	-2	0	2	4	5.5	7	8.5	≥10	厘米
	尻宽	≤10	12	14	16	18	20	22	24	≥26	厘米
肢蹄	蹄角度	≤20	30	35	40	45	50	55	60	≥70	(°)
	蹄踵深度	≤0.5	1	1.5	2	2.5	3	3.5	4	≥4.5	厘米
	骨质地	极粗、圆、疏松	—	—	—	中等	—	—	—	极宽、扁平、细致	—
	后肢侧视	≥165	160	155	150	145	140	135	130	≤125	(°)
	后肢后视	飞节内向后肢“X”状	—	—	—	中等	—	—	—	飞节间宽后肢平行	—

续表

分类	体型性状	线性分									单位
		1	2	3	4	5	6	7	8	9	
泌乳系统	乳房深度	≤-1	0	4	7	10	12	14	16	≥18	厘米
	中央悬韧带	≤0	0.5	1.5	2	3	4	5	6	≥7	厘米
	前乳房附着	极弱	—	弱	—	中等	—	强	—	极强	—
	前乳头位置	极外	—	偏外	—	中间	—	偏内	—	极内	—
	前乳头长度	≤2	3	3.5	4	5	6	7	8.5	≥10	厘米
	后乳房附着高度	≥32	30	28	26	24	22	20	18	≤15	厘米
	后乳房附着宽度	≤8	9.5	11	12.5	14	15.5	17	18.5	≥20	厘米
	后乳头位置	极外	—	偏外	—	中间	—	偏内	—	极内	—
乳用特征	棱角性	极差	—	差	—	中等	—	明显	—	极明显	—

第二节　牛体各部位名称

牛整体可以分为四个部位，牛体表各部位的名称如图 3-3 所示。

牛体表部位名称
- 头颈部
  - 头部
  - 颈部
- 前躯
  - 鬐甲
  - 前肢
  - 胸部
- 中躯
  - 背部
  - 腰部
  - 胸肋部
- 后躯
  - 尻部
  - 臀部
  - 后肢
  - 尾
  - 乳房
  - 生殖器

图 3-3　牛体表各部位的名称

头颈部：以鬐甲和肩端的连线与躯干分界，又分为头和颈两部分，头部以枕骨脊与颈部分界。

前驱：颈之后、肩胛骨后缘垂直切线之前，以前肢骨骼为基础的体表部位。包括鬐甲、前肢、胸等部位。

中躯：肩胛软骨后缘至腰角垂线之前的中间躯干段，主要包括背、腰、腹等部位。

后躯：后躯是自腰角线之后的体躯后部，是以骨盆、荐骨和后肢诸骨为基础的体表部位，包括尻部、臀部、乳房、生殖器官、后肢、尾等部位。（见图 3–4）

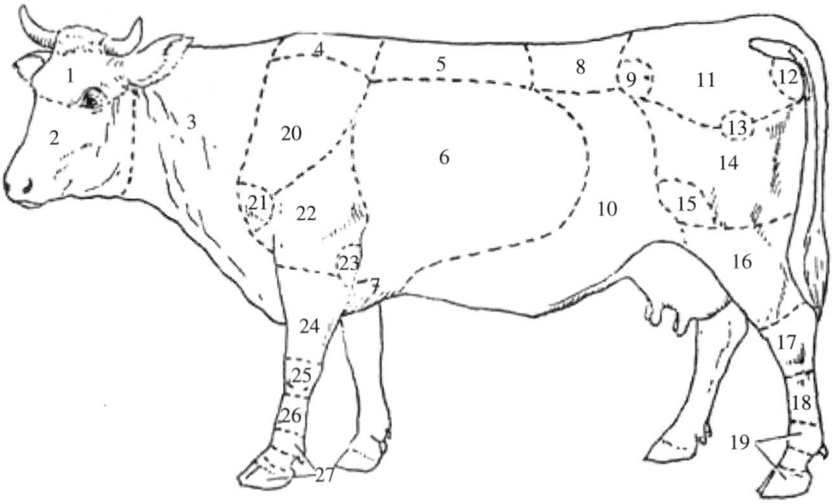

1–颅部；2–面部；3–颈部；4–鬐甲部；5–背部；6–肋部；7–胸骨部；8–腰部；9–髋结节；10–腹部 11–荐臀部；12–坐骨结节；13–髋关节；14–股部；15–膝部；16–小腿部；17–跗部；18–跖部；19–趾部；20–肩胛部；21–肩关节；22–臂部；23–肘部；24–前臂部；25–腕部；26–掌部；27–指部。

图 3–4　牛体各部位名称

一、牛的体表部位名称

牛的躯体分为以下四大部分。

各部位名称如下：

← 头颈部 — 鬐甲和肩端连线 ←前躯→ 肩胛骨后缘 ←中躯→ 腰角和大腿 —后躯→

二、牛的各部位的形态

(一)头颈部

1. 头部

头部表现品种特征、生产用途、性别等。

公牛头宽短、粗重，不露凶相；母牛头清秀、细致，性温和。要求眼大，明亮；嘴宽阔，口裂深；上下唇整齐；鼻梁正直，鼻孔大。

2. 角的形态

角有迎风角、顺风角、上向外曲角、扁角、扁担角、笋角等。

3. 颈

颈有长短、粗细、平直、隆起、凹陷及有无皱纹之分，不论何种品种，头与颈、颈与躯干的连结要自然，结合部位无明显凹陷，否则是生长发育不良的表现。

（二）前躯

1. 鬐甲

鬐甲是连接颈、前肢和躯干的枢纽，对保证前肢自由运动和体躯结构极为重要。

理想要求：长鬐甲，公牛更高、厚、长。

不理想鬐甲：分岔鬐甲、尖鬐甲、低凹鬐甲、短薄鬐甲。

2. 前肢

（1）肩部：理想型为广长肩，宽、长、适当倾斜，肌肉发达；肥肩，肩甲脊不显露，符合肉用。

（2）臂：要求长、宽比例合理，肌肉强壮，紧贴体臂而有适当的倾斜。

（3）下前肢：前臂长度适当，肌肉发达，与地面垂直；前膝整洁，坚实，有力；前管应光整，筋腱明显；球节宜强大，光整而结实有力，与地面呈 45°~55°角；蹄质地坚实，致密，蹄形圆大，间隙紧密，大小相等。

3. 胸

胸容积的大小是心肺发育程度的标志，胸的宽度与体躯的宽度成正比。胸要宽大，并有足够深度，肋骨开张，呈圆筒状，两前肢间距离宽。

（三）中躯

1. 背

背要长、直、宽、平，强健并与鬐甲和腹部结合良好。

2. 腰

腰要平、直而宽广。

3. 腹

（1）充实腹：亦称饱满腹，在胸部以后比较下垂，至腹部下方开始逐步紧缩。

（2）平直腹：腹下线与地平线平行延伸，腹腔的容量受一定影响，不利于后肢运动。

(3)卷腹:又称犬腹,腹部的后方特别紧缩,容量小,食欲差,体质弱,是严重缺点。

(4)草腹:腹壁两侧凸出,特别膨大而松弛,如不影响背线,不算严重缺点。

(四)后躯

1. 尻、臀部

尻、臀要求长、平、宽、或稍倾斜,发育良好,肌肉发达,推进力强。

2. 乳房

乳房是乳牛的最重要器官,要求如下。

(1)形状:盆状乳房,四个乳区均称,乳头大小适中,间距宽,充奶时底线平坦。

(2)大小:大而深,前乳房向腹前延伸至腰角垂线之前;后乳房向股间的后上方充分延伸,附着极高。

(3)品质:具有弯曲而明显的乳静脉,乳井要大。内部结构中腺体占 75%~80%,结缔组织和脂肪占 20%~25%。富于弹性,挤奶前后形状变化大。

3. 生殖器官

公牛:睾丸发育良好,对称,大小一致,包皮整洁。

母牛:阴唇发育好,大而肥润,闭合完全。

4. 四肢

(1)大腿:要求宽、深、适当长度,适当倾斜,发育良好,间距大。

(2)小腿:要求长度适中,与股骨呈 100°~130°角,有利于保证后肢的步伐畅快。

(3)飞节:以跗关节为基础,要求高度、角度适中,后侧宽,肌腱明显,角度适中。

5. 肢势与步伐

(1)肢势:前后肢的肢势正直。

(2)步伐:步伐大而轻、稳健。呈现“四蹄两行”,即四蹄落在地面两条平行线上。

第三节　牛体尺测量

一、体尺测量的概念

体尺是反刍动物各部位长、宽、高和围度等的数量化指标。体尺测量是测量鉴别外貌评价的重要内容之一,是计算体尺指数和估测活体重的基础性工作,它能准确反映反刍动物主要部位的发育情况，以便及时提出正确的饲养管理方案，保证其正常生长发育，同时弥补肉眼鉴别的缺陷。

体尺指数：一种体尺对另外一种与其在生理解剖上有关的体尺指数的比率，可以反映出两部位间的关系和牛体格部位发育的相互关系与比例，可以显示牛的外形特征、身体状况和发育情况。

二、体尺测量的方法步骤

（1）测量时场地要平坦，站立姿势要端正；

（2）根据不同项目分别用卷尺、测杖、圆形测量器逐一测量；（见图 3-5）

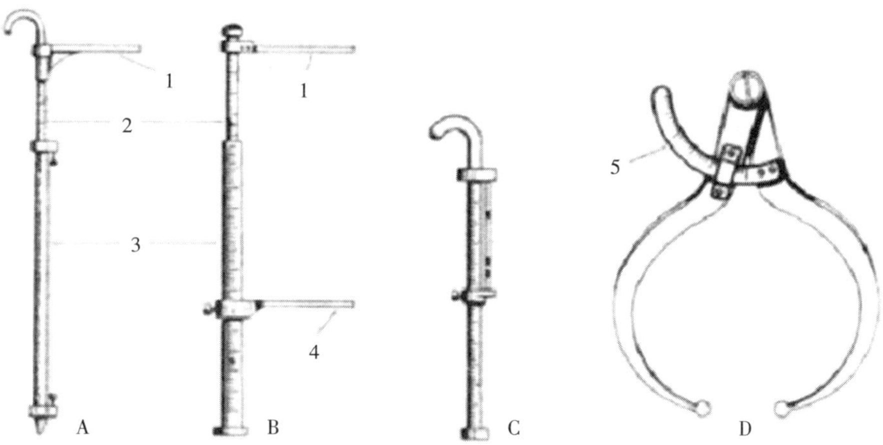

（A、B、C 为测杖；D 为圆形触测器）

图 3-5　体尺测量需要的主要用具

（3）测量时要求部位准确，读数要精确，卷尺不能拉得太紧或放得太松，否则影响准确性；

（4）由一人记录。

三、体尺测量的主要项目

（一）牛头部测量项目

（1）头长：从额顶（角间线）至鼻镜上缘的距离（卷尺或圆形测量器，图 3-6a：1→2）。

(2)额小宽:颞颥部上面的额的最小宽度(圆形测量器,图 3-6a:3→4)。

(3)额大宽:两眼眶的最远点距离(圆形测量器,图 3-6a:5→6)。

(二)牛体部测量项目

(1)体高:自鬐甲最高点到地面的垂直距离,亦称体高(测杖,图 3-6b:1→2)。

(2)胸围:肩胛后角处体躯的垂直周径(卷尺,图 3-6b:3→4)。

(3)背高:最后胸椎棘突后缘到地面的垂直距离(测杖,图 3-6b:5→6)。

(4)腰高:两腰角的中央到地面的垂直距离,也称十字部高(测杖,图 3-6b:7→8)。

(5)臀端高:坐骨结节到地面距离(测杖,图 3-6b:9→10)。

(6)体斜长:从肩端至坐骨端的距离,简称体长(测杖,图 3-6b:9→11)。

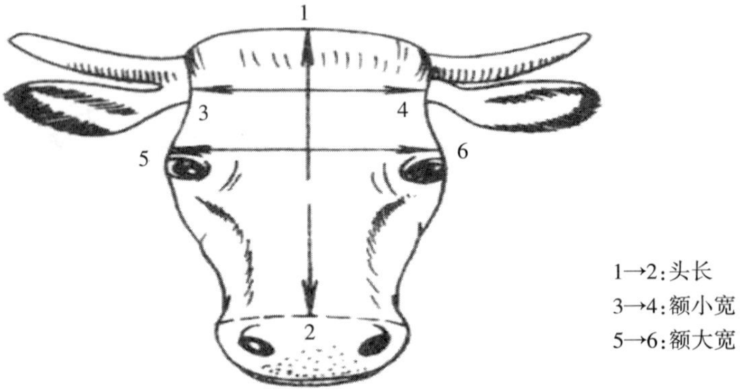

a. 牛头部测量项目

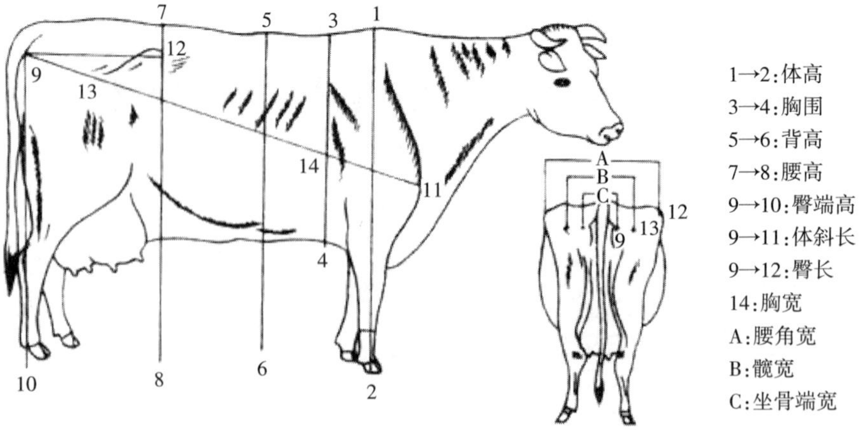

b. 牛体部测量项目

图 3-6　牛体尺测量主要项目

(7)臀长(尻长):腰角前缘到坐骨结节后缘(测杖或圆形测量器,图 3-6b:9→12)。

(8)胸宽:左右第六肋骨间的最大距离,即肩胛后缘的距离(测杖或圆形测量器,图 3-6b:14)。

(9)后躯宽(腰角宽):腰角处最大宽度(测杖或圆形测量器,图 3-6:A)。

(10)髋宽:两腰角外缘的最大距离(圆形测量器,图 3-6:B)。

(11)坐骨端宽(臀端宽或尻宽):两坐骨结节外缘间的距离(圆形测量器,图 3-6:C)。

第四节　牛的体重及年龄估算技术方法

一、活重测定

实测法:用平台式或电子地磅称量。要求在早晨饲喂前挤奶后进行称重,应连续在同一时间称重两次,取平均值。

估测法:根据活重与体积的关系计算出来的。一般估重与实重相差不超过 5%,即认为效果良好,如超过 5%时则不能应用。

6~12 月龄乳牛估重(千克)=胸围 2(米)×体斜长(米)×98.7;

16~18 月龄乳牛估重(千克)=胸围 2(米)×体斜长(米)×87.5;

成年乳牛与乳肉兼用估重(千克)=胸围 2(米)×体斜长(米)×90;

成年肉牛与肉乳兼用估重(千克)=[胸围 2(米)×体斜长(米)]×100+50。

二、牛的年龄鉴别

(一)依据牙齿判断法

牙齿根据发育阶段分为乳齿和永久齿两种。乳齿小而白,有间隙,幼年 20 枚乳齿。随着年龄增长,逐渐更换成永久齿,永久齿微黄,排列紧密,达到成年时有 32 枚永久齿。上下颚各有臼齿 12 枚(每边各 6 枚),共有臼齿 24 枚。上颚没有门齿,下颚有门齿 8 枚,最中间的一对叫钳齿,依次向外各对叫内中间齿、外中间齿及隅齿。用牙齿鉴别年龄的方法如图 3-7。

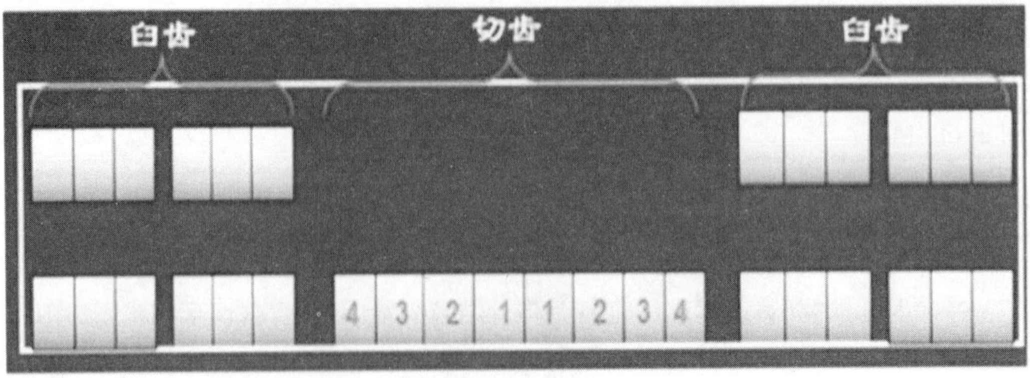

1–钳齿；2–内中间齿；3–外中间齿；4–隅齿。

图 3–7　反刍动物牙齿结构及名称

不同年龄段牙齿见图 3–8。

4~5 月龄：乳门齿已全部长齐。

1.0~1.5 岁：内中间乳齿齿冠磨平。

1.5~2.0 岁：乳钳齿脱落，到 2 岁时在这里换生永久齿，俗称“对牙”。

2.5~3.0 岁：内中间乳齿脱落，到 3 岁时在这里换生永久齿，俗称“四牙”。

3.5 岁：外中间乳齿脱落，到 3.5 岁时在这里换生永久齿，俗称“六牙”。

4 岁：乳隅齿脱落，换生永久齿，俗称“齐牙”。

5 岁以后：隅齿前缘开始磨损。

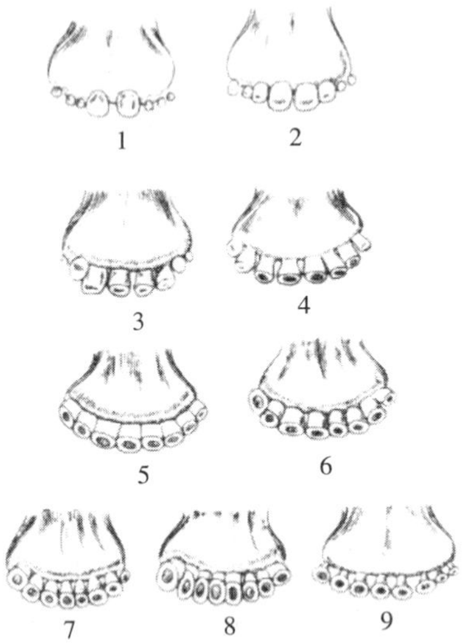

图 3–8　不同年龄牙齿示意图

注：1 到 9 为年龄从小至大的牙齿状态。

口诀：

乳齿门牙为四对，生下已有一两双。

一周长成六颗牙，三周乳齿全长满。

一岁半后始换牙，乳齿脱下永齿生。

永齿出生到齐口，永对加一是实龄。

（二）根据角轮鉴别

母牛在妊娠期和哺乳期，由于营养消耗过多和大量分泌乳汁，又不能及时得到补充，因此营养不足，使角组织不能充分发育，牛角表面凹陷，形成环状痕迹，称为角轮。

母牛每分娩一次，就会形成一个角轮，所以母牛的角轮数与产犊数大致相同。当母牛每年能产一胎时，其年龄为角轮数加上初产年龄。通常母牛多在2.5~3.0岁时初次产犊，故将角轮数加2.5~3.0，即可得出牛的大致年龄。

一般的计算方法：母牛年龄=第一次产犊时年龄+(角轮数目-1)。

第五节 奶牛线性外貌评定

《中国荷斯坦牛体型线性鉴定实施方案(试行)》要求各奶牛饲养单位存栏的全部成年母牛，必须在第一、二、三、四胎分娩后60~150天内在挤奶前进行鉴定，用最好胎次成绩代表该个体水平。评分方法为9分制(1、3、5)、50分制(1~5、25、45~50)、有15个指标，其中14个主要性状为体高、胸宽、体深、棱角性、尻角度、尻宽、后肢侧视、蹄角度、前乳房附着、后乳房高度、后乳房宽度、悬韧带、乳房深度、乳头位置，1个次要性状为乳头长度。

一、方法步骤

(1)根据记录表内容逐项进行评定，并将性状评分记录各栏内。

(2)根据线性评分转换百分表，查取例牛得分，并分别填入一般外貌、乳用特征、体躯容积、泌乳系统给分表中。

(3)用各性状的权重(%)与例牛得分相乘，并计算加权后得分。

(4)用一般外貌、乳用特征、体躯容积、泌乳系统加权后得分，计算被鉴定牛整体得分，并确定其等级。部位与整体评分表包括一般外貌、乳用特征、体躯容积、泌乳系统及整体评分表，等级划分等。

(5)等级划分：90~100优秀，85~89良好，80~84较好，75~79好，65~74一般，0~64差。

二、评分细则

1. 体高

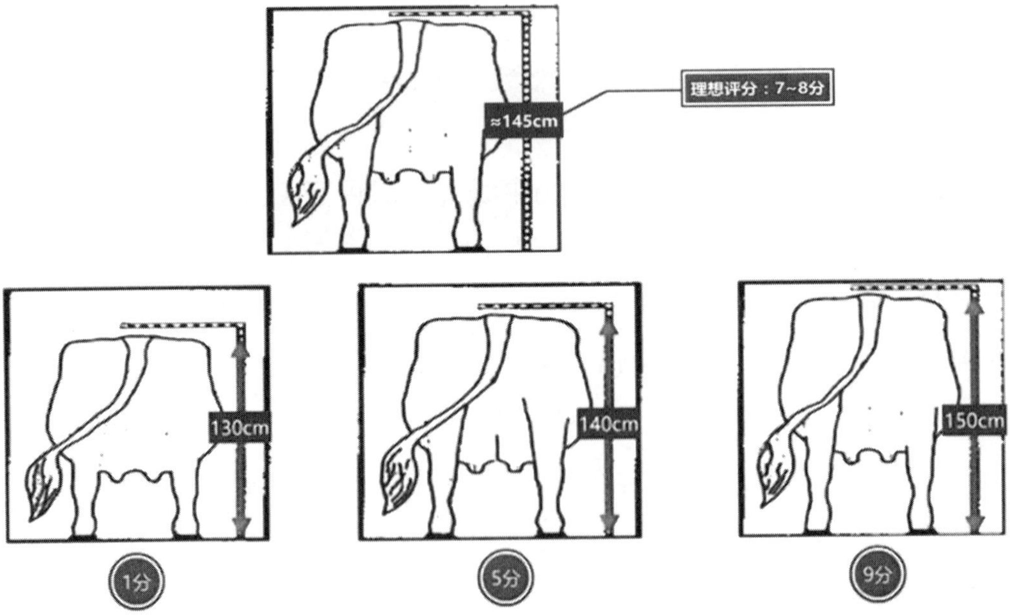

2. 胸宽

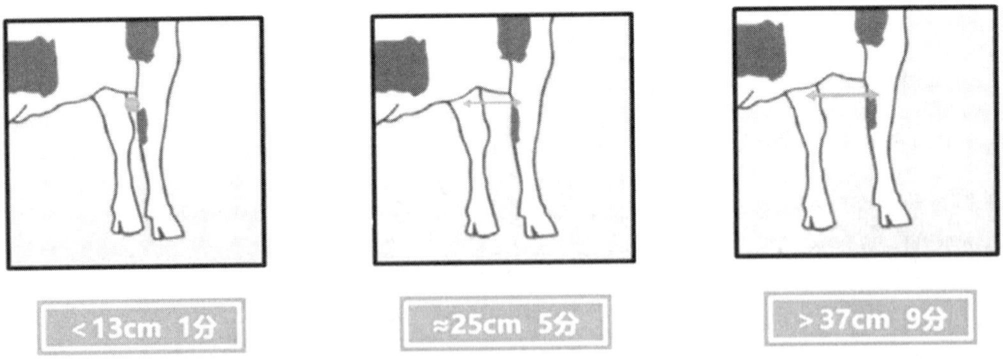

3. 体深

4. 尻角度(腰角与坐骨结节段的倾斜角度)

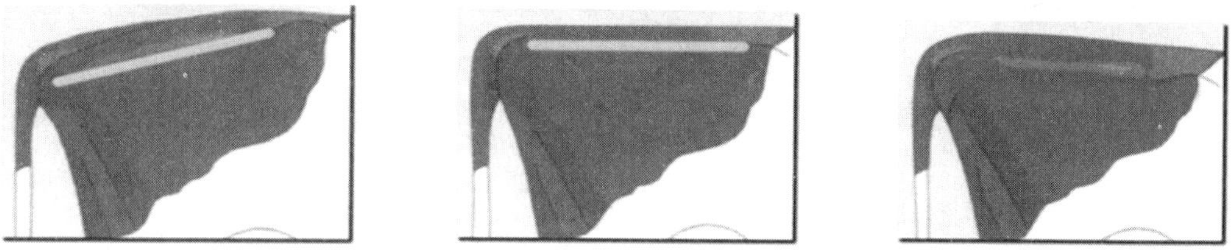

高出8cm，尻角倾斜 9分　　高出4cm，尻角理想 5分　　低于5cm，极逆斜 1分

5. 尻宽:坐骨结节段的宽度

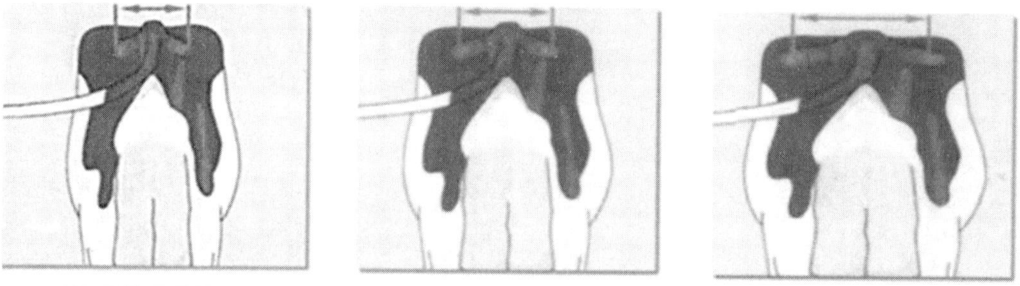

10cm 1分　　18cm 5分　　26cm 9分

6. 蹄角度:后蹄前缘与地面的角度

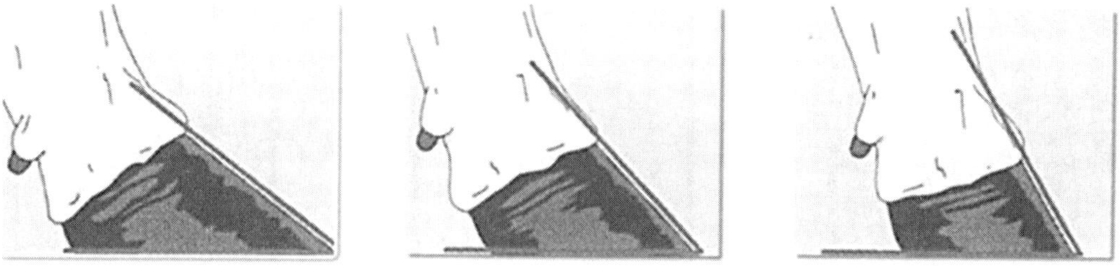

<15° 1分　　≈45° 5分　　>65° 9分

7. 后肢侧视:飞节的弯度

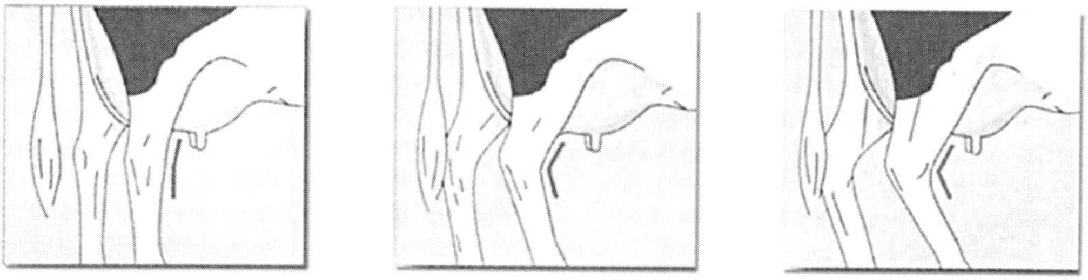

165° 1分　　145° 5分　　125° 9分

8. 前乳房附着：乳房与腹部的角度

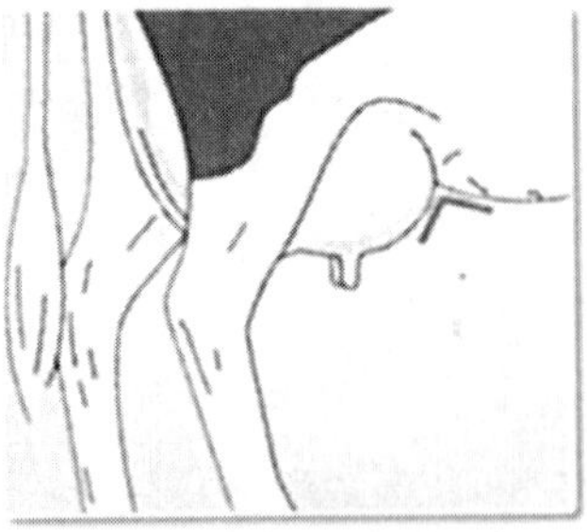

< 45° 1~3分

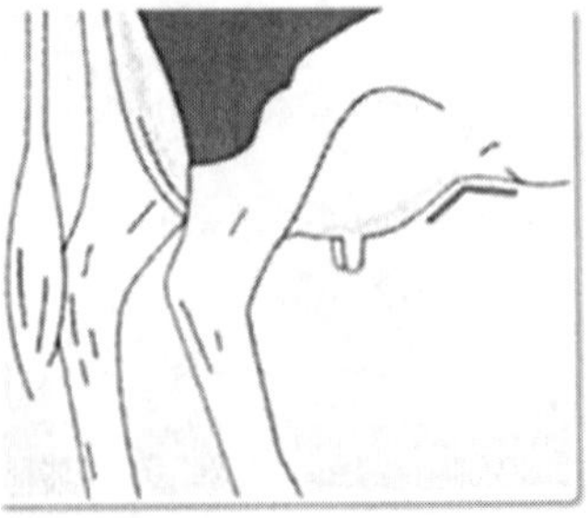

≈90° 5分

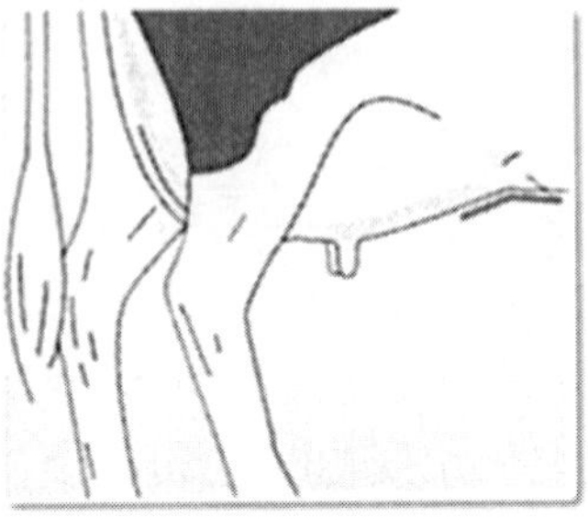

> 120° 7~9分

9. 后乳房附着高度：乳房顶部到阴门距离

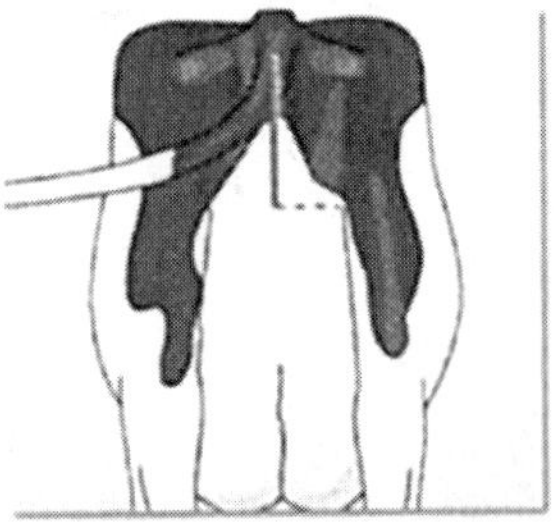

< 16cm 9分

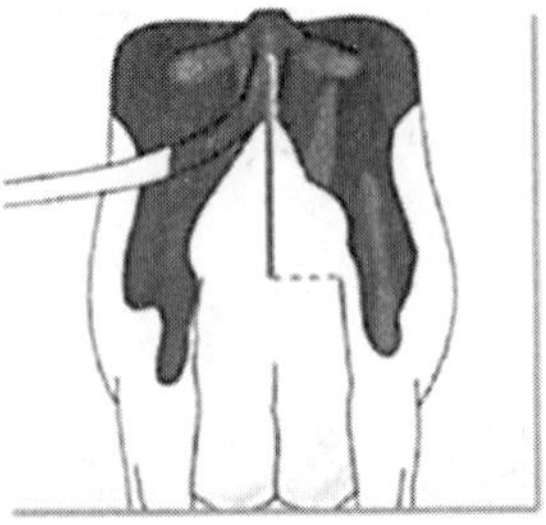

≈24cm 5分

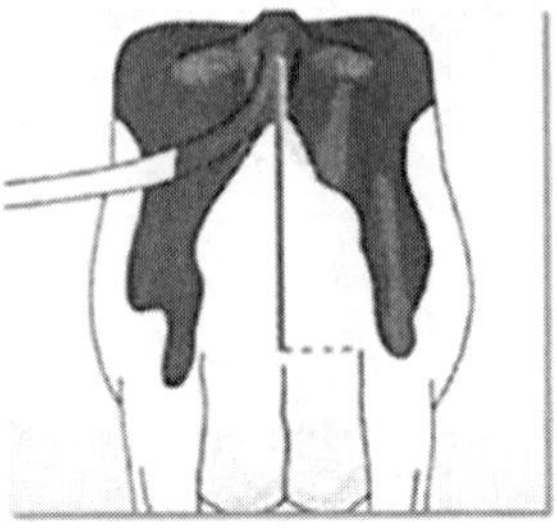

> 32cm 1分

10. 后乳房附着宽度：乳房与两腿连接距离

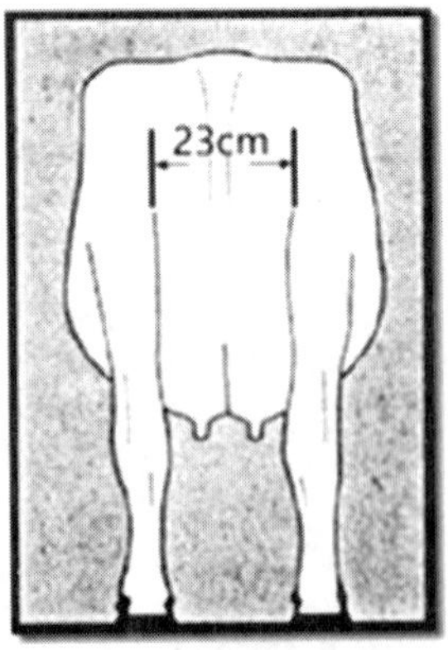

> 23cm 9分

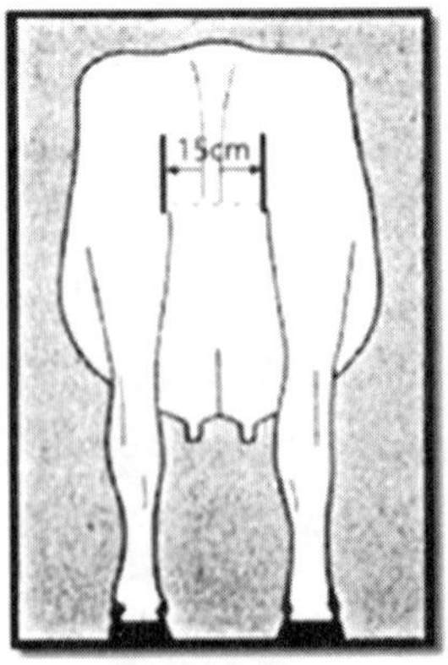

≈15cm 5分

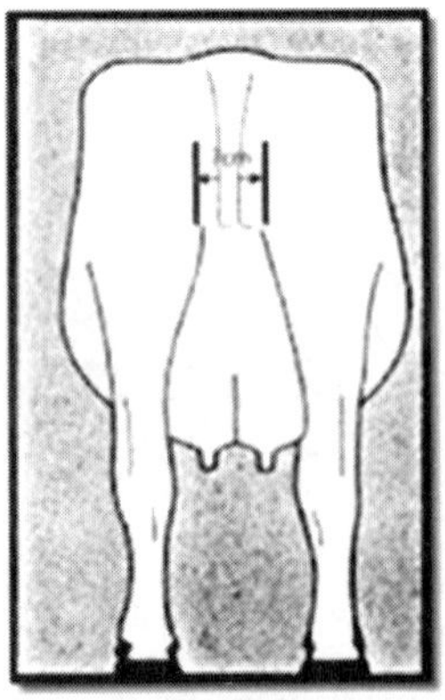

< 7cm 1分

11. 后乳房深度：乳房底部到飞节距离

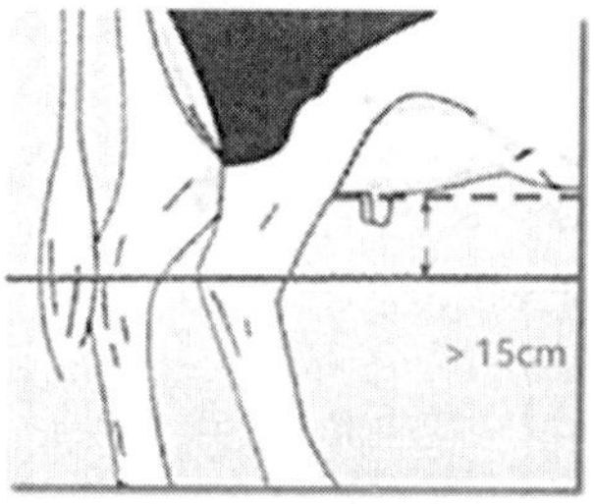

>15cm 7-9分

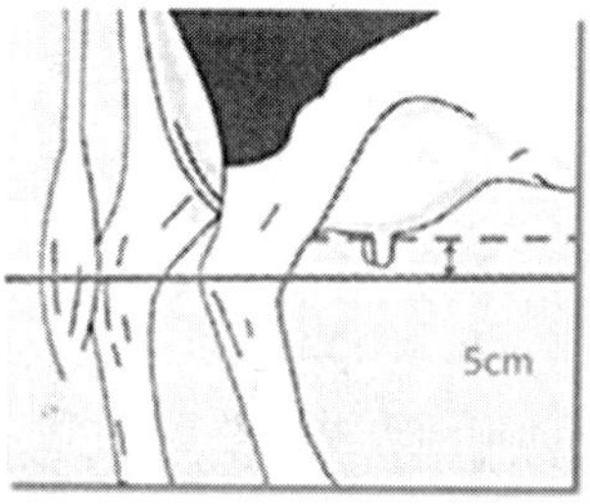

5cm 5分

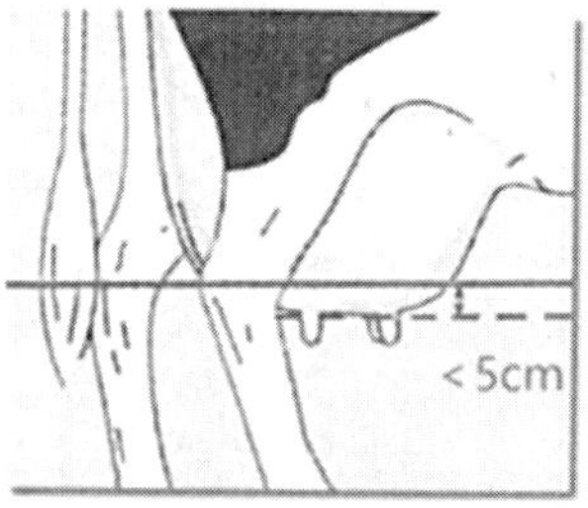

<5cm 1-3分

12. 中央悬韧带

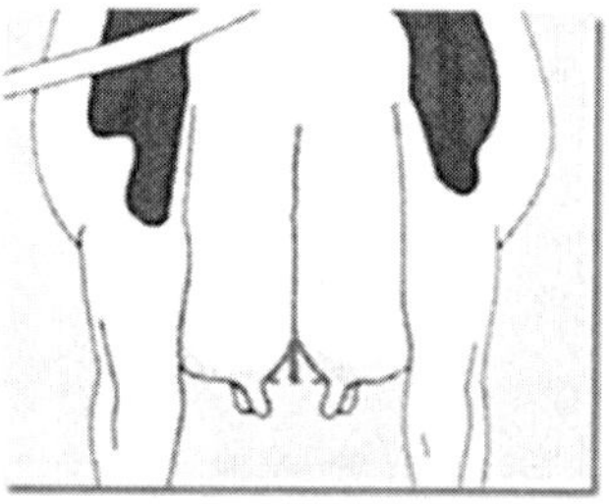
5~6cm 8~9分

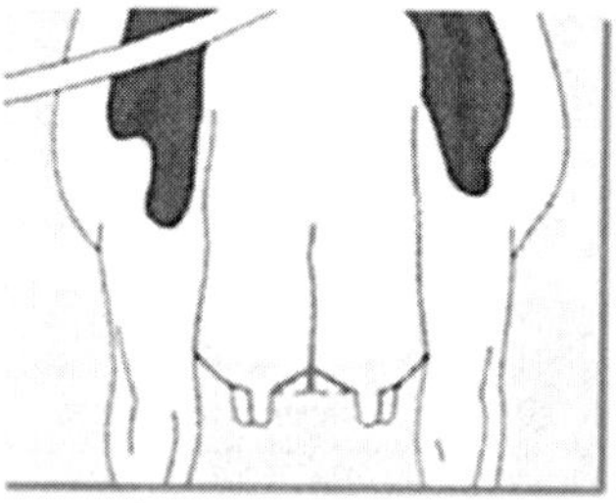
3cm 5分

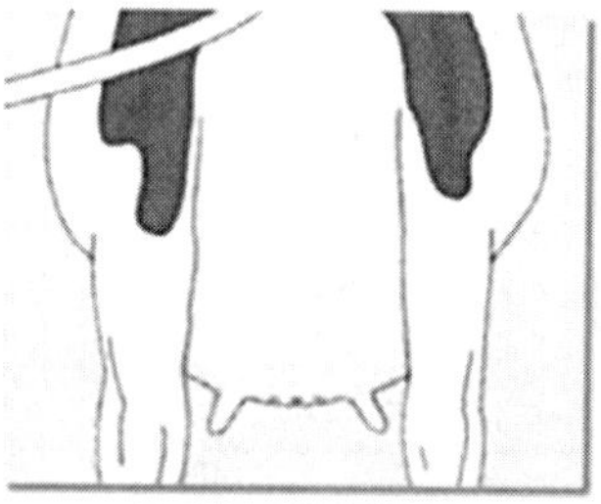
无乳中沟 1分

13. 乳头位置

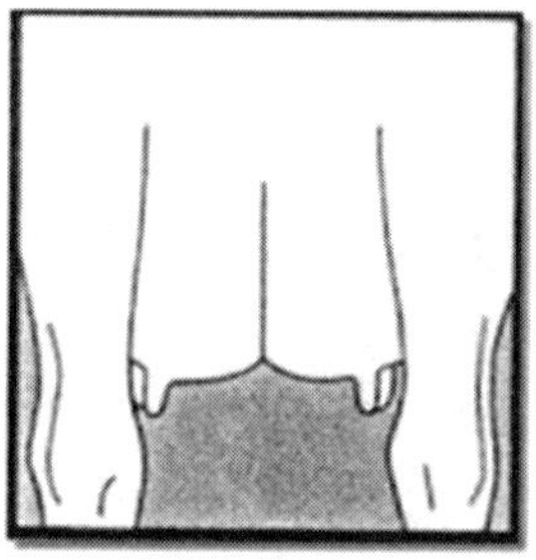
极外，1分

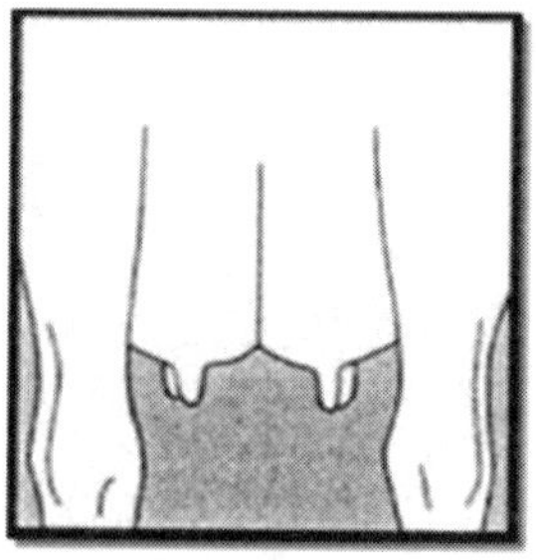
中央，5分

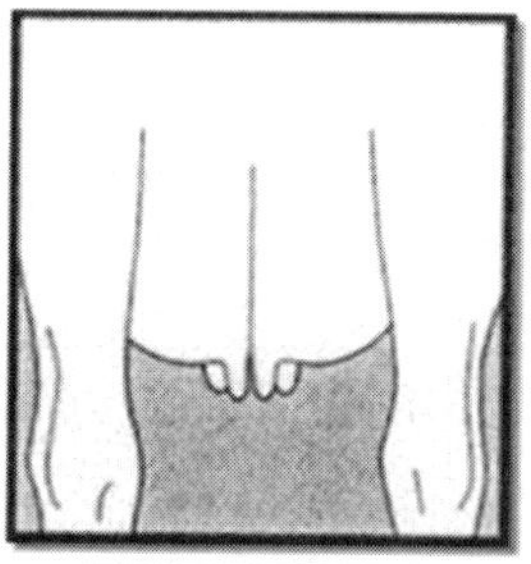
极内，9分

14. 乳头长

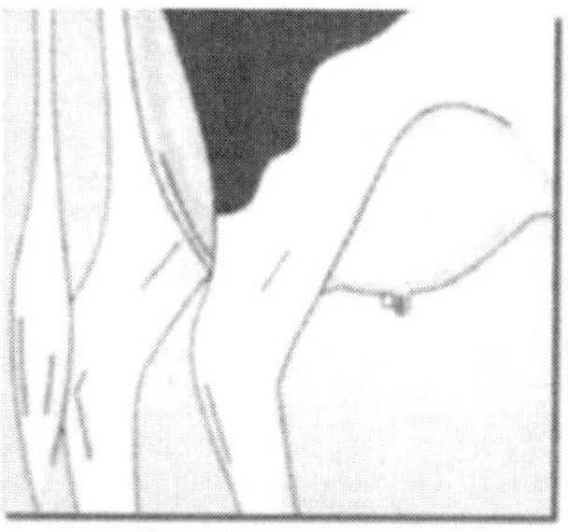
<3cm 1~3分

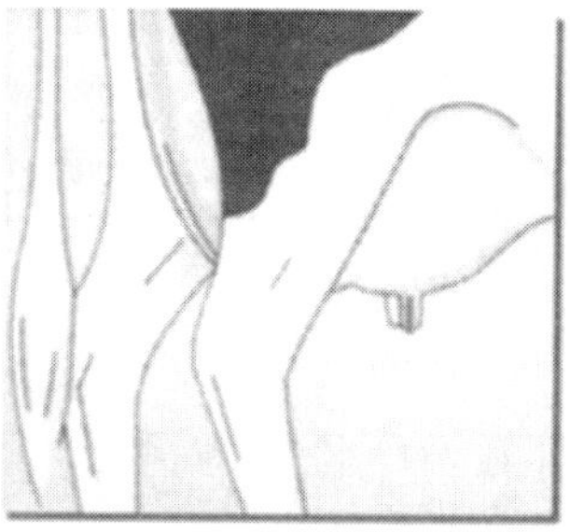
5cm 5分

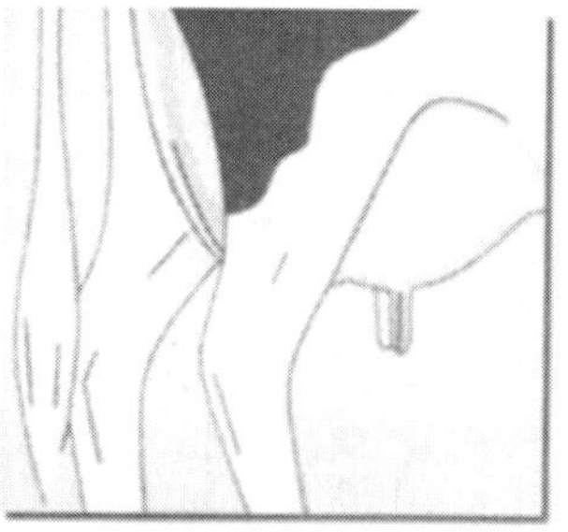
>9cm 7~9分

15. 棱角性

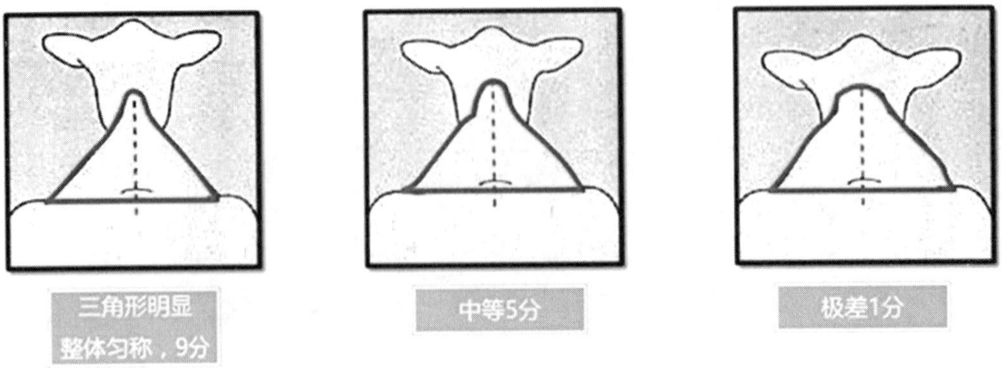

图 3-9　奶牛评分图

三、评价给分表

1. 一般外貌评分（见表 3-2）

表3-2　一般外貌给分表

体型性状	体高	胸宽	体深	尻角度	尻宽	后肢侧视	蹄角度	合计
权重/%	15	10	10	15	10	20	20	100
被鉴定牛得分								
加权后得分								

2. 乳用特征评分（见表 3-3）

表 3-3　乳用特征给分表

体型性状	棱角性	尻角度	尻宽	后肢侧视	蹄角度	合计
权重/%	60	10	10	10	10	100
被鉴定牛得分						
加权后得分						

3. 体躯容积评分（见表 3-4）

表 3-4　体躯容积给分表

体型性状	体高	胸宽	体深	尻宽	合计
权重/%	20	30	30	20	100
被鉴定牛得分					
加权后得分					

4. 泌乳系统评分(见表 3–5)

表 3–5　泌乳系统给分表

体型性状	前乳房附着	后乳房高度	后乳房宽度	悬韧带	乳房深度	乳头位置	乳头长度	合计
权重/%	20	15	10	15	25	75	75	100
被鉴定牛得分								
加权后得分								

5. 整体评分(见表 3–6)

表 3–6　整体给分定级表

评分内容	权重/%	被鉴定牛得分	加权后得分
一般外貌	30		
乳用特征	15		
体躯容积	15		
泌乳系统	40		
合计			

第六节　奶牛生产能力的测定与计算

奶牛的生产性能测定是奶牛场的重要工作之一，测定项目包括产奶量(个体产奶量、群体产奶量)、乳脂率、乳蛋白率、饲料报酬、排乳性能、产乳指数等。

一、产奶量测算

(一)月产奶量

每月计量记录 3 天的产奶量，每次间隔 8~11 天，以此为根据统计每月和整个泌乳期的产奶量。

$$W=(M1\times D1)+(M2\times D2)+(M3\times D3)$$

式中，W 为全月产奶量，$M1$、$M2$、$M3$ 为测定日全天产奶量；$D1$、$D2$、$D3$ 为当次测定日与上次测定日间隔的天数。

（二）个体产奶量测算

（1）305 天产奶量：指自产犊后第一天开始到 305 天为止的产奶量。不足 305 天者，按实际产奶量；超过 305 天者，超过部分不计在内。

（2）305 天校正产奶量：指实际产奶量乘上相对的系数，校正为 305 天的近似产量。（见表 3–7）

表3–7　产奶期不足 305 天的校正系数

产奶天数	240	250	260	270	280	290	300	305
第 1 胎	1.182	1.148	1.116	1.036	1.055	1.031	1.011	1.00
2~5 胎	1.165	1.133	1.103	1.077	1.052	1.031	1.011	1.00
6 胎以上	1.155	1.123	1.094	1.070	1.047	1.025	1.009	1.00

（3）全泌乳期实际产奶量：指产犊后第 1 天开始到干奶为止的累计产奶量。

（4）年度产奶量：指 1 月 1 日至本年度 12 月 31 日为止的全年产奶量（包括干乳阶段）。

（三）群体产奶量的统计方法

群体产奶量：全群产奶量的统计，应分别计算。

（1）成年母牛（包括产奶、干奶及空怀母牛）的全年平均产奶量。

（2）泌乳牛（指实际产奶母牛，干乳及不产奶的母牛不计算）的全年平均产奶量。

二、乳脂率

10 个月的泌乳期，每月测一次。

$$P=\sum(F\times M)/\sum M$$

式中，P 为平均乳脂率；F 为每次测定的乳脂率；M 为该月的产奶量。

4%标准奶的换算：4%乳脂校正乳，就是将不同乳脂率（F）和奶量（M）的奶，校正到相当于含脂 4%的等热量的奶量（FCM）。

$$W_{\mathrm{FCM}}=M\times(0.4+0.15F)$$

式中，W_{FCM} 为乳脂校正奶量；M 为泌乳期产奶量；F 为泌乳期测得的平均乳脂率。

三、乳蛋白率

乳蛋白是牛奶的重要营养成分之一，已成为奶牛育种和衡量牛奶质量的一项重要指标，并可作为收购牛奶时定价的主要参考指标。乳蛋白测定的经典方法是凯氏定氮法,即先测定牛奶中氮含量,然后根据蛋白质的含氮量计算出该牛奶的蛋白质含量(%)。此法准确,但效率低,近年来采用比色法和用全奶成分测定仪进行测定,效率明显提高。

四、饲料报酬

饲料报酬又叫饲料转化率,可分为料奶比(千克/千克),奶料比(千克/千克)两种指标。料奶比是指 1 千克饲料能产出多少千克的牛奶,生产奶量越多饲料报酬越高;奶料比是每产 1 千克奶所消耗的饲料量(按干物质计),消耗的饲料越少饲料报酬越高。

五、排乳性能

挤奶时表现出的如排乳速度、各乳区排乳量均衡性等特性。

泌乳速度:平均每分钟的泌乳量

前乳房指数(%)=(前乳区产奶量/总产奶量)×100

前乳房指数:前乳房指数表示乳房对称的程度,四个乳区的均匀发育是适应机器挤乳的必要条件。

前后乳区的均匀程度,不仅影响产乳量的高低,而且影响乳房健康状况。理想的前乳房指数应为 45%以上，测定的方法是用 4 个乳罐的挤乳机进行测定,4 个乳区的乳分别流入 4 个玻璃罐内,有自动记录的称或罐上的容量刻度,可测定某个乳期的乳量,计算前 2 个乳区的产乳量占全部参数量的百分比,即为前乳房指数。前乳房指数等于前两个乳期的乳量与总产乳量比值再乘以 100。

六、产乳指数

产乳指数(MPI)是指一只成母牛(5 岁以上)的一个泌乳期的平均产乳量与其平均活重之比,这是判定产乳性能耕地的一个有价值的指标。产乳指数(MPI)一般大于7.9。

第七节　肉牛的生产力评定

一、饲料转化指标

增重量（每千克体重）所需要饲料干物质=饲养期内所消耗的饲料干物质/饲养期内纯增重；生产每千克肉所需饲料干物质=饲养期内所消耗的饲料干物质/屠宰后的净肉重；全群产肉的饲料转化率=总产肉量/饲料消耗总量。

二、生长指标

初生重：指犊牛出生后吃初乳前的活重。

断奶重：一般用校正断奶重，国内用 210 天或 205 天的校正断奶重，公式为 210 天校正断奶重（千克）=（断奶体重−初生重）/断奶时日龄×210+初生重；哺乳期日增重（千克/天）=（断奶体重−初生重）/断奶日龄；育肥期日增重（千克/天）=（育肥期末体重−育肥期初体重）/育肥期天数。

三、屠宰指标

（1）宰前重：测量宰前绝食 24 小时后的活重。

（2）宰后重：测量屠宰放血以后的体重。

（3）血重：测量宰时所放出的血液重量，或宰前重减去宰后重的差。

（4）胴体重：指放血后除去头、尾、皮、蹄（肢下部分）和内脏所余体躯部分的重量，并注明肾脏及其周围脂肪重。

（5）净体重：除去胃肠及膀胱内容物后的总体重量。胴体骨重为测量胴体中所有骨骼剥离后的骨重。

（6）胴体脂重：测量胴体内、外侧表面及肌肉块间可剥离的脂肪总重量。胴体肉重为测量胴体除去剥离的骨、脂肪后的所余部分的重量。

（7）背膘厚度：指第五至第六胸椎间离背中线 3~5 厘米，相对于眼肌最厚处的皮下脂肪厚度。

（8）腰膘厚度：指第十二至十三胸椎间离背中线 3~5 厘米，相对于眼肌最厚处的皮下脂肪厚度。

(9)眼肌面积:指第十二至十三肋间眼肌的横切面积(平方厘米)。

四、产肉性能计算方法

屠宰率(%)=胴体重/屠宰前活重×100;

净肉率(%)=净肉重/屠宰前活重×100;

胴体产肉率(%)=净肉重/胴体重×100;

肉骨比(%)=净肉重/骨骼重×100;

肉用指数=平均成年活重(千克)/体高(厘米);

每百千克胴体重所对应的眼肌面积(平方厘米)=眼肌面积/胴体重×100。

五、胴体质量的综合评定

1. 根据牛肉的部位分级

一级:腰部、背部、大腿等处的肉,质量最好。

二级:腹部、肩胛部和颈部的肉,质量较次。

三级:前颈和小腿部的肉,质量差。

2. 根据牛肉的鲜度分级(见表 3–8)

表 3–8　牛肉胴体的鲜度分级标准

项目	一级鲜度	二级鲜度
色度	肌肉有光泽,红色均匀,脂肪洁白或淡黄	肌肉色稍暗,切面尚有光泽,脂肪缺乏光泽
黏度	外表风干或有风干膜,不粘手	外表干燥或粘手,新切面湿润
弹性	指压后的凹陷立即恢复	指压后的凹陷恢复慢,且不能完全恢复
气味	具有鲜牛肉的正常气味	稍有氨味或酸味
煮沸后肉汤	透明澄清,脂肪团聚于表面,具有特殊香味	稍有混浊,脂肪滴浮于表面,香味差或无鲜味

六、肉质评定

(一)肌肉颜色

肌肉颜色的重要意义在于,这是肌肉的生理学、生物化学和微生物学变化的外部表现，人们很容易地用视觉加以鉴别，从而由表及里地判断肉质。肉的颜色主要取决于肌肉中的色素物质（肌红蛋白和血红蛋白）的含量与性质，如果放血充分，肌红蛋白占肉中色素的80%~90%，占主导地位。

（二）嫩度

嫩度指肉在食用时口感的老嫩，反映了肉的质地。由于肌肉中各种蛋白质的结构特性决定不同部位的肌肉因功能不同，其肌纤维粗细、结缔组织的量和质差异很大，嫩度情况也不同。对肉嫩度的主观评定主要根据其柔软性、易碎性和可咽性来判定。对肉嫩度的客观评定是借助于仪器来衡量切断力、穿透力、咬力、剁碎力、压缩力、弹力和拉力等指标，而最通用的是切断力，又称剪切力，如腰大肌的剪切力值3.2千克，斜方肌为6.4千克。即用一定钝度的刀切断一定粗细的肉所需的力量，以千克为单位。一般来说肉的剪切力值大于4千克就比较老了，难以被消费者接受，这种方法测定方便，结果可比性强，所以是最为常用的肉嫩度评定方法。

（三）肌肉pH

肌肉pH是反映宰杀后牛肉糖原酵解速率的重要指标。动物从有氧代谢转变为无氧代谢（糖酵解），其最终产物是乳酸，乳酸的积累导致肌肉pH降低。肌肉pH下降的速度对肉质性状产生决定性的影响，肌肉呈酸性首先导致肌肉蛋白质变性，使肌肉保水力降低。

（四）肉的风味

肉的风味大都通过烹调产生，生肉一般只有咸味、金属味和血腥味，当肉加热后前体物质反应生成各种呈味物质，赋予肉以滋味和芳香风味，这是食品化学的一个重要研究对象。随着高灵敏度和高专一性分析技术发展，如高分辨率气相色谱、质谱、气质联用和高效液相色谱等技术的应用，肉的风味研究正日趋活跃，熟肉中与风味有关的物质已超过1 000种。

（五）肌肉系水力

肌肉系水力是一项重要的肉质性状，不仅影响肉的色香味、营养成分、多汁性、嫩度等食用品质，而且有着重要的经济价值。利用肌肉有系水潜能这一特性，在其加工过程中可以添加水分从而提高出品率。如果肌肉保水性能差，家畜从屠宰后到被烹调前这一段过程中，肉因为失水而失重，造成经济损失。

（六）多汁性

肉质地的差异有10%~40%是由多汁性决定的，多汁性较可靠的评定方法是以人的主观感觉（口感）评定。对多汁性的评判可分为4个方面，开始咀嚼时肉中释放出的肉汁多少，咀嚼过程中肉汁释放的持续性，在咀嚼时刺激唾液分泌的多少，以及肉中的脂肪在牙齿、舌头及口腔其他部位的附着给人以多汁性的感觉。

（七）大理石纹

肌肉大理石纹反映肌肉纤维之间脂肪的含量和分布，是影响肉口味的主要因素。各国都有各自的大理石纹评分标准，我国把牛肉的大理石花纹等级分为6级，1级最好，6级最差；美国把牛肉的大理石花纹分为特（等）级、优（等）级、良（好）级、中等级、可利用级、差（等）级、等外级、劣等级8个级别；日本则分为12个等级，1级最差，12级最好。

（八）肌肉内脂肪

肌肉内脂肪是指肌肉组织内所含的脂肪，是用化学分析方法提取的脂肪量，不是通常肉眼可见的肌肉间脂肪。在主观品味评定中适量肌内脂肪对口感惬意度、多汁性、嫩度、滋味等都有良好作用。肌内脂肪含量受品种、月龄和育肥程度等多个因素的影响，普遍认为中国地方牛品种育肥后肌内脂肪丰富，是肉好吃的内在因素之一。

第四章　牛的繁殖技术

第一节　母牛的发情生理

一、性机能发生过程

性机能的发育过程是一个发生、成长、成熟及衰老的过程。奶牛的性机能发生过程一般分为初情期、性成熟期、体成熟期。

(一)发情的概念

发情是指母牛生长发育到性成熟阶段后，在繁殖季节所发生的周期性性活动和性行为现象

(二)初情期前性机能的发育

胎儿期到初情期发动期间,生殖机能的发育主要是生殖器官的生长发育,而生殖内分泌的水平很低,故没有行为上的性活动。

(三)初情期

初情期为母牛初次出现发情或排卵的时期。

牛初情期:黄牛与乳牛为6~12月龄,水牛为10~15月龄。

特点:生殖器官迅速发育,开始出现性活动。此时生殖器官未发育成熟,性机能也不完全。

(四)性成熟期

性成熟期是指母牛生殖器官发育完善,具备正常发情、排卵并繁殖后代的能力的时期。

性成熟期:乳牛与黄牛为10~14月龄,水牛一般在15~20月龄。

特点：生殖器官和生殖机能成熟，生殖器官发育完全，具有协调的生殖内分泌，表现出完全的发情征状，排出能受精的卵母细胞，有规律的发情周期。此时母畜生长发育尚未完成，不宜配种。否则过早怀孕，一方面会妨碍雌性动物本身的发育，另一方面会影响后代的发育，导致后代体重减轻、体质衰弱或发育不良。

表现：母牛出现发情和排卵；乳房迅速发育；皮下脂肪沉积速度加快，出现第二性征。

（五）影响初情期和性成熟期的因素

（1）用途不同的牛或品种不同的牛，初情期的早晚及发情的表现不同。一般情况下，大型品种初情年龄晚于小型品种的牛。如奶用小型品种娟姗牛初情年龄为 8 月龄，而更赛牛和荷斯坦牛为 11 月龄。肉用牛品种初情期的年龄往往比乳用品种迟。

（2）营养水平：营养水平好的母牛，初情期早；营养状态差的母牛，初情期晚。但是营养水平过高，母牛饲养过肥，虽然体重增长很快，初情期反而延迟。初情期与体重的关系密切。

（六）母牛的体成熟与适配年龄

（1）体成熟：指母牛各种器官发育完善，机能正常的年龄。

初情期年龄 < 性成熟年龄 < 体成熟年龄（24~36 月龄）

（2）适配年龄（配种适龄、初配适龄）：指母牛适宜开始配种繁殖的年龄，机体各器官和组织发育基本完成，并具有本品种固有的外貌特征。一般在性成熟期之后，体成熟之前。母牛达到适配年龄，体重应占成年体重的 70%以上。母牛一般适配年龄为 1.3~1.5 年。

（七）繁殖机能停止期

母牛繁殖能力消失的时期，称为繁殖能力停止期或繁殖终止期。母牛到了停止排卵和周期性发情的年龄，也就不再发情和排卵。繁殖机能停止期一般为 13~15 年。

母牛在繁殖能力停止期后，即使是遗传性能非常好的品种，继续饲养也无意义，应及早淘汰，以减少经济损失。

二、母牛的发情周期

1. 发情周期

初情期后，卵巢出现周期性的卵泡发育和排卵，并伴随着生殖器官和整个机体发生一系列周期性生理变化，这种变化周而复始，一直到性机能停止活动的年龄为止，这种周期性的性活动称为发情周期。

母牛是全年多次发情的动物，在一年四季都可以出现发情并配种。

对于发情无季节性的动物，如果饲养管理条件长期过于粗放，则其发情周期也有比较集中在某一季节的趋势。例如，我国南方的水牛多集中在下半年发情，山区的黄牛往往在冬季不发情。

周期计算：一般指从一次发情（排卵）开始至下一次发情（排卵）开始所间隔的时间，并把发情当天计作发情周期的第一天。母牛发情周期平均为21天，变化范围为17~25天。

根据母畜卵巢、子宫、阴道、外阴以及行为表现的不同，将动物的发情周期分为发情前期、发情期、发情后期和间情期。

（1）发情前期：出现于上一个发情周期的间情期之后，为发情的准备时期，即卵巢上卵泡准备发育时期或出现发情表现之前的时期。对于发情周期为21天的动物，如果发情征状开始出现时为发情周期的第一天，则发情前期相当于发情周期的第17~19天。

（2）发情期：也叫发情持续期、发情持续时间。有明显发情征状的时期，相当于发情周期的第1~2天。又可以分为发情初期、发情盛期、发情末期。

发情初期：卵泡迅速发育，雌激素分泌明显增多。母牛表现兴奋不安，经常哞叫，食欲减退、产乳量下降，常有其他母牛尾随，并嗅舔发情母牛的阴唇，拒绝其他牛爬跨。外阴部肿胀，阴道黏膜潮红，黏液量分泌不多，稀薄，牵缕性差，子宫颈口开张。

发情盛期：在其他牛爬跨时，表现为站立不动，两后肢开张举尾拱背，接受爬跨。拴系的母牛表现两耳竖立，不时转动倾听，眼光敏锐，手触摸尾根时无抗拒表现。从阴门流出具有牵缕性的黏液，俗称“吊线”，往往黏于尾根处或臀部。阴道检查时黏液增多，稀薄透明，子宫颈口红润开张。卵泡已突出于卵巢表面，直径约1厘米，触摸时波动感差。

发情末期：母牛的性欲表现逐渐减退，不接受其他牛的爬跨。阴道黏液量减少，呈半透明状，混杂一些乳白色，黏性稍差。卵泡直径达 1 厘米以上，触之波动感明显。

(3)发情后期：母牛已无发情表现，排卵后卵巢形成黄体，并且开始分泌孕激素。该期持续 3~4 天。

发情后期是排卵后黄体开始形成的时期，是发情征状逐渐消失的时期，相当于发情周期的第 3~4 天。

特征：卵巢上有黄体形成，子宫内膜逐渐增厚，生殖道分泌黏液变少变稠，母畜性欲减弱，逐渐转入静止状态，孕酮(黄体酮)水平升高。

(4)间情期：又称休情期或黄体机能活动期，相当于发情周期的第 4~16 天。母牛不再有任何发情表现，性欲完全停止，精神状态已恢复正常的时期，也是周期黄体期。

特征：卵巢上黄体发育完全，分泌旺盛；子宫内膜增厚，子宫腺增生肥大，弯曲增多，分泌加强；随着时间的进程，子宫内膜回缩，腺体变小，分泌停止；黄体发育停止，并开始萎缩，孕酮(黄体酮)分泌量逐渐减少。

间情期的继后变化：母畜在发情期中如果没有配种或配种后没有受胎，则间情期持续一定时间后就进入下一个发情周期的发情前期(若受胎，发情后则自动进入妊娠期，发情周期随即中止，直到分娩后的一定时间才恢复)。

三、母牛的发情表现

(一)外阴部变化

发情母牛阴户潮红肿胀，阴唇黏膜充血，从阴道流出黏液。最初流出的黏液比较清亮，似鸡蛋清样，可拉成丝，以后逐渐变白且浓厚。

(二)性兴奋

性兴奋是指母牛发情时引起全身精神状态的变化。母牛发情时鸣叫不安、举尾，放牧时通常不吃草而抬头游走，喜欢接近比他高大的母牛。

(三)性行为

发情前期，母牛的性欲不明显，以后随着卵泡的发育，雌激素数量增加而逐渐明显，在牛群中常表现为爬跨，发情母牛愿意接受其他牛的爬跨而不躲避。发情母牛如爬跨其他母牛时,常有滴尿,并发出低而沉的呻吟,特别是青年母牛表现较明显。

四、母牛的发情特点

(一)发情持续时间短

家畜发情持续时间的长短与脑下垂体前叶分泌的促性腺激素多少有关。母牛脑下垂体前叶分泌的促卵泡素是家畜中最低的,它具有促进卵子发育和发情的作用,而母牛脑下垂体前叶分泌的促黄体生成素又是家畜中最高的,它具有促进卵子成熟和排卵的作用。所以母牛发情持续时间短而排卵快,成年母牛一般发情持续时间平均为18小时(5~36小时)。

(二)排卵在性欲结束之后

当母牛发情开始时,卵泡中只产生少量雌激素,性中枢兴奋,出现交配欲,当卵泡继续发育接近成熟时,产生大量雌激素,性中枢反而受到抑制,交配欲消失,但卵泡还在继续发育,最后在促黄体生成素的协同作用下排卵,此为母牛独特之处。大多数母牛排卵是在性欲结束后的8~12小时。夜间,尤其是黎明前排卵较多。

(三)子宫颈开张程度

小母牛发情期子宫颈开张的程度与马、驴、猪等家畜相比非常小。这是由于母牛的子宫颈肌肉层特别发达,加之子宫颈管道中有2~3圈环状皱褶,使得子宫颈管道很窄细而弯曲,即使在母牛发情中期,子宫须开张也只有3~5厘米,发情后期更小,这一特点给人工授精带来困难。因此,要求人工授精员要有熟练的操作技术。

(四)生殖道排出的黏液量大

发情母牛由生殖道排出大量黏液,潴留在子宫颈外口附近的阴道里,呈透明状,黏性强,如同蛋清样。发情后期黏液量减少,变成半透明,黏性降低并夹杂有少许乳白色黏液,最后黏液变成浓稠的乳白色糊状物。

(五)发情结束后生殖道排血

母牛发情结束后,由于雌二醇在血液中的含量急剧降低,于是子宫黏膜上皮中的微血管出现瘀血,血管壁变脆而破裂,血液注入子宫腔通过子宫颈、阴道排出体外,母牛生殖道排出血液的时间大多出现在发情结束后2~3天。发情后的出血现象,一般育成牛占70%~80%,经产牛占30%~40%。

（六）爬跨行为

母牛有爬跨行为，一般接受其他牛爬跨的母牛是真发情，爬跨其他牛者不一定是发情牛。据观察，爬跨母牛中，发情牛占 56.7%，有 19.9%的爬跨母牛正在妊娠期。而在所有接受爬跨的母牛中，发情牛高达 98.6%，有 64.3%的母牛是在夜间开始接受爬跨，其中 46.4%是集中在夜间 1 时至凌晨 7 时。

（七）安静发情

发情母牛中，特别是舍饲乳牛，有不少母牛卵巢上虽然有成熟卵泡，也能正常排卵受胎，但其外部的发情表现却很微弱，甚至观察不到，常常造成漏配。产生安静发情的原因是促卵泡素和雌激素分泌不足。因此，生产上应注意细心观察。

（八）右侧卵巢排卵

母牛右侧卵巢较左侧卵巢上出现成熟卵泡排卵的比率高 60%左右，故右侧排卵较多。

五、异常发情

异常发情是指不正常发情，即发情与排卵不同时进行，或者发情规律不正常的现象。异常发情的表现形式较多，但多数情况见于初情期至性成熟前期，以及发情季节的开始阶段，也可因使役过度、营养不足、饲养管理不当或环境温度突变等引起。

（一）假发情

母牛的假发情有两种情况，一种是母牛在妊娠 3~5 个月，常有 3%~5%母牛突然有性欲表现，爬跨其他牛或接受爬跨，但检查阴道时，子宫颈外口表现收缩或半收缩，无黏液，直肠检查时能摸到胎泡，有人把这种现象叫“妊娠过半”，即孕后发情。另一种是母牛有正常发情的外部表现，但其卵巢上无卵泡的发育，也不排卵。在卵巢机能不全或患有子宫内膜炎、阴道炎以及营养不良的母牛常出现假发情。在生产实践中，对发情的母牛要做好发情鉴定，防止漏配或误配。

（二）持续性发情

母牛发情的时间延续很长，超过正常范围，称持续性发情，亦称长发情。主要有以下两种原因。

1. 卵巢囊肿

卵巢囊肿是由于不排卵的卵泡继续增生、肿大，卵泡不断发育，不断分泌雌激素，因而使得母牛不停地延续发情。患牛常有慕雄狂表现。

2. 卵泡交替发育

由于两侧卵巢上的卵泡交替发育，此起彼伏，两侧卵泡交替产生雌激素，使母牛发情时间延长。

（三）隐性发情（暗发情或静默发情）

母牛发情时外部表现不明显或无表现，但卵巢上有卵泡发育成熟而排卵。安静发情在水牛和乳牛，特别是高产母牛、膘情差及老龄乳牛也易发生。母牛在营养不良、缺乏青饲料，冬季舍饲期长期运动不足、光线差，役牛特别是水牛使役过重，都会增加隐性发情母牛的比例。隐性发情牛体内雌激素往往不足，但如能及时配种，是能够受孕的。

（四）短促发情

短促发情是指母牛发情持续的时间短，通常是由卵泡生长发育过快或卵泡中途发育停止而引起。多见于乳牛，如不注意观察，往往错过配种时机。

（五）久不发情

母牛既无发情表现，也不排卵。这种现象多发生在严寒的冬季或炎热的夏季及营养不良、患卵巢或子宫等疾病的母牛，较多的为持久黄体，或幼稚型卵巢，或有严重全身性疾病。对长期不发情母牛必须认真检查和全面分析，找出不发情的原因，采取行之有效的方法和措施，才能使不发情母牛正常发情配种受胎。

第二节　牛的发情鉴定技术

根据母牛生殖器官与精神状态的变化和性行为表现来对其发情阶段及排卵时间作出判断预测，以便做到适时配种。通过发情鉴定可以判断母牛发情是否正常，以便发现问题及时解决，减少误配、漏配等现象，减少空怀，从而提高受胎率，发情鉴定方法主要有以下七种。

一、外部观察法

观看外部观察行为变化，这是鉴定母牛发情的最基本的方法，要求通过看神色、看爬跨、看外阴、看黏液、看奶产量，即“五看”观察法，判定牛是否发情。

（一）看神色

发情牛在牛舍时，敏感躁动，有人或其他牛靠近时，回首眸视，有时鸣叫，鸣叫声较长。想爬跨旁边的牛，手轻抬尾部，即频频举尾。发情牛到运动场后，东张西望、神色不安，有的牛鸣叫不停，追逐其他母牛，嗅闻其他母牛外阴，下巴依托它牛臀部并摩擦，当它牛睡下时，发情牛还在不停游走，活动量、步数大于常牛的 5 倍以上。

（二）看爬跨

发情牛在发情初期（也称躁动期）追随它牛爬跨，但不接受它牛爬跨，一爬即跑。继而经过 12~16 小时，开始进入发情盛期（发情中期），母牛走动减少，它牛爬跨时站立不动、后肢张开、频频举尾，爬跨它牛。当发情进入后期（回复期）时，母牛开始转入平静，拒绝它牛爬跨，它牛爬跨时臀部避开，但很少奔跑、爬跨它牛。牛臀部尾根有接受爬跨造成的小伤痕或秃毛斑，有的牛体表潮湿有蒸腾状，有时尾部有其他母牛舔食过的唾液。

（三）看外阴

发情牛阴户红肿、松弛、充血，发情初期外阴户轻微肿胀、充血，但母牛还没有明显发情表现。进入发情盛期（发情中期），外阴户明显肿胀充血，阴道壁湿润闪光，进入发情后期（回复期），阴户肿胀开始消失并略起皱。

（四）看黏液

发情牛阴户流出大量透明而黏稠的黏液。发情初期黏液少而稀薄，弱拉丝性，用食、大拇指做拉丝（二指间距 7~8 厘米）3~4 次即断。进入发情盛期（中期），黏液量多而透明并含有气泡，黏液状如鸡蛋清，平铺于地面，强拉丝，二指做拉丝可 6~7 次，黏液丝上有如小水珠，在滑动下垂呈“Y”状。至发情后期（回复期），黏液呈胶状，量虽多但铺在地面呈堆起，白色，边缘明显。二指拉丝超过 6~7 次，要注意有时黏液会被尿和粪覆盖，但在母牛尾根部会有少量干的或湿的黏液存在。

（五）看产奶量

许多发情牛在发情时，食欲减退和产奶量下降，有时降到一点也没有。

二、阴道检查法

阴道检查法，是用开膣器打开母牛阴道，观察阴道黏膜的颜色和湿润程度来检查母牛发情与否的一种方法。发情母牛阴道黏膜充血潮红，表面光滑湿润，子宫颈外口充血、松弛，柔软开张，排出大量的透明黏液，呈很长的黏液线垂于阴门之外，不易扯断。发情初期黏液较稀薄，随着发情时间的推移，逐渐变稠，量也由少变多；到发情后期，黏液量逐渐减少且黏性差。不发情的母牛阴道黏膜苍白、干燥，子宫颈口紧闭。

操作的具体方法：保定好待检母牛，尾巴用绳子拴向一边，外阴用0.1%的新洁尔灭清洗消毒后用干净纱布揩干。把消毒过的开膣器轻轻插入母牛阴道，打开开膣器后，通过反光镜或手电筒光线检查阴道变化。应特别注意阴道黏膜的色泽及湿润程度，子宫颈部的颜色和形状，黏液的量、黏度和气味，以及子宫颈管开张及开张程度。在整个操作过程中，消毒要严密，操作要仔细，防止粗暴。

三、直肠检查法

直肠检查法适用于那些表现发情异常，不易观察及发情表现异常的母牛。对于在此前的发情期接受过配种的大家畜，必须通过直检以排除孕后发情现象才可配种。

将待检母牛保定，尾巴拉向一侧。检查人员做好准备，手呈楔形伸入直肠内，掏出宿粪。将手掌伸进直肠狭窄部之后，手指并拢，手心向下，轻轻下压并左右抚摸，在骨盆底上方摸到子宫颈，然后沿子宫颈向前移动，便可摸到子宫体、子宫角间沟和子宫角，再向前伸至角间沟分叉处。将手移到一侧子宫角上，手指向前并向下，在子宫角弯曲处即可摸到卵巢。此时可用手指仔细触诊感觉卵巢大小、形状、质地和卵泡的发育情况。

发情母牛子宫颈稍大、较软，子宫角体积也大，收缩反应明显，子宫角坚实；没有发情的牛，子宫颈细而硬，松弛，收缩反应差。

直肠检查时黄体与卵泡感觉不同。卵泡表面光滑，黄体表面较为粗糙；黄体在形成过程中越变越硬，卵泡从发育成熟到排卵越变越软；卵泡发育是进行性的，由小到大，由无波动感到有波动感；而没有退化的黄体在卵巢上一般呈扁圆形条状或不规则的三角形状突起，有肉团感。

母牛在发情的不同时期，卵巢上卵泡的发育表现出不同的变化规律。卵泡发育一般分为五个时期：

第一期，卵泡出现期。卵巢稍增大，卵泡直径为 0.50~0.75 厘米，触诊时为软化点，波动不明显。母牛在这时已开始出现发情。

第二期，卵泡发育期。卵泡增大到 1.0~1.5 厘米，呈小球状，波动明显。这时，发情表现已不显著了。

第三期，卵泡不继续增大，但卵泡壁变薄，触摸时有一捏即破的感觉。这期持续时间为6~8 小时。此期配种最适合。

第四期，排卵期。卵泡破裂，排卵，泡液流失，泡壁变为松软，成为一个小的凹陷。

第五期，黄体形成期。排卵 6 小时后，原来卵泡破裂处，可摸到一个柔软的肉样突体，这是黄体。此后黄体呈不大的面团状突出于卵巢表面。

四、试情法

应用公牛或喜爱爬跨的母牛对母牛进行试情，根据母牛性欲反应以及爬跨情况来判断母牛的发情程度。此法简单易行，特别适用于群牧的繁殖牛群。为了清楚判断试情情况，此法需要给公畜或母畜安装特殊的颜料标记装置。

（一）颌下钢球发情标志器

该装置由一个具有钢球活塞阀的球状染料库固定于一个扎实的皮革笼头上构成，染料库内装有一种有色染料。使用时，将此装置系在试情公牛的颌下，当它爬跨发情母牛的时候，活动阀门的钢球碰到母牛的背部，于是染料库内的染料流出，印在母牛的背上。根据此标志，便可得知该母牛发情，即被爬跨过。

（二）卡马氏发情爬跨测定器

该装置是由一个装有白色染料的塑料胶囊构成。用时，先将母牛尾根上的皮毛洗净并梳刷，再将此鉴定器黏着于牛的尾根上。黏着时，注意塑料囊箭头要向前，不要压迫胶囊，以免引起其变红色。当母畜发情时，试情公畜爬于其上并施加压力于胶囊上，胶囊内的染料由白色变为红色，根据颜色变化程度来推测母畜接受爬跨的安定程度。

当然，除安装标记装置外，结合自己的实际情况，在没有以上装置时，也可以就简处理。例如，有的用粉笔涂擦于母牛的尾根上，如母畜发情时，公畜爬跨其上而将粉笔擦掉。有的将试情公牛的胸前涂以颜色，放在母牛群中，凡经爬跨过的发情母牛，可在尾部或背部留下标记。

五、激素测定法

母牛在发情时，孕酮（黄体酮）水平降低，雌激素水平升高。应用酶免疫测定技术或放射免疫测定技术测定血液、奶样或尿中雌激素或孕激素水平，便可进行发情鉴定。目前，国外已有十余种发情鉴定或妊娠诊断用酶免疫测定试剂盒供应市场，操作时只需按说明书介绍加适量的受检牛血样、奶样或尿样以及其他试剂，根据反应液颜色可方便地发情鉴定结果。

六、抹片法

对发情牛的子宫颈黏液进行抹片镜检，呈羊齿植物状花纹、结晶花纹较典型，长列而整齐，并且保持时间较久，达数小时以上，其他杂质如白细胞、上皮细胞等很少，这是发情盛期的表现。如结晶结构较短，呈现金鱼藻或星芒状，且保持时间较短，白细胞较多，这是进入发情末期的标志。因此，根据子宫颈黏液抹片的结晶状态及其保持时间的长短可判断发情的时期，但并非完全可靠。

七、数据监测法

近年来，随着养殖规模的不断增加，母牛发情鉴定工作量越来越大，传统的人工发情鉴定技术受鉴定技术本身、经验和情感的影响，鉴定效果也逐渐降低，甚至影响养殖经济效益。因此，人们在对奶牛发情的深入了解和研究中，开始挖掘更有效、更精准的发情鉴定技术。

（一）基于非接触式红外测温的发情鉴定

基于红外辐射原理实现非接触式奶牛测温的研究，其主要方法是利用红外技术通过S–BUS 协议与微控制器进行通信，并使微控制器驱动液晶显示屏显示，这样通过非接触的方式测量奶牛体温，进而可以快速鉴别奶牛是否发情。

1. 红外技术概述

红外辐射原理：在 17 世纪中期，英国物理学家牛顿发现自然光是由一种复合光形成的，这些光用肉眼可以看到，但自然界中还存在许多无法用肉眼看到的光。1800 年，英国物理学家 F.W.Heller 发现了一种人眼看不到的光，即红外线。

红外测温原理：由于传统测温方式的局限性，非接触式红外测温仪应运而生。非接触式红外温度计通过测量从物体表面发射的红外能量来确定表面温度。

2. 非接触式红外测温的实现

液晶显示屏：在测量奶牛体温的时候，能够直观地看到体温具体数值有利于提高测温效率。可选用 3.5 英寸（8.89 厘米）液晶显示屏，显示屏分为操作板和温度显示两部分，方便直观。

读取温度数据：微控制器通过 SMBus 总线协议和红外测温传感器实现数据输送，进而读取温度。

从 MLX90614 非接触式红外传感器读取的数据换算成温度数据的方式如下所示：

T=（DataH：DataL）*0.02−273.15。

测温系统的具体实现：当红外测温仪接通电源时，微控制器开始运行程序。程序分别对系统 SMBus 和液晶显示屏进行初始化，接着接收测量温度进而在液晶显示屏上显示温度数据。

（二）基于 HeatimeTM 系统的发情鉴定

基于以色列 SCR 的独立式发情探测系统 HeatimeTM，可以应用于奶牛发情鉴定，促进了奶牛配种繁殖工作的开展，极大地提高了奶牛的受胎率和繁殖率。

1. HeatimeTM 系统的构造

HeatimeTM 系统是一套 24 小时监控奶牛活动的设备，包含项链、ID 单元和控制箱三个组件。

项链是一个连接尼龙带扣环的标签，安置在奶牛颈部后，通过其中的奶牛感应器、数据存储器等先进电子元件对奶牛活动进行全天 24 小时监控。ID 单元一般安装在奶厅出入口，采用红外线感应奶牛体温并快速读取奶牛活动数据，然后传递给控制箱。控制箱包含一个显示器和一个键板，以曲线的形式显示奶牛 60 天内的活动记录，然后根据预先设定的活动量限定值及报警模式，对发情奶牛发出警报。该系统具有牛号识别、奶牛发情监控和奶牛反刍监控三种功能，可以协助饲养人员监控奶牛的健康和发情状况，减少奶牛空怀天数，降低冻精费用，并帮助养殖场改进养殖计划，降低治疗费用和提高养殖场的经济效益。

2. HeatimeTM 系统操作要领

最好选择产后 45 天以内，子宫、卵巢等生殖器官正常且没有疾病的健康牛。

按胎次从高到低的顺序给牛佩戴项链，因为低胎次牛一般体质好、繁殖疾病少、发情正常，而高胎次牛不发情率高，乏情、隐性发情多。为了延长项链使用年限，保证所得数据的准确性，需按照说明进行佩戴，确保合适的位置和松紧度，外露的带头长度最好不要超过 5 厘米，否则会容易开线脱落。如果带头开线，须及时烧烙，以免造成更大损失。

戴好项链后需进行 7 天的数据预收集，确定数据正常后才可用于奶牛活动的监测。活动量一般在“0”参照线的上下波动，高于+5 线时会发出发情报警，低于–4 线时会发出疾病报警，如出现个别牛的发情报警线达到+5 就不再升高，则认为此种情况是爬跨其他发情牛所致，可认为是假发情。

如果奶牛发情，控制箱显示屏则会显示发情时间、发情指数、发情高峰、发情结束等数据。这些数据的高峰值与胎次、营养水平及体质有关，一般数值在+12~+90。同时需结合直肠检查，了解子宫和卵泡发育情况，以确定配种时间。

为了提高项链的利用效率，在配种 35 天左右时，可用 B 超进行早期妊娠诊断，确定怀孕后就可解下项链，再选择符合条件的奶牛，按要求佩戴好，并在记录器和控制箱上更换相应牛号。如果未孕，则需分析配种后一个情期没有发情的原因，并及时治疗，以缩短空怀时间。

戴上项链后，如果奶牛在一个情期内没有发情，则需及时进行直肠检查，确定是否存在子宫炎、卵巢静止、卵巢萎缩等繁殖疾病。对长期不发情的奶牛需及时采用激素进行同期发情，应用 HeatimeTM 系统也能取得很好的探测效果。如果奶牛有卵巢囊肿病症，则会在一个情期内出现几次发情高峰，但周期很短，监测曲线的波动幅度很大。

第三节　冷冻精液生产技术

一、种公牛的质量要求

作种用的肉用型公牛，其体质外貌和生产性能均应符合本品种的种用畜特级和一级标准，经后裔测定后方能作为主力种公牛。肉用性能和繁殖性状是肉用型种公牛极其重要的两项经济指标。其次，种公牛须经检疫确认无传染病，体质健壮，对环境的适应性及抗病力强。

二、采精

采精要有一定的采精环境，以便使公牛建立起巩固的条件反射，同时防止精液污染。采精场应选择或建立在宽敞、平坦、安静、清洁的房子中，不论什么季节或天气均可正常进行工作，温度易控制。场内设有采精架以保定台牛或设立假台牛，供公牛爬跨进行采精。室内采精场的面积一般为10 m×10 m，并附设喷洒消毒和紫外线照射杀菌设备。

（一）台牛的准备

采精时用活台牛效果最好，选择健康体壮、大小适中、性情温和、四肢有力的淘汰母牛或阉割过的公牛作为台牛。采精前对台牛的尾根部、外阴部、阴门彻底清洗，再用干净的布抹干。用假台牛采精则更为方便且安全可靠。假台牛可用木材或金属材料制成，要求大小适宜、坚实牢固、表面柔软干净，用牛皮伪装。用假台牛采精，应先对公牛进行调教，使其建立条件反射。

（二）采精技术

理想的采精方法应具备下列四个条件：可以全部收集公牛一次射出的精液；不影响精液品质；公牛生殖器官和性机能不会受到损伤或影响；器械用具简单，使用方便。通常多采用假阴道法采精。

公牛假阴道法是利用模拟母牛阴道环境条件的人工阴道，诱导公牛射精而采集精液的方法。

1. 假阴道的结构

假阴道是一筒状结构，主要由外壳、内胎和集精杯三部分组成。外壳为一硬橡胶圆筒，上有注水孔；内胎为弹性强、薄而柔软无毒的橡胶筒，装在外壳内，构成假阴道内壁；集精杯由暗色玻璃或塑料制成，装在假阴道的一端。外壳和内胎之间可装温水和吹入空气，以保持适宜的温度（38~40 ℃）和压力。（见图 4-1）

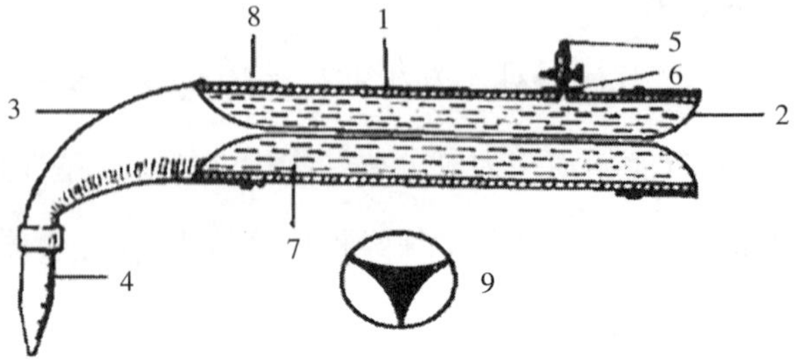

1-假阴道外筒；2-内胎；3-漏斗；4-集精管；5-气嘴；6-注水孔；7-温水；8-固定胶圈；9-假阴道入口（示内胎的适当压力）。

图 4-1　假阴道结构图

2. 假阴道的准备

假阴道在使用前要进行洗涤、安装内胎、消毒、冲洗、注水、涂润滑剂、调节温度和压力等步骤。采集到符合要求的精液，假阴道应具备 5 个条件：①适当温度。通过注入相当于假阴道容积 2/3 的温水来维持温度，采精时假阴道内腔温度应保持在 38~40 ℃，集精杯保持 34~35 ℃。②适当压力。注入水和空气来调节假阴道的压力。压力不足不能刺激公牛射精，压力过大则使阴茎不易插入或插入后不能射精。③适应润滑度。用消毒过的润滑剂对假阴道内表面加以润滑，涂抹部位应是假阴道前段的 1/3~1/2 处至外口周围。④无菌。凡是接触精液的部分和内胎、集精杯均须消毒。⑤无破损漏洞。外壳、内胎、集精杯应检查，不得漏水或漏气。

3. 采精操作

利用假台牛采精时，最好是将假阴道安放到假台牛后躯内，种公牛爬跨假台牛而在阴道内射精，这是一种比较安全而简单的方法。但实践中常采用手持假阴道采精法。采精时将公牛引至台牛后面，采精员站在台牛后部右侧，右手握持备好的假阴道，当公牛爬跨台牛而阴茎未触及台牛时，迅速将阴茎导入假阴道（呈 35°左右的角度）内即可射精。射精后，将假阴道的集精杯端向下倾斜，随公牛下落，让阴茎慢慢回缩自动脱出；阴茎脱出后，将假阴道直立、放气、放水，送化验室精液进行检查合格后稀释。

值得注意的是，公牛对假阴道的温度比压力更为灵敏，因此温度要更准确。而且公牛的阴茎非常敏感，在向假阴道内导入阴茎时，只能用掌心托着包皮，切勿用手直接抓握伸出的阴茎。同时，牛交配时间短促，只有数秒钟，当公牛向前一冲后即行射精。因此，采精动作力求迅速敏捷准确，并防止阴茎突然弯折而损伤。

4. 采精频率

采精频率是指每周对公牛的采精次数。为了既最大限度地采集公牛精液，又维持其健康体况和正常生殖机能，必须合理安排采精频率。1 头种公牛 1 周内采精次数在 2~3 次，或 1 周采 1 次，但须连续采取 2 个批次射精量。随意增加采精次数，不仅会降低精液品质，而且会造成公牛生殖机能降低和体质衰弱等不良后果。

三、精液品质检查

精液品质检查的目的是避免劣质精液冷冻和输精。精液品质检查分感官检查和显微镜精子密度检查。显微镜检查较为重要，主要检查精子的活力、密度及形态结构（畸形率检查）等。

（一）感官检查

肉牛的射精量一般为每次 4~8 毫升，过多或过少都必须查明原因。若射精量太多，可能是由于副性腺分泌物过多或尿液混入；如过少，可能是由于采精技术不当、采精过频或生殖器官机能衰退所致。正常的精液颜色是乳白色，不透明黏稠，有时为乳黄色。若精液颜色异常，应该弃去或停止采精。正常精液略有腥味。

（二）显微镜精子密度检查

显微镜精子密度指每毫升精液中所含有的精子数目。由此可计算出每次射精的总精子数，它直接关系到输精剂量的有效精子数。

1. 估测法

通常与检查精子活率同时进行。一般压制标本，在显微镜下根据精子分布的稀稠程度，将精子密度粗略分为“密”“中”“稀”三级。此法在生产上常用，但在某种程度上有赖于检查者的经验而有一定的主观性。

2. 血细胞计算法

血细胞计算法是对公牛精液作定期检查的一个方法，可准确测定每单位容积精液中的精子数。一般采用血细胞计进行。

3. 精子活率检查

精子活率是指在精液中呈直线前进的精子数所占的百分率，与精子受精率密切相关。检查时,因牛精液密度较大,通常用生理盐水(0.9%氯化钠溶液)或等渗稀释液稀释后,取一滴精液于载玻片上制成压片标本,置于 38 ℃恒温显微镜载物台上在 400 倍下观察。对种公牛的精子活率采用十级评分法:视野中 100%直线运动者评为 1.0;90%者为 0.9;80%者为 0.8,以下类推。牛的精液(原精)活率一般在 0.8~0.9,低于 0.6 不能用来制作冷冻精液。冷冻精液解冻后的活率不能低于 0.3,低于 0.3 者不能使用。

4. 精子形态学检查

精液形态正常与否对受精率有密切关系。如果精液中含有大量畸形精子和顶体异常精子,则受精能力就会降低。

(1)畸形率: 指精液中畸形精子所占的比例。凡是形态不正常的精子均为畸形精子,如无头、无尾、双头、双尾、头大、头小、尾部弯曲,带原生质滴等,这些畸形精子都无受精能力。检查方法是将精液 1 滴放于载玻片的一端,用另一边缘整齐的盖玻片呈 30°~35°角把精液推成均匀的抹片,待干燥后,用 0.5%甲紫酒精溶液染色 2~3 分钟,用水冲洗。干燥后,在 600 倍以上高倍显微镜下计数 300~500 个精子,计算畸形精子百分率。肉牛正常精液畸形率不得超过 18%。

(2)顶体异常率: 正常精子的顶体内含有多种与受精有关的酶类,在受精过程中起着重要作用,顶体异常的精子失去受精能力。顶体异常一般表现有膨胀、缺损、部分脱落、全部脱落等情况。顶体异常发生的原因可能与精子生成过程和副性腺分泌物性状的不良有关,尤其是射出的精子遭受低温打击和冷冻伤害所致。因此,精子顶体异常率是评定保存精液,尤其是冷冻精液品质的重要指标之一。正常情况下,牛的顶体异常率不超过 5.9%。

四、精液的稀释

(一)精液稀释的目的

首先扩大精液量,以提高优良种公牛的利用率。一次采出的精液,如按原精液进行输精,1 头母牛的输精量为 1 毫升,只能输 4~6 头母牛。实际上 1 毫升精液有 3 亿~20 亿精子,而 1 头母牛输精需要的有效精子只有 1 500 万~2 000 万,所以浪费很多。

将精液稀释后，就可以扩大输精头数。其次延长精子存活时间，稀释液中含有营养物质和缓冲物质，可以补充营养及中和精子代谢产物，防止精子受低温打击。

（二）冷冻稀释液

冷冻稀释液的成分一般应含有低温保护剂（卵黄、牛奶）、防冻保护剂（甘油）、维持渗透压物质（糖类、柠檬酸钠）、抗生素及其他添加剂。根据配制要求和稀释的需要将冷冻稀释液配制成基础液、Ⅰ液、Ⅱ液三种溶液，以便于在生产中使用。

（三）稀释

采出的精液在等温条件下立即用不含甘油的Ⅰ稀释液做第一次稀释，根据精液品质做 1~2 倍稀释，然后，经 40~60 分钟缓慢降温至 4~5 ℃，再加入等温的含甘油的Ⅱ稀释液，加入量为第 1 次稀释后的精液量。

五、精液的平衡

将稀释好的精液放入 2~5 ℃冰箱内静置 2~4 小时，使甘油充分渗透进入精子体内，产生抗冻保护作用。

六、精液冷冻

把新鲜精液用含有抗冻剂和含有其他保护物质的稀释液稀释，通过降温、分装、平衡和冷冻等工艺流程，将冷冻精液置于超低温（液态氮-196 ℃）下长期保存。凡作冷冻保存的精液均需按头份进行分装。目前广泛应用的剂型有细管型和颗粒型。

（一）细管冷冻

用长 125~133 毫米、容量为 0.25 毫升的聚乙烯塑料细管，在 2~5 ℃温度下，通过吸引装置将平衡后的精液进行分装，用聚乙烯醇粉末或超声波静电压封口。事先调整液氮罐中冷冻支架和液氮面的距离（1~2 厘米），使冷冻支架上的温度维持在-135~-130 ℃。将封好口的精液细管平铺在冷冻屉上，注意彼此不得相互接触，再放置于液氮罐中的冷冻支架上。用液氮蒸气迅速降温，经 10~15 分钟，使细管精液遵循一定的降温程序。当温度降至-130 ℃以下并维持一定的时间后，即可收集于精液提筒内，直接投入液氮中。

(二)颗粒冷冻

在装有液氮的容器上放置一薄铝板或金属网，如用聚四氟乙烯塑料板冷冻效果更好。冷冻板和液氮面的距离在0.5~1.5厘米，使其温度维持在-100~-80 ℃。待冷冻板充分冷却后，用玻璃吸管吸取精液定量连续滴在冷冻板上，每个颗粒体积为0.1毫升。经过3~5分钟，精液充分冻结颜色变白、颗粒色泽发亮时，将精液颗粒收集于贮精瓶内，移入液氮内保存。

七、精液的质检、贮存和取用

精液的质量是保证人工授精受胎率的重要方面，在开配前每同一批号精液均应抽样镜检其活力、密度。

(1)活力的检查：精液解冻后在37 ℃的环境中，常用0~1或0~10分表示显微镜检查视野中直线前进精子所占的比例，如视野中呈直线前进的精子约占70%，即可打分0.7或7分，如约占40%的为0.4或4分。解冻后在镜检视野中呈直线前进运动的精子百分率要≥0.35(活力)，直线运动精子密度，细管型≥1 000万，颗粒型≥1 200万。

(2)液氮罐应避免碰撞而使保温效果下降，液氮罐应放置在清洁、干燥、通风的木质垫板上，周围不能有挥发性的化学品。

(3)罐内应保持有足够量的液氮存量，液氮水平面保持在18厘米以上，至16厘米时即应添加液氮。

(4)取冻精时，冻精容器不得提出罐口，最少保持在罐口5~6厘米处，每次取出冻精不要超过10秒，如要再取应将容器放回液氮罐，然后提起再取，以保持冻精的冷度，以免精子受温差影响，降低质量。研究结果表明，细管冻精在5 ℃停留3次或在20 ℃室温中停留5秒，其精子活率降低0.1。这就提示在操作过程中，每次从液氮罐中提取精液尽量不要超过罐颈部，而且动作要快，以免温度回升。实践证明操作中，提取精液动作不够迅速引起温度上升，放入后温度下降，温度的反复变化，对精液的活率有影响，越到最后，精液的活力越差。

(5)每一头公牛的精液，应放置在同一容器内，并标上公牛号、数量、批号和取用记录。

(6)液氮罐每年清洗一次以上，以免罐内积水杂菌繁殖、污染精液。清洗方法为用洗衣粉或中性洗涤剂配制清洗液擦洗，然后用清水反复冲洗干净，倒置，自然风干。

第四节　人工授精技术

人工授精是指借助于专门器械，用人工方法采取公牛精液（冻精），经体外检查与处理后，输入发情母牛的生殖道内，以代替公、母牛自然交配，使其受胎的一种繁殖技术。

一、输精时间的确定

初配年龄体重为成年重的 70%，黄牛为 24~26 月龄，乳牛为 14~16 月龄。配种最佳时期为牛发情后的 12~20 小时。用于输精的冻精，解冻后精子的活率不应低于 0.3，现用现解冻。普遍采用直肠把握子宫颈输精技术。如果对母牛的发情、排卵掌握得很好，则输精一次即可。否则，就需再输一次，每一情期输精一般 1~2 次。（见图 4–2）

输精时间主要根据母牛发情后的排卵时间而定。牛的排卵多数集中在发情结束后 8~12 小时，但在生产上较难把握。有经验的输精员根据母牛的发情表现、流出黏液的性质和直肠检查卵泡发育的状况来确定输精时间。从行为上看，一般当发情母牛接受其他牛爬跨而站立不动时，再向后推迟 12~18 小时输精效果好，具体输精时间为

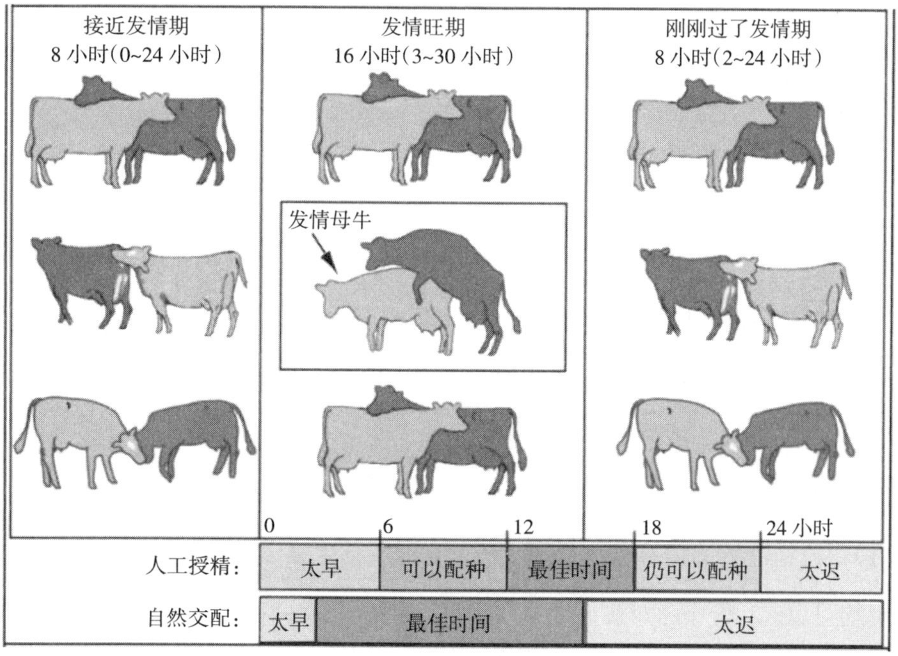

图 4–2　发情母牛配种

早晨(8:00)发现母牛发情,当日午后输精;中午(9:00~14:00)发现母牛发情,当日晚输精;下午(15:00)母牛发情,次日早晨输精。要求适深、慢输、轻注、缓出,防止精液倒流。从流出黏液的性质上看,当流出的黏液由稀薄透明转为黏稠微混浊状,用手指蘸取黏液,用拇指和食指牵拉7~8次不断时配种效果好。通过直肠检查卵泡最可靠,但需要一定的技术。在发情末期,也就是母牛拒绝爬跨时,卵泡增大,卵泡直径在1.5厘米以上,波动明显,泡壁薄,这是配种输精的最好时期。

二、发情控制

发情控制,即应用某些激素制剂及其类似物,暂时打乱自然发情周期,达到同时发情,同时配种。

(1)母牛分娩至分娩后37天为母牛子宫净化期。

(2)母牛分娩后第37天肌内注射氯前列烯醇1支(0.2毫克),隔天注射苯甲酸雌二醇1支(2毫克)。

(3)第一次注射氯前列烯醇后12~14天,再次注射氯前列烯醇1支(0.2毫克),隔天注射苯甲酸雌二醇1支(2毫克)。

(4)第二次注射氯前列烯醇后12~14天,第三次注射氯前列烯醇1支(0.2毫克),隔天注射苯甲酸雌二醇1支(2毫克)。

(5)第三次注射氯前列烯醇后64~68小时进行适时配种。

三、精液解冻

配种前,首先要解冻精液,需备恒温水浴锅一台,将水温调至解冻精液所需要的温度,一般颗粒精液温度调制在38~40 ℃,0.25直径细管精液温度控制在36.5~37.0 ℃。根据精液快速冷冻的原理,为了减少解冻过程中精子的死亡,要求迅速通过冰晶危险区,这个区间的温度一般指-40~-10 ℃。

(一)解冻方法

(1)颗粒精液解冻需准备解冻液,解冻液可用维生素B_{12}(1毫克)或用2.9%柠檬酸钠配制均可,取2毫升解冻液放于指形管内,水浴到38~40 ℃取一粒精液迅速投入解冻,停留3~5秒立即取出。

（2）细管精液取出后迅速投入温度在 36.5~37.0 ℃水浴锅内恒温 30 秒后取出擦干备用。

（3）在解冻时切忌精液和消毒药品接触，凡消毒药品对精子都有致死作用，如消毒酒精等。消毒对人工授精器械是必要的，但要注意不要留有残迹。

（4）精液解冻后应立即输精，其保存时间不能很长，一般在温室中（10~20 ℃）超过 2 小时活率就有所下降。

四、输精方法

（1）首先保定应配牛，采取直肠把握输精法。

（2）具体操作：首先用干净水将外阴部擦干，一手打开阴户，一手将输精器以斜上方 45°插入阴道，然后轻轻插入直肠分次将牛粪掏尽，用食、中、大拇指在直肠内把握住子宫颈，两手配合子宫颈深部输精。也可以先将牛粪掏尽，再清洗外阴部，然后将输精器以斜上 45°插入阴道。

操作时要注意卫生，输精器保持干净，动作要协调。切忌粗暴急躁，切忌将输精器强行插入。输精前输精器必须经过严格的消毒，但不得在输精器上残留消毒液以免引起精子死亡。

五、输精技术

（1）发情观察，结合直肠检查触摸卵泡成熟状态及直肠把握子宫颈输精是提高受胎率的完美组合。

（2）手伸入直肠时轻柔接触肛门，使肛门肌松弛。

（3）手臂进入直肠时应避免直肠努责，分次掏出粪便。

（4）手指插入子宫颈侧面，伸入子宫颈下部后用食、中、拇指把握抓住宫颈，用力途中不宜过紧，握子宫颈部位不宜过于靠近子宫体，避免子宫口因下垂而使输精器不能保持在同一水平线上，也不宜把子宫颈抓得过死以免操作时动作僵硬。

（5）直肠把握输精遇到的问题及解决办法见表 4–1。

表 4-1 直肠把握输精遇到的问题及解决办法

问题	原因	措施
手无法伸入直肠	1. 母牛暴躁	请助手帮忙保定
	2. 手套干涉	蘸水或擦上润滑剂
	3. 直肠努责	手指握成锥状稍停一下或轻拉直肠皱褶
输精器不能插入阴道	1. 阴户闭合	在直肠内用手肘下压会阴可压开阴户
	2. 插入方向不对	由阴户斜上方 45°插入约 10 厘米再平行或向下再插入，因老牛阴道多向下腹部下沉
	3. 母牛过敏不安	直肠内按摩或轻拉肠壁或轻唱、抓痒以分散牛注意力
	4. 输精器折断	输精器插入动作要轻，切忌强行插入随牛体动而动
找不到子宫颈	1. 青年母牛	子宫颈细小如手指，一般部位较浅子宫颈软缩，按摩子宫颈使其变粗
	2. 老年母牛	子宫颈粗大、下沉，提起即可
输精器插不到子宫颈内	1. 把握子宫颈过前、子宫颈口向下	手要握住进口处
	2. 有皱褶阻挡	把子宫颈向前推拉、拉直皱褶
	3. 偏入子宫颈外围	退回输精器，重新插入并用手左右轻轻摇动宫颈，禁止以输精器硬戳的方法进入
输不出精液	1. 输精器口被阻挡	稍向后退一点，便可输精
	2. 试管精液安装不当	平时安装颗粒精液要仔细，剪口要平

（6）输精器以阴户斜上方以 45°插入阴户前庭段约 10 厘米，再平行或略向下推向子宫颈口，这样以免输精器误入尿道孔，操作时注意卫生。

（7）适时配种。在即将排卵及刚刚排卵时输精，使精子先到达子宫及输卵管内获能后与卵子结合能提高受精率。通常早晨发现发情应在下午配种，下午或傍晚发现应在晚上或次日早晨输精。

（8）避免反复输精产生免疫而造成不孕。精子是蛋白质，具有抗原作用，机体内会产生特异性抗体。在正常情况下，母牛血清内抗体效价不高，但每次输精后，精子凝集价就增高，第二次输精比第一次增高 0.6~0.8 倍，第三次输精血清凝集价增高 1.6~2.1 倍，而第四次输精凝集价往往达到不易受精水平。

（9）注射精液。输精器插入子宫颈的部位在子宫角、颈和子宫体的结合部即可，距离子宫角分叉口约 1 厘米。如配前直检卵泡在左侧或右侧，则输精器口略倾向有卵泡一侧，轻轻注射 1/3 精液，退后到宫颈 1/3 处再注射 1/3 精液，然后输精器退子宫颈中部注射完。射入子宫颈的精子，一部分穿过黏液进入子宫，一部分进入子宫颈隐窝内藏匿存活成为精子库，以利精子分批进入子宫。子宫颈有阻止过多精子进入子宫的作用，是精子运行到授精部位的第一道栏筛，精子进入子宫后在宫体和输卵管连接部会遇到第二道栏筛，子宫内的白细胞把死的和活力相对弱的精子吞噬掉。精子运行至输卵管峡部和壶腹部连接处是精子到达受精部位的第三个栏筛，栏筛可限制过多的精子进入壶腹部，以避免卵子发生多精子受精。试验证明活精子配后不到 2.5 分钟就可到达壶腹部，牛配种后子宫颈的精子密度大于子宫内，而子宫内的精子又大于输卵管内的，越接近受精部位精子越少，到达壶腹部的精子只有几百个。可见人工授精时输入的精子数量不能低于某一浓度，一般有效精子数不能少 2 000 万个，就是说精液的质量对人工授精来说是十分重要的。

六、输精的注意事项

手握子宫颈时，不要硬抓，避免直肠破裂或损伤。输精枪插入母牛阴道时，要小心谨慎，避免造成阴道破损。输精枪注入精液时，如遇阻力可将输精枪稍后撤，再注入精液。精液注入后，取出输精枪时，要防止吸回精液。

第五节　胚胎移植技术

胚胎移植技术能够充分发挥优良母畜在育种中的作用，加快育种进程，解决品种资源的保存问题，也是一种良好的研究手段，主要包括如下操作步骤。

一、供体牛的选择

供体牛的选择首先是考虑其遗传学的价值，即畜体的生产性能。胚胎移植只能用来扩大具有特殊生产能力的畜种，所以在选择供体时必须考虑以下 4 点。

（1）选择健康的供体，无传染性疾病，对供体牛要进行驱虫工作；

（2）对供体牛的生殖系统进行全面的检查，确保在繁殖性能上没有遗传上的缺陷；

（3）对已选定的供体牛要进行发情及发情周期规律的观察，在超排处理过程中，

发情及发情周期规律是极为重要的,对超排母牛至少应该连续观察两个发情周期;

(4)供体牛过肥或过瘦都会降低受精能力。

二、超数排卵的处理

供体牛确定之后,进行超排处理,激素的处理是在供体牛发情后的第 9 天进行,连续处理 4 天 8 次,剂量每日递减,发情配种时输精量是平时的一倍,配种之后的第 7 天进行冲卵。

三、受体牛的挑选

受体牛的好坏直接影响胚胎移植的成功率,因此在选择受体时也应注意:一是受体牛应该是健康,无传染性疾病;二是青年牛生殖系统正常,经产牛必须是产后两个月以上,繁殖机能正常,应有发情记录或正常的发情规律,年龄不超过 8 岁。

四、胚胎的移植

对已选定的受体牛首先进行发情同期化处理,受体牛的发情时间必须与供体牛的时间相一致的牛,才能作为真正的受体牛,胚胎应移植在黄体一侧的子宫角的前端。

五、胚胎冷冻制作

(一)胚胎的收集

一般是在供体牛配种后的第 7 天进行冲胚,牛的冲胚目前都采用非手术、三通导管的冲卵器收集。先将冲卵管插入一侧的子宫角,然后用冲卵管上的气囊固定在子宫角中,用回流的方式将胚胎从子宫角内冲出,冲完一侧后用同样的方式进行另一侧的冲洗,每侧子宫角反复冲洗 5~6 次。

(二)胚胎的检查

冲完胚胎之后进行胚胎的检查,将胚胎从冲卵液中检出移入培养液中。检查胚胎时应细心反复检查以免胚胎遗漏。

(三)胚胎的鉴定

胚胎的鉴定就是将检出的受精卵进行等级评定,受精卵的等级可分为 4 个级别,

A 和B 级可作为制作冷冻，C 级可作为鲜胚移植，而 D 级胚胎只能废弃。受精卵按照胚胎的发育程度还能分为扩大囊胚、囊胚、桑葚胚等。

（四）胚胎的冷冻

将胚胎装入细管内进行冷冻处理。将装有胚胎的细管放入 20 ℃的冷冻仪内，先以 1 ℃/分的速率下降到-6 ℃，平衡 10 分钟，并进行植冰；然后，以 0.5 ℃/分的速率下降到-36 ℃，再平衡 10 分钟后，直接投入液氮中保存。

（五）冷冻胚胎的解冻

胚胎从液氮中取出，先在空气中暴露 7 秒，然后，直接放 35 ℃的水温中水浴 20 秒，取出擦干在尽可能短时间内将胚胎进行移植。

六、激素的应用

（一）促卵泡素（FSH）

促进卵泡生长发育，包括卵泡液的积聚、颗粒层细胞的增生、内膜细胞的发育、促进卵泡成熟等。临床用于促进卵泡成熟，主要用于胚胎移植供体牛的超数排卵，在临床使用时必须注意剂量。

（二）促黄体生成素（LH）

在 FSH 的协同下，能促进卵泡的最后成熟，增进卵泡颗粒层细胞的代谢和内膜层细胞分泌雌激素，引起母牛正常发育；诱发成熟卵泡排卵和引成黄体；维持成熟黄体，具有早期保胎作用。临床上主要治疗卵巢囊肿、促进排卵、持久黄体、习惯性流产牛的保胎等。

（三）促性腺释放激素（GnRH）

该激素能控制垂体前叶分泌的两种促性腺激素（FSH、LH）。这两种激素分别受下丘脑分泌的促黄体素释放激素和促卵泡素释放激素控制。促性腺激素释放，才能同时调节着垂体 LH 和 FSH 的释放和合成，释放 LH 的作用比释放 FSH 作用快，而且变化幅度大，有明显的分泌峰值。所以，将促黄体素释放激素和促卵泡素释放激素统称促性腺释放激素 GnRH 或 LH-RH。它能治疗卵巢静止、持久黄体、卵泡囊肿、排卵迟延、产后无奶等多种生殖激素紊乱所造成的繁殖障碍，还可用于超数排卵和早期妊娠诊断。但长期或大剂量 LH-RH 会产生抗育作用，应引起注意。

（四）绒毛膜促性腺释放激素（HCG）

它存在于早期孕妇的尿液中，来源于胎盘绒毛的合胞体层，所以称为绒毛膜促性腺激素。它是一种很便宜的促黄体素代用品，与促黄体素具有相似作用的激素。临床应用于促进排卵、卵巢发育不全、安静发情等症状。

（五）前列腺素（$PGF_{2\alpha}$）

它是一种生物活性的类脂物质，但对家畜的生殖过程有着重要的作用，可分为三类9个种类，其中PGE和PGF两种与繁殖有着密切相关。主要作用有溶解黄体功能，临床上用于治疗持久黄体、黄体囊肿。胚胎移植方面用于受体牛的同步发情处理。刺激子宫平滑肌收缩，主要用于引产和子宫炎的治疗。

第六节　妊娠诊断技术

母牛配种以后，尽早地判定其妊娠与否或及时监测胚胎发育状况，以便对已妊娠母牛加强饲养管理，对未妊娠母牛找出原因，及时补配或进行必要的处理。早期妊娠诊断一般是指配种后20~30天进行妊娠检查。

一、外部观察法

母牛妊娠后，行动谨慎，食欲增加，体重增加，被毛光润（妊娠诊断的标志之一）。妊娠5个月后腹围增大，泌乳量显著下降，脉搏、呼吸频率增加。妊娠6~7个月时，用听诊器可听到胎儿的心跳，一般母牛的心跳每分钟75~85次，胎儿的心跳为112~150次。

二、直肠检查法

先触摸子宫颈，再将中指向前滑动，寻找角间沟；然后将手向前、向下、再向后试着将子宫角都掌握在手内，分别触摸。摸过子宫角后，在其尖端外侧或下侧寻找卵巢，感知黄体发育情况（见图4-3）。

妊娠后30天左右：胎泡不易摸到，子宫的变化也不明显；孕侧卵巢有质地较硬的妊娠黄体，这是妊娠的重要标志；两子宫角不对称，孕角质地稍软，有液体波动感，膨大处宫壁变薄，空角硬而有弹性，弯曲明显，角间沟清楚，用手轻握孕角，从一端滑向另一端，有胎膜囊从指间滑过的感觉；若用拇指和食指轻轻提起子宫角，然后放松，可感到子宫壁内似有一层薄膜滑开，这就是尚未附殖的胎膜。

图 4–3　妊娠黄体形态

妊娠 60 天：胎水明显增多，孕角比空角粗一倍，较长且向背侧突出；孕角内有波动感，手指按压时有弹性，角间沟不明显，可以触摸到全部子宫（见图 4–4）。

妊娠 90 天：孕角显著粗大，如排球大小，波动明显，子宫颈向前移至耻骨前缘，初产牛子宫下沉较晚；角间沟消失，有时可触摸到大小不等的子叶（鸽子蛋大小不一）。

妊娠 120 天：子宫及胎儿全部沉入腹腔，子宫颈已越过耻骨前缘，一般只能触摸到子宫的局部及该处的子叶，如蚕豆大小，子宫动脉的特异搏动明显。

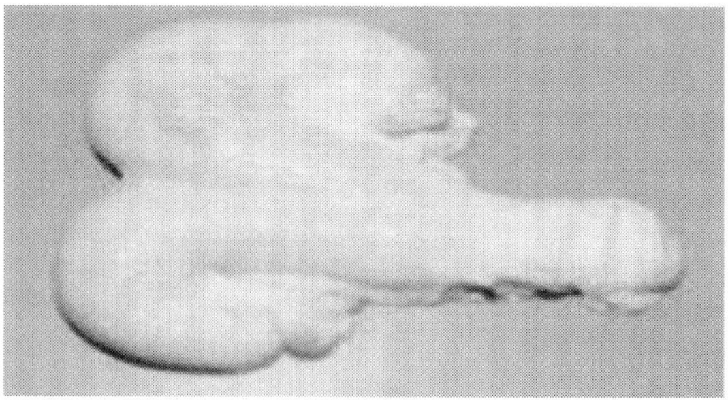

图 4–4　子宫形态

三、阴道检查法

母牛配种后 30 天，用开膣器插入阴道时阻力明显。可见阴道黏膜变白、干燥，且失去光泽；子宫颈口偏于一侧，且紧闭。

四、激素检测法

母牛配种 20 天，用已烯雌酚 10 毫克，一次肌内注射。已妊娠的母牛，无发情表现；未妊娠的母牛，第二天表现明显的发情。用此法进行早期妊娠检查的准确性达90%以上。

五、超声波诊断法

母牛妊娠25天后，将超声波探测仪的探头插入母牛直肠内，根据图像显示，判定母牛是否妊娠（见图4-5）。探查时可以用手将短小的直肠探头带入直肠内，隔着直肠壁将探头晶片面紧贴在子宫或卵巢上方进行探查，可以获得卵巢及其上的黄体、卵泡及妊娠子宫、胎体及胎儿心跳等精细的扫描影像。

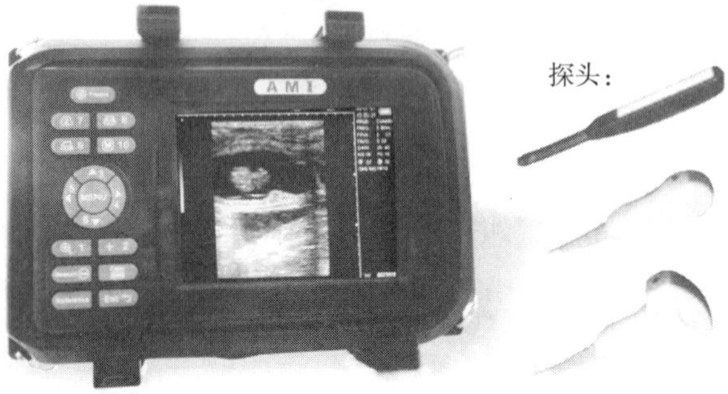

图4-5 超声波诊断技术

第七节 接产与助产技术

母牛将胎儿排出体外的生理过程称为分娩。母牛分娩前，会出现一系列的生理变化。根据这些变化要做好分娩前的准备、助产和产后护理等一系列工作，以确保母牛正常分娩。

一、分娩前预兆

（一）乳房

产前1周左右，母牛乳房比原来大一倍，到产前2~3天，乳房肿胀，皮肤紧绷，乳头基部红肿，乳头变粗，用手可挤出少量淡黄色黏稠的初乳，有些母牛有漏奶现象。

（二）外阴部

临产前1周，外阴部松软、水肿，皮肤皱襞平展，阴道黏膜潮红，子宫颈口的黏液逐渐溶化。在分娩前1~2天,子宫颈塞随黏液从阴道排出,呈半透明索状悬垂于阴门外。当子宫颈扩张2~3小时,母牛便开始分娩。

(三)骨盆

临分娩前数天,骨盆部的韧带变得松弛、柔软,尾根两边塌陷,以适于胎儿通过。用手握住尾根上下运动时,会明显感到尾根与荐骨容易上下移动。

(四)行为

母牛表现为活动困难,起立不安,尾高举,不时地回顾腹部,常做排粪尿姿势,时起时卧,初产牛则更显得不安。分娩预兆与临产间隔时间因个体而有所差异,一般情况下,在预产期前的1~2周,将母牛移入产房,对其进行特别照料,做好接产、助产工作。上述各种现象都是分娩即将来临的预兆,但要全面观察综合分析才能作出正确判断。

二、预产期推算的方法

牛妊娠期一般多为270~285天,平均为282天。早熟培育品种、妊娠母牛营养水平高、壮年母牛、怀雌性胎儿等妊娠期稍短;反之妊娠期稍长。母牛预产期的推算方法主要有两种。

(一)母牛预产期公式计算法

按"配种月份减3,配种日期加6"即可。

如果配种月份在1、2、3月份不够减时,须借1年(加12个月)再减。

若配种日期加6时,天数超过1个月,减去本月天数后,余数移到下月计算。例如:2月26日配种,则预产月份=(2+12)-3=11,预产日期=(26+6)-30=2,因配种日加6超过1个月,故该牛的预产日期是12月2日。

(二)母牛预产期查表法

应用母牛妊娠日历表,由表内的交配日期,一查便可知道母牛分娩日期(见表4-2)。

三、产前准备

将临产母牛牵入一单独围栏内,周围环境要安静,并且要有干燥卫生、经日晒过的柔软干草作为垫草;取掉母牛缰绳,使其自由活动;给予易消化的饲草,如青干草、

表4-2　母牛妊娠日历表

分娩	交配	分娩	交配	分娩	交配	分娩	交配	分娩	交配	分娩	交配	分娩	交配	分娩	交配	分娩	交配	分娩	交配	分娩	交配	分娩
10月	2月	11月	3月	12月	4月	1月	5月	2月	6月	3月	7月	4月	8月	5月	9月	6月	10月	7月	11月	8月	12月	9月
7	1	7	1	5	1	5	1	4	1	7	1	6	1	7	1	7	1	7	1	7	1	6
8	2	8	2	6	2	6	2	5	2	8	2	7	2	8	2	8	2	8	2	8	2	7
9	3	9	3	7	3	7	3	6	3	9	3	8	3	9	3	9	3	9	3	9	3	8
10	4	10	4	8	4	8	4	7	4	10	4	9	4	10	4	10	4	10	4	10	4	9
11	5	11	5	9	5	9	5	8	5	11	5	10	5	11	5	11	5	11	5	11	5	10
12	6	12	6	10	6	10	6	9	6	12	6	11	6	12	6	12	6	12	6	12	6	11
13	7	13	7	11	7	11	7	10	7	13	7	12	7	13	7	13	7	13	7	13	7	12
14	8	14	8	12	8	12	8	11	8	14	8	13	8	14	8	14	8	14	8	14	8	13
15	9	15	9	13	9	13	9	12	9	15	9	14	9	15	9	15	9	15	9	15	9	14
16	10	16	10	14	10	14	10	13	10	16	10	15	10	16	10	16	10	16	10	16	10	15
17	11	17	11	15	11	15	11	14	11	17	11	16	11	17	11	17	11	17	11	17	11	16
18	12	18	12	16	12	16	12	15	12	18	12	17	12	18	12	18	12	18	12	18	12	17
19	13	19	13	17	13	17	13	16	13	19	13	18	13	19	13	19	13	19	13	19	13	18
20	14	20	14	18	14	18	14	17	14	20	14	19	14	20	14	20	14	20	14	20	14	19
21	15	21	15	19	15	19	15	18	15	21	15	20	15	21	15	21	15	21	15	21	15	20
22	16	22	16	20	16	20	16	19	16	22	16	21	16	22	16	22	16	22	16	22	16	21
23	17	23	17	21	17	21	17	20	17	23	17	22	17	23	17	23	17	23	17	23	17	22
24	18	24	18	22	18	22	18	21	18	24	18	23	18	24	18	24	18	24	18	24	18	23
25	19	25	19	23	19	23	19	22	19	25	19	24	19	25	19	25	19	25	19	25	19	24
26	20	26	20	24	20	24	20	23	20	26	20	25	20	26	20	26	20	26	20	26	20	25
27	21	27	21	25	21	25	21	24	21	27	21	26	21	27	21	27	21	27	21	27	21	26
28	22	28	22	26	22	26	22	25	22	28	22	27	22	28	22	28	22	28	22	28	22	27
29	23	29	23	27	23	27	23	26	23	29	23	28	23	29	23	29	23	29	23	29	23	28
30	24	30	24	28	24	28	24	27	24	30	24	29	24	30	24	30	24	30	24	30	24	29
31	25	12月1	25	29	25	29	25	28	25	31	25	30	25	31	25	7月1	25	31	25	31	25	30
11月1	26	2	26	30	26	30	26	3月1	26	4月1	26	5月1	26	6月1	26	2	26	8月1	26	9月1	26	10月1
2	27	3	27	31	27	31	27	2	27	2	27	2	27	2	27	3	27	2	27	2	27	2
3	28	4	28	1月1	28	2月1	28	3	28	3	28	3	28	3	28	4	28	3	28	3	28	3
4			29	2	29	2	29	4	29	4	29	4	29	4	29	5	29	4	29	4	29	4
5			30	3	30	3	30	5	30	5	30	5	30	5	30	6	30	5	30	5	30	5
6			31	4			31	6			31	6	31	6			31	6			31	6

苜蓿干草和少量精料；让其饮用清洁卫生的饮水，冬天最好用温水。产前准备好有关用具和药品，主要有消毒好的剪刀、毛巾、碘酊、药棉、消炎药粉、煤酚皂液、肥皂、高锰酸钾、刷子、消毒线等等。

四、分娩过程

犊牛的产出过程可以分为 3 个阶段。

第 1 阶段为开口期：从子宫开始间歇性收缩起，到子宫颈口完全开张，与阴道的界限完全消失为止。此时母牛表现不安，来回走动，起卧频繁，喜欢安静处，出现腹部阵痛，但时间短（15~30 秒）而间歇期较长（约 15 分钟）。随着分娩的推进，阵痛加剧，腹部表现稍微的努责。此时期为 2~6 小时。

第 2 阶段为胎儿产出期：从子宫颈完全开张起，到胎儿排出为止。母牛表现严重不安，腹痛加剧，时卧时起，背弓而强力努责；子宫颈完全张开，胎儿进入产道，使腹部肌肉群和子宫体强烈收缩；收缩时间长而间歇期缩短（约 15 分钟收缩 7 次）；多次努责后，阴门口露出羊膜；膜破之后部分羊水流出，胎儿的前肢和唇部逐渐露出；母牛稍加休息后经强力努责而排出胎儿。此时期 0.5~4.0 小时。

第 3 阶段为胎衣排出期：从胎儿产出后到胎衣完全排出为止。胎儿产出后，母牛仍有轻微努责，子宫也在收缩中，以便将胎衣排出。排出胎衣需 4~6 小时。若超过 12 小时，胎衣仍未排出即为胎衣不下，应及时采取处理措施。

五、接产

接产的目的在于对母牛和胎儿进行观察，并在必要时加以帮助，达到母子安全。母牛产前及产出犊牛以后，都要人多加管护，以免发生意外。

（一）助产原则

（1）必须做到无菌操作。

（2）必须做好所有助产器具的消毒准备工作。

（3）助产用具包括塑料桶、毛巾、一次性长臂手套、产科绳、消毒液等用具。

（4）消毒液被污染后，应及时更换，不得继续使用。一桶消毒液只能使用一头牛的助产。

(5)助产结束后所有助产器具全部清洗消毒后,晒干或晾干待用。

(二)助产消毒方法

(1)助产用消毒液一般为0.3%过氧乙酸或1/4碘伏液或0.3%过氧乙酸。

(2)一只塑料桶消毒液清洗待产母牛外阴户及其周围,另一只塑料桶消毒液专用于消毒助产员手臂和产科绳。

(3)助产时母牛外阴户必须涂上药皂(润滑和消毒作用)。

(三)接产

接产前的准备做好产道及胎儿的检查,胎儿或胎膜进入产道后,可将手伸入产道,检查胎儿的位置、姿势是否正常。若胎儿正常,可等候自然分娩;如果发现母牛阵缩、努责微弱,难产或胎儿产出姿势不正时需进行助产。母牛出现分娩征状后,首先应将母牛转入产房,保持安静的环境。产房地面应铺有清洁、干燥的垫草。

(1)在分娩第一期开始,应以高锰酸钾药液(0.1%)对外阴及周围体表和尾根部进行消毒。

(2)注意胎儿体位。正常胎位,胎儿可以顺利被产出,不必人为拉出胎儿;如产出时间较长,则可顺着母牛的努责,协助用力将胎儿拉出。

(3)在倒生时,应及时采取措施将胎儿拉出,不可延误太久。

(4)胎儿头、鼻露出后(正产),如羊膜未破,可以用手扯破,并及时用毛巾擦净其黏膜,防止进入胎儿鼻腔。

(5)拉出胎儿时,要小心以免将会阴部拉开撕裂。

(6)如要对胎儿产出姿势做校正,可在母牛不努责时,将胎儿推入,然后在间歇期拨正。

(7)产出后,母牛很疲乏,需进行休息,应及时让母牛饮服温麸皮水(麸皮1.5~2.0千克,食盐100克,温开水2.5~3.0千克)。

(8)犊牛产出后不久即试图站立,但最初一般是站不起来的,应加以扶助,以防摔伤。

六、难产

(一)产力性难产

产力性难产是指由于子宫及腹肌的收缩力量不足,不能排出胎儿。助产时应考虑子宫颈开张程度、羊水是否干、胎儿死活等因素。

（二）产道性难产

产道性难产是指由于软、硬产道发生狭窄，胎儿不能通过。软产道狭窄是子宫颈、阴道、及阴门狭窄；硬产道狭窄是骨盆狭窄，通常是由骨盆腔变形、幼稚骨盆（由于母牛配种过早，骨盆尚未发育完全，胎儿大小正常）两种情况造成。

（三）胎儿性难产

胎儿性难道是指由于胎儿的体积、姿势、位置及方向异常，不能通过产道。有时胎儿和骨盆的大小不相适应。例如，胎儿过大、胎儿畸形或双胞胎同时进入产道也可引起难产。在牛的难产中由于胎儿的异常占多数。

（四）难产的处理

(1)先确定难产种类及程度。

(2)尽可能保护胎儿和母牛，最终以保护母牛为目的。

(3)尽可能让胎儿从产道分娩，实在不行进行剖宫产。

(4)矫正胎儿时应将胎儿推入子宫内进行矫正。牵拉胎儿应随阵缩徐徐进行，不可硬拉胎儿。

(5)助产过程中，犊牛牵引时拉动胎儿时可增加母牛阵缩和努责。如子宫颈尚未开大，且羊水未破，胎儿活，不要急于牵引，可按摩腹壁以刺激子宫收缩；对于胎儿位置不正等，先矫正胎位再行助产；对于过大胎儿无法拉出时，行锯断术取出胎儿；实在无法从产道中拉出胎儿的难产再实行剖宫产手术。

(6)如助产时间过长，发生产道干燥，应向内灌注润滑剂、液状石蜡等。

(7)牵拉过程中，随时检查产道和胎儿，以免造成创伤。

(8)助产过程及助产器具全部随时严格消毒，防止细菌感染，确保母牛安全。

(9)助产结束后应及时检查产道，肌注缩宫素、止血敏（酚磺乙胺）、抗生素等，子宫内投入适量土霉素。

七、助产

一般情况下，母牛的分娩不需要助产，接产人员只需监督分娩过程。但当胎位不正、胎儿过大、母牛分娩无力等难产情况时，必须进行必要的助产。助产的原则是尽可能做到母子安全，在不得已情况下舍子保母，同时必须力求保持母牛的繁殖能力。

当胎儿口鼻露出，却不见产出时，将手臂消毒后伸入产道，检查胎儿的方向、位置和姿势是否正常。若头在上、两蹄在下，无屈肢为正常，让其自然分娩；若是倒生，应及早拉出胎儿，以免脐带挤压在骨盆底下使胎儿窒息死亡。在拉胎儿时，用力应与母牛的阵缩同时进行。当胎头拉出后应放慢拉的动作，以防子宫内翻或脱出。

当胎儿前肢和头部露出阴门，但羊膜仍未破裂，可将羊膜扯破。擦净胎儿口腔、鼻周围的黏液，让其自然产出。当破水过早，产道干燥或狭窄或胎儿过大时，可向阴道内灌入肥皂水，润滑产道，以便拉出胎儿。必要时切开产道狭窄部，胎牛娩出后，立即进行缝合。

犊牛产出后，将鼻、口腔中的黏液除去，并用干草将身上的黏液擦干。用5%~10%的碘酊消毒自行断裂的脐带，未自然脱断的，在距胎儿腹部4~5厘米处结扎剪断或扯断。

第八节　其他繁殖新技术

一、同期发情技术

同期发情就是对处于不同发情周期进程或乏情状态的群体母畜采取措施，使它们的发情相对集中在一定的时间范围内的技术，亦称为发情同期化。通过缩短和延长黄体期进行同期发情（如图4–6）。

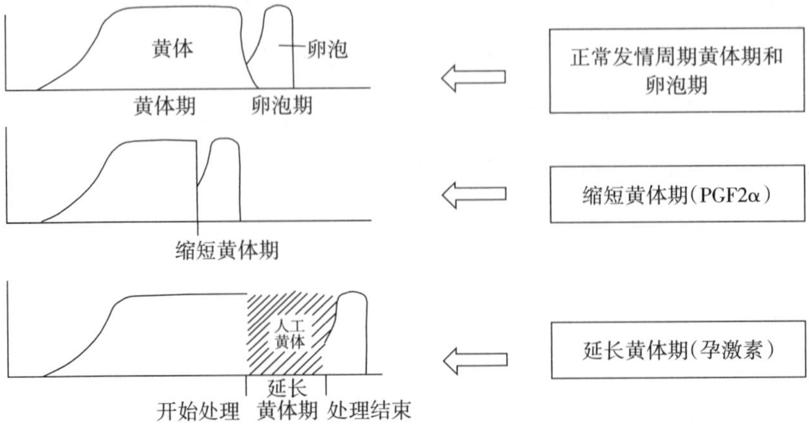

图4–6　同期发情技术示意图

二、诱导发情技术

诱发发情俗称催情，是指借用外源激素或其他方法诱发处于乏情期状态的母牛，表现出正常的发情，亦称诱导发情。对于产后长期不发情或与提前配种的乳牛，以及一般乏情的母牛，可采用孕激素处理，一到两周可引起发情。

三、超数排卵技术

超数排卵是在母畜发情周期的适当阶段（黄体消退期），注射一定量的促性腺激素等，诱发卵巢比在自然情况下有较多的卵泡发育成熟，并排出具有受精能力的卵子的技术，简称“超排”。能够诱发母畜多胎，充分挖掘优良母畜的繁殖潜力，加速品种改良。

四、性别控制

性别控制是指对牛的正常生殖过程进行人为干预，使成年母牛产出人们所期望的性别后代的一项生物技术。

精子的分离法：根据两类精子头部的DNA含量的差异，以流式细胞仪将一对XY的精子进行分离。在家畜中，X精子的DNA的含量比Y精子高出3%~4%，对分离后的精子进行人工授精或体外受精，对受精卵和后代的性别进行控制，这种方法对XY精子的分离率高达90%以上。

早期胚胎的性别鉴定法：运用细胞学分子生物学或免疫学方法对牛附植前的胚胎进行性别鉴定，通过移植已知性别的胚胎可控制后代性别的比例。

五、体外受精

体外受精是指哺乳动物的精子和卵子在体外人工控制的环境中完成受精过程的技术。把体外受精胚胎移植到母体后获得的动物称为试管动物，体外受精已成为了一项重要而常规的动物繁殖技术。在牛的品种改良中，体外受精技术为胚胎生产提供了廉价而高效的手段。对于充分利用优良品种资源、缩短繁殖周期、加快品种改良速度等有重要价值。体外受精技术包括卵母细胞的采集、卵母细胞的成熟培养和体外受精术。

六、克隆技术

克隆是无性繁殖的意思，指生物体通过体细胞以无性繁殖的方式产生遗传物质完全相同的一群细胞或一个个体。在动物中指通过精子和卵子的受精过程而产生遗传物质完全相同的新个体的一项胚胎生物技术。

哺乳动物的克隆技术包括胚胎的分割和细胞核移植两种。其中，细胞核移植是发展较晚但富有潜力的一门新技术。细胞核移植技术属于细胞质工程。所谓细胞核移植技术，是指用机械的办法把一个被称为“供体细胞”的细胞核（含遗传物质）移入到另一个除去了细胞核被称为“受体”的细胞中，然后这一重组细胞进一步发育、分化，形成一个新的个体。核移植的原理是基于动物细胞的细胞核的全能性。

采用细胞核移植技术克隆动物的设想，最初由一位德国胚胎学家在 1938 年提出。从 1952 年起，科学家们首先采用两栖类动物开展细胞核移植克隆实验，先后获得了蝌蚪和成体蛙。1963 年，我国童第周教授领导的科研组，以金鱼等为材料，研究了鱼类胚胎细胞核移植技术，获得成功。到 1995 年为止，在主要的哺乳动物中，胚胎细胞核移植都获得成功，但成年动物已分化细胞的核移植一直未能取得成功。1996 年，英国爱丁堡罗斯林研究所伊恩·维尔穆特研究小组成功地利用细胞核移植的方法培养出一只克隆羊——多利，这是世界上首次利用成年哺乳动物的体细胞进行细胞核移植而培养出的克隆动物（图 4–7 为克隆羊“多利”）。

图 4–7 克隆羊“多利”

在核移植中，并不是所有的细胞都可以作为核供体。作为供体的细胞有两种：一种是胚胎细胞，另一种是某些体细胞。研究表明，卵细胞、卵母细胞和受精卵细胞都是合适的受体细胞。2000 年 6 月，我国西北农林科技大学利用成年山羊体细胞克隆出的克隆羊“阳阳”，这表明我国科学家也掌握了哺乳动物体细胞核移植的尖端技术（图 4–8 为克隆羊“阳阳”）。

图 4–8 克隆羊“阳阳”

核移植的研究，不仅在探明动物细胞核的全能性、细胞核与细胞质关系等重要理论问题方面具有重要的科学价值，而且在畜牧业生产中有着非常重要的经济价值和应用前景。

第九节　提高繁殖力的技术

牛的繁殖力首先决定于它本身的繁殖潜力，其次是牧业从业者采取有效的措施，充分发挥其繁殖潜力。只有掌握其繁殖规律，采取先进的技术措施，才能提高其繁殖力。

一、科学饲养

饲养水平过高过低均会影响奶牛繁殖力。合理的饲养主要是改善日粮结构，使母牛摄取合理的营养，预防代谢疾病的发生，不要让牛膘层过肥或过瘦。

二、合理管理牛群

要勤运动，使牛发情旺盛，以利于提高受胎率。要提高母牛繁殖力，牧场要抓好产房操作制度，尽量做到自然分娩，减少产科疾病及胎衣滞留。

要重视牛舍卫生干燥，预防(影响母牛繁殖的)疾病发生，确保牛健康。干奶牛应定期驱虫。抓好一年两度的修蹄工作，平时有蹄病应及时修蹄治疗。严禁喂霉变、腐烂的饲料，放牧时走道要铺草防止滑跌，以防流产。做好防暑降温工作，减少热应激因素的影响。

三、保证精液质量

在选择种公牛时，必须选择受胎率高的，选择的冷冻精液必须达到国家标准。冻精贮存和取用必须按规范操作进行。对配种前的精液，每批应做活力抽样检查。

四、做好产后子宫净化工作

实际工作证明，对产后母牛子宫感染(特别是胎衣不下的)及早灌注抗菌防腐药液，预防和控制子宫感染，这是提高受胎率的一项重要工作。母牛产后子宫净化一般采用抗菌、防腐消毒药液冲洗，也可根据病情辅助使用激素治疗。子宫净化时应注意冲洗液和冲洗的器械一定要彻底消毒，防止治疗过程中的重新感染。冲洗时严禁损伤子宫，对较严重的病例要结合子宫收缩剂或子宫兴奋剂，并适当增加治疗次数或疗程数，而且要合理安排治疗的间隔时间，保证药效持续发挥作用。奶牛使用抗生素溶液灌注子宫时，为防止抗生素牛奶的产生，要控制好剂量。

五、产后及时生殖监控

母牛产后 45 天左右，应进行生殖道检查，若有病变应及时治疗。对产后 60 天以上不发情的牛应及时检查，并从改善饲养管理着手和应用生殖道激素，使其恢复性周期。对观察到性周期恢复的牛，做好记录。

六、准确鉴定发情，适时配种

发情观察做到“勤视”，不错过发情期，不漏掉发情牛。观察到发情牛均应及时记录，并建立发情预报制度。发情鉴定除作表现（行为、黏液）鉴定外，还应进行直肠检查，以便根据卵泡发育适时配种。

七、配种应按操作规程进行

配种时，要严格遵守人工授精无菌卫生操作规程，操作时要认真仔细，严禁污染和损伤子宫。产后 60 天以内严禁配种。凡母牛有生殖道疾病的应彻底治愈后才能配种。

八、及早进行早期妊娠诊断

提早发现未妊娠牛及早进行妊娠直肠检查，抓好未孕母牛的复配是提高繁殖率的一项有效措施，可缩短产犊间隔。在 45 天左右检查排卵侧有否妊娠黄体，结合同侧子宫角稍增大、变粗，质地如绵软状，可诊断为妊娠。若有可疑，应过 2 个星期再检查一次，确诊无胎，应及时处理，抓紧复配。

九、提高不孕牛诊疗水平

做好母牛繁殖工作还在于细微地观察，通过观察及早发现，尽快治疗，防止病情继续加重，延误时机。为及早发现生殖器官疾病，应做到以下 3 点。

（1）要经常注意观察母牛外阴部是否有肿胀现象及异常分泌物，尤其在未发情期更应留心。

（2）注意发情的变化及发情周期是否正常。

（3）配种时结合输精工作，留心阴道及子宫的异常变化。配过 2 次未受孕的，就要考虑生殖器官疾病，需做一次全面检查。

十、合理使用激素

近年来，外源激素在奶牛繁殖上应用越来越广泛，例如，发情控制、子宫净化、提高受胎率、繁殖障碍等，所有这些技术对于调节奶牛繁殖过程和提高繁殖性能都有很大的帮助。在实际工作中，如何正确使用激素是一个值得重视的问题，如果盲目地随便使用某种激素，任意提高剂量，或增加投药次数，不但达不到效果，反而会造成不良后果。因此必须强调，首先应对各种激素在生理上的特异作用、相互关系以及调节机理有一个清楚的概念和认识，才能合理使用激素而达到良好的效果。

十一、做好繁殖资料与记录工作

人工授精做好发情、配种、不孕症治疗等记录工作是提高母牛繁殖力，避免错配、漏配、误配，提高治疗不孕症水平必不可少的工作。资料的积累往往能反映出一些规律性的问题，为分析母牛繁殖性能、提高治疗效果起到意想不到的作用。

十二、强化繁殖技术管理

繁殖水平对牧场的经济效益影响极大，繁殖工作是母牛生产中的关键。而繁殖工作好坏与人工授精工作责任性、主动性及专业素质密切相关。为了获得最佳的繁殖效果，严格技术管理是必不可少的，主要包括以下内容。

（1）制订繁殖计划和繁殖指标，落实对人工授精的考核与奖罚。

（2）建立月报制度及繁殖记录制度，掌握繁殖动态，控制繁殖疾病，与繁殖工作同期比较，了解繁殖进程。

（3）汇总、分析技术数据，发现问题，及时查找原因，并及时提出改进方法。

（4）制定人工授精岗位职责，并督促人工授精遵守操作规范。

（5）定期培训，及时交流经验。要组织有计划的业务培训，不断提高理论水平以指导生产实践。还应组织交流经验，相互学习，推广先进技术，不断提高技术水平。

第五章　奶牛的饲养管理技术

第一节　犊牛护理及饲养管理技术

犊牛是指从出生到断奶(6 月龄)的牛,处于急剧变化阶段,有体型变化大、体重增长快、瘤胃发育迅速、可塑性强、抵抗力差等特点。犊牛期饲养管理目标是降低死亡率,促进瘤胃早期发育,保证饲料营养丰富,运动适当,早断奶,减少牛奶消耗。

一、犊牛出生时的处理

犊牛由母体产出后应立即做好如下工作。

(一)清除黏液

犊牛自母体产出后应立即清除其口腔内、鼻孔内及其周围的黏液,以免妨碍犊牛的正常呼吸时将黏液吸入气管及肺内。同时擦干被毛,注意保暖。

(二)剪断脐带

在清除黏液以后,一般情况下,会自然扯断。如其脐带尚未自然扯断,应进行人工断脐。方法是在距离犊牛腹部 8~10 厘米处,两手卡紧脐带,往复揉搓 2~3 分钟,然后在揉搓处的远端用消毒过的剪刀将脐带剪断,挤出脐带中黏液,并将脐带的残部放入 5%的碘酊中浸泡 1~2 分钟,不能结扎。

(三)剥去软蹄

断脐后,应立即剥去软蹄(蹄黄),以便犊牛能够很快站立,有些初生犊牛站立不稳或者摔倒,这是正常现象。

二、犊牛的常规护理

(一)建立舒适、合理的犊牛舍

1. 哺乳犊牛舍

犊牛出生后可以和母牛一起生活在产房中一段时间,但不宜提倡,更不能让犊牛直接吃母乳,应建设专门的哺乳犊牛舍。哺乳犊牛应当单独关养,防止犊牛相互吸吮、舔舐;在避免穿堂风的前提下,要保证空气的流动,以减少呼吸道疾病的发生;创造干燥、清洁的舒适环境。建议采用犊牛岛、隔离式犊牛舍等形式进行饲养,如图 5-1 所示。

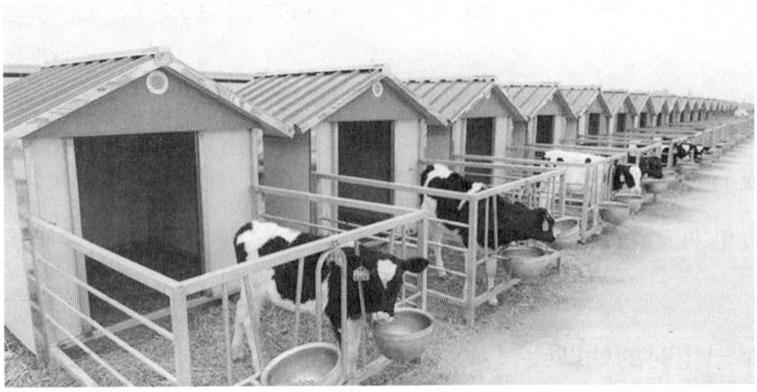

图 5-1　犊牛岛饲养哺乳犊牛

2. 断奶犊牛舍

犊牛断奶后相互吸吮、舔舐的习惯逐渐减少,断奶犊牛可以分组饲养。将单独饲养了一段时间的犊牛圈养在一起会引起应激反应,他们不仅要相互学习适应,还必须掌握竞争饮水和采食的能力。因此,断奶后的犊牛舍与哺乳犊牛舍基本相似,只不过是将 4~6 头体型大小接近的犊牛饲养在一起。

断奶犊牛舍每头犊牛至少要有 1.5~2.2 平方米的活动空间, 每个畜栏的面积为 6~12 平方米。畜栏可以排式排列布局在具有屋顶的畜舍内,可以是单列式或双列式,畜舍可根据当地气候特点分为开放式、半开放式或者封闭式。总的要求是通风良好,又不形成穿堂风。畜栏地面不应设计成具有一定坡度的水泥地面,而应该是地面平整,铺设干净、干燥的垫料,如细沙、稻草等。

(二)及时吃初乳

初乳就是母牛分娩后第一天挤出的浓稠、奶油状、黄色的牛奶,随后 4 天挤出的牛奶逐渐接近正常奶，称为过渡奶。初乳中的抗体可以通过肠壁完全吸收到血液中，进而消灭进入血液中的微生物（毒素）和其他抗原等。犊牛刚出生时，对抗体的吸收率一般为 20%，几个小时后，对抗体的吸收率急剧下降，而小肠的消化能力增强。24 小时后犊牛不再具有吸收抗体的能力，称为小肠关闭。如果犊牛出生后 12 小时之内没有饲喂初乳就很难获得足够的抗体抵抗微生物的感染。

犊牛出生后一恢复正常呼吸（一般 1 小时内）就可立即饲喂初乳，出生后 6~9 小时再次饲喂初乳。如果延误第一次饲喂初乳时间，在 24 小时内要增加饲喂初乳的次数才能保证犊牛获得足够的抗体。

饲喂优质初乳对新生犊牛很重要，经产母牛初乳的抗体含量比头胎母牛要高，同时由于经产母牛生活时间长，接触免疫原广，其所含抗体种类多，抗病能力较强。可以将本饲养场成年母牛生产的额外初乳冷冻保存，以便保证每头新生犊牛都能获得足够的优质初乳。

科学饲喂足量初乳。初乳应加热到 39 ℃才能饲喂，每次饲喂初乳量为犊牛出生重的 4%~5%，如初生重 40 千克的犊牛每次饲喂 1.6~2.0 千克。24 小时内必须饲喂 3~4 次初乳。出生后 1 小时内饲喂第一次，出生后 6~9 小时饲喂第二次。若饲喂初乳延迟，或者每次饲喂量不足，应适当增加饲喂次数。

使用带奶嘴的奶瓶饲喂初乳容易控制饲喂量，也容易调教犊牛。每次饲喂后奶瓶和所有用具都必须彻底清洗干净，并尽可能实行定期消毒，以最大限度地减少细菌的生长和病原菌的传播。有些体弱不能吸吮初乳的犊牛可以在兽医的指导下采用食道管强饲，强饲使用的用具和器皿必须进行适当消毒处理。

（三）喂常乳

初乳期之后进入常乳饲喂期，应做到“四定”，即定时、定量、定温和定质。

定时：2~3 次/天，间隔 8 小时。喂奶速度一定要慢，每次喂奶时间应在 1 分钟以上，以避免喂奶过快而造成部分乳汁流入瘤网胃，引起消化不良。

定量：出生后 1~2 周，饲喂量占体重 1/10；3~4 周，饲喂量占体重 1/8；5~6 周，饲喂量占体重 1/9；7 周以后，饲喂量占体重 1/10。

定温：温度过低，乳进入瘤胃不能立即凝固，引起消化不良，甚至腹泻；温度过高会损伤胃肠黏膜，引起消化道疾病。乳温应在 38 ℃，饲喂时给奶中加温开水，添加量为奶量的 1/4~1/2。

定质：定质的要求是必须保证常乳质量，变质乳不能饲喂，如腐败乳、乳房炎乳、结核病乳等，否则导致犊牛腹泻或中毒。

三、哺乳犊牛饲喂技术

（一）哺乳犊牛需单栏饲喂，避免相互吸吮、舔舐

哺乳犊牛吃奶后喜欢相互吸吮、舔舐，这不仅会造成腹泻等疾病的传播，还会造成奶头、脐带的发炎，舔舐后被毛会进入消化道造成瓣胃的堵塞，严重影响犊牛的采食和生长发育。

（二）饲喂定量牛奶

犊牛出生第一天饲喂初乳，然后饲喂过渡奶。接下来几周应当饲喂全奶或者营养价值高的代乳品。这一阶段以饲喂液态食物为主，以保证犊牛健康生长，使犊牛获得足够的骨骼发育。且所有存奶、喂奶的设备、容器必须及时彻底清洗，必要时还需消毒。

每天的喂奶量为出生体重的 8%~10%，在断奶之前应当一直按这一标准饲喂。虽然随着犊牛的生长，营养物质的需求量逐渐增加，但限制牛奶的喂量可以促进犊牛及早采食足够的精饲料，来补充牛奶营养供给的不足。饲喂量低于此水平可能影响犊牛的生长发育，饲喂量过多不仅增加饲养成本，影响补饲精料的采食，还有可能引起犊牛腹泻，未必会获得更大的增长速度。这一时期，犊牛的健康比快速生长更为重要。可以采用奶瓶或者奶桶给犊牛饲喂牛奶。奶桶较奶瓶易于清洗，但用奶桶饲喂刚开始犊牛可能不习惯，可以用手指蘸一些牛奶引导、训练犊牛头朝下吸吮牛奶。用奶嘴头朝上饲喂更趋于自然，可以有效减慢喂奶速度，进而减少腹泻的发生。采用奶瓶饲喂总的饲喂效果要比用奶桶饲喂好。

犊牛出生后的头 2~3 周，牛奶须加热到犊牛体温（39 ℃）后才能饲喂，对稍大一些的犊牛，牛奶温度可以稍低一些（25~30 ℃）。可以将初乳、过渡奶发酵后饲喂犊牛。初乳和过渡奶营养价值高，不应随便丢弃。可以将其贮存于低于 21 ℃的室温下发酵，发酵后的牛奶可以在低温下保存几周。如果室温过高不能使牛奶正常发酵，可以每千克牛奶加入 10 毫升丙酸或者乙酸-丙酸溶液后，装入容器内发酵。注意贮存发酵奶的容

器应当用塑料容器，而不是金属容器。

（三）尽可能及早饲喂精料补充料

出生 4~7 天就可开始诱导犊牛采食精料。诱导犊牛采食精料的方法：将精料与糖蜜、糖浆、牛奶等口感好的食物混合饲喂；喂完牛奶后直接抓起一把精料放在桶中或者放在手上让犊牛舔舐，或者将精料黏附在奶嘴上，或者直接塞入嘴中促使犊牛采食。保持精料的新鲜度，少量多次添加精料，并让犊牛随时可以得到清洁的饮水。

（四）断奶

当犊牛每天能够采食体重 1%的精料补充料时，可考虑给犊牛断奶。大多数犊牛可在 6~8 周龄断奶。在断奶前一周，犊牛饲喂牛奶的次数减少到一天一次。如果犊牛采食精料不足，即使到了预定的断奶时间也要适当延期断奶。对于生长缓慢、体弱的犊牛需要延长断奶时间。如果犊牛断奶后不能保证提供优质粗饲料和足够数量的优质精料补充料，可考虑推迟断奶。犊牛及时断奶采食固体饲料，可降低饲养成本，同时也可提高犊牛的生长速度。

四、犊牛的断乳技术

传统乳用犊牛培育的哺乳期为 180 天，哺乳量为 800~1 000 千克。鲜奶用量多，犊牛培育成本高，虽在哺乳期犊牛日增重较高，但消化系统得不到锻炼，瘤胃发育晚且慢，对其以后的生产性能并无益处。

早期断奶根据不同的情况有不同的方法，主要不同之处是哺乳期的长短和喂奶量的多少。根据目前我国奶牛生产的水平，采用两个月哺乳期，喂奶总量为 250~300千克的方法较为现实。

早期断奶方法：限制犊牛喂奶量，每天喂奶量不超过体重 10%；供给充足清洁、新鲜的饮水；犊牛从出生后第二周开始调教采食开食料；当犊牛连续 3 日采食开食料量达 1 千克时，即可断奶。并控制开食料给量逐步向普通饲料过渡。

缩短哺乳期，减少哺乳量的犊牛，虽然头 3 个月体重增长较慢，但只要精心饲养，在断奶前调整好采食精料的能力，并在断奶后注意精料和青粗饲料的数量及品质，犊牛在早期体重生长缓慢在后期可得到补偿，不影响后备牛的配种月龄、繁殖以及投产后的产奶性能。

五、犊牛的日常管理

(一)建档

犊牛出生后应称出生重,对犊牛进行编号,对其毛色花片、外貌特征(有条件时可对犊牛进行拍照)、出生日期、谱系等情况做详细记录。

在奶牛生产中,通常按出生年度序号进行编号,既便于识别,同时又能区分牛的年龄,例如2014年2月出生的第39头牛,可以编为140239。一般是在出生后7~10天进行。目前,国内广泛采用的是塑料耳标法。

(二)“三净”

饲料净:饲料要少喂勤添,保证饲料新鲜、卫生,不能有塑料、铁钉、土块等杂质。每次喂奶完毕,用干净毛巾将犊牛嘴缘的残留乳汁擦干净,并继续在颈枷上挟住约15分钟后再放开。

畜体净:犊牛在舍内饲养,皮肤易被粪及尘土所黏附而形成皮垢,这样不仅降低了皮毛的保温与散热能力,使皮肤血液循环恶化,而且也易患病。为此,每天应给犊牛刷拭一两次。最好用毛刷刷拭,对皮肤软组织部位的粪尘结块,可先用水浸润,待软化后再用铁刷除去。对头部刷拭尽量不要用铁刷乱挠头顶和额部,否则容易从小养成顶撞人的坏习惯。顶人恶癖一经养成很难矫正。

工具净:喂奶用具每次用后都要严格进行清洗消毒。

(三)“三勤”

勤打扫:犊牛舍应保持清洁、干燥、空气流通。湿冷、冬季贼风、淋雨、营养不良会诱发呼吸道疾病。

勤换垫料:及时更换牛床的垫料,保证牛有一个舒适的休息环境。

勤观察:平时对犊牛进行仔细观察,可及早发现有异常的犊牛,及时进行适当的处理,提高犊牛育成率。观察内容如下。

(1)观察每头犊牛的被毛和眼神;

(2)每天两次观察犊牛的食欲及粪便情况,如拉黑干粪便是缺水,拉黏液粪便是肠炎;

(3)检查有无体内、外寄生虫;

(4)注意是否有咳嗽或气喘;

（5）留意犊牛体温变化，正常犊牛体温为 38.5~39.2 ℃；

（6）检查干草、水、盐以及添加剂的供应情况；

（7）检查饲料是否清洁卫生；

（8）通过体重测定和体尺测量检查犊牛生长发育情况；

（9）发现病犊应及时隔离，并要求每天观察 4 次以上。

（四）运动

犊牛正处在长体格的时期，加强运动对增强体质和健康十分有利。出生后 8~10 日龄的犊牛即可在运动场做短时间运动（0.5~1.0 小时），以后逐渐延长运动时间，至 1 月龄后可增至 2~3 小时。如果犊牛出生在温暖的季节，开始运动的日龄还可再提前，但须根据气温的变化，酌情掌握每日运动时间。

（五）去角

为了便于成年后的管理，减少牛体相互受到伤害。犊牛在 4~10 日龄应去角，这时去角犊牛不易发生休克，食欲和生长也很少受到影响。常用的去角方法如下。

苛性钠法：先剪去角基周围的被毛，在角基周围涂上一圈凡士林，然后手持苛性钠棒（一端用纸包裹）在角根上轻轻地擦磨，直至皮肤发滑及有微量血丝渗出为止。约 15 天后该处便结痂不再长角。利用苛性钠去角，原料来源容易，易于操作，但在操作时要防止操作者被烧伤。此外，还要防止苛性钠流到犊牛眼睛和面部。

电动去角：利用高温破坏角基细胞，达到不再长角的目的。先将电动去角器通电升温至 480~540 ℃，然后用充分加热的去角器处理角基，每个角基根部处理 5~10 秒，适用于 3~5 周龄的犊牛。

（六）预防疾病

犊牛期是牛发病率较高的时期，尤其是在生后的头几周，主要原因是犊牛抵抗力较差。此期的主要疾病是肺炎和下痢。

肺炎最直接的致病因素是环境温度的骤变，预防的办法是做好保温工作。

下痢可分两种：其一为病原性微生物所造成的下痢，预防的办法主要是注意犊牛的哺乳卫生，哺乳用具要严格清洗消毒，犊牛栏也要保持良好的卫生条件；其二为营养性下痢，其预防办法为注意奶的喂量不要过多，温度不要过低，代乳品的品质要合乎要求，饲料的品质要好。

(七)剪除副乳头

乳房上有副乳头对清洗乳房不利,也是发生乳腺炎的原因之一。犊牛在哺乳期内应剪除副乳头,适宜的时间是2~6周龄。

剪除方法是先将乳房周围部位洗净和消毒,将副乳头轻轻拉向下方,用锐利消毒后的剪刀从乳房基部将其剪下,剪除后在伤口上涂以少量消炎药。如果在有蚊蝇季节,可涂以驱蝇剂。剪除副乳头时,切勿剪错。如果乳头过小,一时还辨认不清,可等到母犊年龄较大时再剪除。

犊牛护理要点:擦干黏液断脐带,剥去软蹄处理快。

犊牛饲养要点:初乳营养作用多,提高免疫尽早喝。量依体重和康健,桶壶结合水温和。定质禁喂劣质奶,按量须从标准来。奶温不能忽冷忽热,固定时间勿轻改。饲喂抗生防下痢,训练开食一周起。精料补充将半月,青绿瘤胃良发育。节约成本早断奶,断奶食料很关键。

犊牛管理要点:称重编号和去角,饮水运动不可少。三勤三净很关键,消毒防疫健康保。

第二节　产后母牛的护理及饲养管理

母牛分娩后,要随即驱使母牛站起以减少出血和防止子宫外翻。让母牛舔干犊牛身上黏液,并喂给益母膏、红糖、麸皮等有益补剂。正常情况下产后12小时胎衣不下者,应向子宫内灌注抗生素,对发高热者结合全身治疗。对乳房水肿的牛,除适当减少精料(青绿料、辅料本来已停)并充分按摩乳头、挤尽牛奶。正常牛经抗生素检测(TTC)合格者方可上机器挤奶。注意观察和处理如下事项。

(1)母牛产后疲劳,身体虚弱,腹空、口渴,可用温水调成麸皮盐水汤饮食(麸皮1.5~2.0千克,食盐100克,温开水2.5~3.0千克)。

(2)注意观察胎衣排出情况,一般母牛分娩后8~12小时,胎衣可自行脱落,若超过24小时仍不脱落,应按胎衣滞留处理。

(3)母牛产后,应饲喂易于消化又富有营养的草料,每次喂量不宜太多,以免引起消化障碍。

（4）观察恶露排出情况，分娩后，子宫排出一些变性脱落的母体胎盘、部分血液、残留的胎水、白细胞和子宫分泌物等，这些混合物称为恶露。恶露颜色变化次序为红褐色→淡黄色→无色透明。

第三节 产后常见生产疾病及防治技术

一、胎衣不下

母牛产后12小时胎衣仍未排出者为胎衣不下或胎衣滞留。胎衣不下容易继发其他产后疾病，如败血症、子宫炎、乳房炎等。严重并发者危及母牛生命。

治疗不外乎手术剥离和药物治疗，但现在一般不提倡手术剥离，常采用预防和药物治疗。

产后马上注射2毫升（6 IU）的垂体后叶素，促进子宫收缩，促使胎衣排出。确实胎衣不下者，用土霉素5克、利凡诺（乳酸依沙吖啶粉针剂）0.5克、净水300毫升，冲洗子宫，隔天重复一次。一般胎衣经药物冲洗3次后，胎盘分解自行脱落，以后视产道流出恶露情况再选药物处理，直至恶露干净为止。

二、恶露滞留

母牛分娩后胎衣自下，由于子宫收缩无力，子宫颈关闭过早致使子宫内恶露流不出。一般使用药物治疗，选用土霉素、利凡诺（乳酸依沙吖啶粉针剂）、金霉素等。

三、子宫外翻

子宫外翻又称子宫脱出，是子宫向外翻出，子宫、子宫颈和阴道全部脱出于阴户之外。多发生于产后12小时内，主要是由于产后母牛努责过强或胎儿过大使子宫过度扩张，或妊娠中运动不足，或强行牵拉使得子宫脱出。

治疗原则：治疗时牛必须保持站立状态，整复手术越早越好。治疗方法如下。

（1）清洗消毒。

（2）轻而快剥离附着的胎衣。

（3）脱出子宫用干净布由助手托起。整复子宫时，可从后子宫角顶端开始，将消毒过的手握成拳放在子宫角顶端凹陷处，向前顶向盆腔内推进，这时助手用手在两侧协助压迫子宫推入阴户内，同时又可将已推入阴户的部分子宫压住。这样由后向前反复多次即可将脱出子宫全部送入盆腔内，手臂随着进入子宫将子宫角展平复位。随即向子宫内灌入土霉素等抗生素，肌内注射青、链霉素，缩宫素，为防止出血肌内注射止血敏（酚磺乙胺）等。外阴户用 18# 缝线缝三针（结节缝合），也可用经过消毒的粗缝合线缝合，用子宫托固定绑好，24 小时后拆线、拆子宫托，再清洗子宫。

四、败血症

败血症主要是由于子宫炎、乳房炎、难产等处理不当或治疗不及时，造成牛出现体温升高、精神忧郁、食欲不振、眼结膜充血、卧地不起等症状。

治疗原则以抗菌、补液、强心、防止酸中毒等全身疗法，结合治疗原发病。用药原则为大剂量使用抗生素，如青霉素、庆大霉素、卡那霉素、红霉素、四环素等抗菌消炎药物，5%葡萄糖盐水补液，也可使用氢化可的松。

五、产后截瘫

产后截瘫是母牛分娩后不能起立的一种疾病。主要原因是胎儿过大或胎位不正或产道狭窄强行牵拉犊牛，挫伤母牛坐骨神经和闭孔神经，导致母牛卧地不起，一般无全身症状。

治疗：静脉注射 20%葡萄糖酸钙 500 毫升×2 瓶、10%氯化钾 10 毫升×7 支、10%安钠咖 10 毫升×5 支、10%维生素 C 10 毫升×5 支、5%糖盐水 500 毫升×3 瓶或加入 100 毫克氢化可的松 20 毫升×4 支、百会穴注射硝酸士的宁 10 毫升，0.1 克维生素 $B_1$2 毫升×10 支，肌内注射一次量，以后每天肌内注射维生素 B_1。除此以外加强护理，每天患畜翻身，摩擦后肢，促进血液循环，饲喂含有丰富蛋白质、矿物质饲料。若护理不当，可能继发其他疾病，如褥疮、消化不良等。以护理为主，适当配合药物治疗，预防继发其他疾病。

六、犊牛脐炎

犊牛脐炎主要是脐带血管及其周围组织感染而引起肿胀、发炎、化脓。治疗时，挤尽脐带孔内脓性物，涂擦 10%碘酊。肌内注射抗生素，一般以普鲁卡因青霉素加链霉素为主,疗程为5 天。

七、犊牛脐疝

犊牛脐带部出现局限性、半球形、柔软无痛感肿胀。用手压迫肿胀物,内容物可退回脐带孔内,可摸到脐孔。

一般采用手术治疗,将患畜仰卧保持常规剪毛、麻醉、消毒,切开疝囊,剥离腹膜,将腹膜及内容物一起退回腹腔,将脐孔增生物削掉一些,以造成新鲜创面,利于结疤。用 3# 羊肠线袋口缝合或钮孔状缝合, 闭锁疝孔最后用 18# 丝线连续缝合皮肤,涂10%碘酊,每天 1 次,2 周后拆线。

八、临床乳腺炎

临床乳腺炎可以分为急性和慢性两种。

急性型:表现为一个或多个乳区肿、红、热、痛,有坏奶或黄水清水流出,产奶量急剧下降,出现体温上升、厌食、精神差等全身症状。

慢性型:没有全身症状,患区僵硬,奶汁呈棉絮状或乳汁清淡,奶产量还逐渐下降。也有急性乳腺炎未彻底治愈的,转成慢性。

治疗时,对于急性乳腺炎,有体温增高的牛,一般除乳区局部治疗外,结合全身治疗。普鲁卡因青霉素 80 万 IU、链霉素 100 万 IU、蒸馏水 50 毫升,每日 2~3 次、连用 3~5 天。或乳糖红霉素 50 万 IU、卡那霉素 100 万 IU、蒸馏水 50 毫升,每日 2~3 次、连用 3 天乳区注射。肌内注射庆大霉素 80 万 IU、普鲁卡因青霉素 800 万 IU、链霉素 800 万 IU 混合肌内注射每日 2 次,或静脉注射盐酸四环素 0.5 克×16 瓶连用 2 次。如疗效不好应做药敏试验再决定用何种药物。对于慢性乳腺炎,除认真执行挤奶操作规范外,如上述抗生素治疗无效,可应用磺胺类药物口服或乳区注射,但首用量必须加倍。为让变质乳汁全部挤出,可在挤奶前 10 分钟肌内注射催产素 20 IU,对治疗乳腺炎有一定的效果。

九、干奶期乳腺炎

奶牛在 60 天停奶期间发生的乳腺炎症,一般出现乳区红、肿、热、痛、硬、大,乳汁呈血水、清水或棉絮状奶。

治疗时，挤空挤尽患区内牛奶，同时乳区注射青霉素 80 万 IU、链霉素 100 万 IU，硬肿乳区外涂中药消炎膏或鱼石脂软膏，可全身用药（8 万 IU 庆大霉素、普鲁卡因青霉素、链霉素、四环素等肌内注射或静脉注射）。

十、乳头创伤

乳头创伤可分为表层创伤及深层创伤，多数由于乳房过大，起立时被其他牛蹄踏伤。

乳头表层创伤治疗时，经外科消毒后，涂以 5%碘酊或甲紫药水即可。乳头深层创伤时，经常流乳，必须缝合伤口。先局部麻醉，用羊肠线缝合黏膜及黏膜下组织，再用丝线缝合皮肤，伤口涂以 300 万 IU 大油剂或红霉素软膏。挤奶时乳管内插上通针，让奶自然流出。

十一、乳房坏疽

乳房坏疽多发生于奶牛产后，由于致病菌感染而造成乳汁变质、乳房发紫并有皮肤脱落现象。患畜体温升高到 41 ℃左右，心率、呼吸加速，心率 100~120 次/分，伴有厌食、眼结膜潮红，发病初期精神好，后期转入委顿。不及时治疗会造成患区无奶、乳头凹陷。该病死亡率很高，有传染性，必须高度重视。

治疗方法：

（1）用发生过本病的牛血 1 000 毫升静脉输液。

（2）用激素、盐水、大剂量抗生素治疗。

（3）局部对症下药，外涂 10%碘酊每日 2 次，乳头孔内注射抗生素。

十二、子宫扭转

子宫扭转为整个妊娠子宫或一侧子宫角围绕自己的纵轴发生扭转。扭转多发生在子宫颈及其前后，扭转程度在 90°~360°。70%奶牛发生左侧扭转。扭转在分娩或临产前发生，母牛有分娩预兆、有阵缩、外阴户向里收缩，但不见尿囊膜及胎儿外露。

治疗：矫正子宫与扭转同方向翻滚母牛，翻滚次数与扭转程度有关。一般在翻滚时，助手在保定好奶牛时，拉住腹部摇滚几下再合力向一侧翻滚，效果好一些。一般子宫复位后尿囊膜马上露出阴户。

第四节　育成牛的饲养管理技术

育成牛 6 月龄（犊牛）到产犊这段时期牛，育成牛饲养成本约为牛场总饲养成本的 20%左右。在中国，育成牛饲养至产犊需要 26 个月左右，在发达国家一般为 24 个月左右，成本增加约 600 元以上。可见，育成牛培育在养牛生产中非常重要，直接影响牛场经济效益，同时也影响成年以后的生产性能。育成牛饲养管理可以分为 7 月龄犊牛到初配、配种至产犊两个时期。

一、育成牛的饲养

（一）7 月龄犊牛到初配的饲养技术

7 月龄犊牛到配种前，这段时期生长发育最快，通过合理的饲养使其按时达到理想的体型、体重标准和性成熟，按时配种受胎，并为其一生的高产打下良好基础。

此时期育成牛的瘤胃机能已相当完善，可让育成牛自由采食优质粗饲料，如牧草、干草、青贮等；整株玉米青贮由于含有较高能量，要限量饲喂，以防过量采食导致肥胖。

精料一般根据粗料的质量进行酌情补充，并根据粗料质量确定精料的蛋白质和能量含量，使育成牛的平均日增重达 700~800 克，14~16 月龄体重达 360~380 千克。

由于此阶段育成牛生长迅速，抵抗力强，发病率低，容易管理。但在生产实践中，不可疏忽育成牛的饲养，否则会导致育成牛生长发育受阻，体躯狭浅，四肢细高，延迟发情和配种，导致成年时泌乳遗传潜力得不到充分发挥，给生产造成巨大的经济损失。

（二）配种至产犊育成牛的饲养技术

当育成牛怀孕至分娩前 3 个月，由于胚胎的迅速发育及育成牛自身的生长，需要额外增加 0.5~1.0 千克的精料，如果在这一阶段营养不足，将影响育成牛的体格以及胚胎的发育。但营养过于丰富，将导致过肥，引起难产、产后综合征等，在产前 20~30 天，要求将妊娠青年牛移至一个清洁、干燥的环境饲养，以防疾病和乳腺炎，此阶段逐渐增加精料喂量，以适应产后高精料日粮。

食盐和矿物质的喂量应进行控制，以防乳房水肿，并注意在产前两周降低日粮含钙量，以防产后瘫痪，有条件时可饲喂围产期日粮，玉米青贮和苜蓿也要限量饲喂。

二、育成牛的管理

(一)定期称重

育成母牛的性成熟与体重关系极大，一般育成牛体重达到成年母牛体重的40%~50%时进入性成熟期，体重达成年母牛体重的60%~70%时可进行配种。当育成牛生长缓慢时（日增重不足350克），性成熟会延迟至18~20月龄，影响投产时间，造成不必要的经济损失。

(二)测量体高和体况评分

在某一年龄段体重指标并不是评价育成牛生长的唯一标准，因为体重侧重于反映育成牛器官、肌肉和脂肪组织的生长，而体高却反映了育成牛骨架的生长，因此只有当体重测量和体高、体长相配合时，才能较好地评价育成牛的生长发育。在生产实践中，还经常用体况评分来评价育成牛的饲养和管理措施的好坏，因为体况评分能够较好地反映体内脂肪的沉积情况。在怀孕期间饲喂高能量日粮以促进青年母牛快速生长是比较理想的。但是，要注意防止肥胖，过于肥胖的青年母牛容易难产，而且产后代谢紊乱，发病率高。体况评分是帮助调整怀孕母牛饲喂水平的一个理想指标。

(三)分群饲养

群体月龄差异不超过1.5个月，体重不超过30千克。

1. 调教与刷拭

育成牛生长较快，应注意牛体的刷拭，及时去除皮垢，促进生长，经调教可使牛性情温驯，易于管理。培养认槽，养成习惯，便于挤奶。

2. 运动

保证每天有一定时间的户外运动，促进牛的发育和保持健康的体型，为提高其利用年限打下良好基础。对于舍饲培育的育成牛，除暴雨、烈日、狂风、严寒外，可将育成牛终日散放在运动场。场内设有饲槽和饮水池，供牛自由采食青粗饲料和饮水。

3. 卫生

防止母牛采食发霉变质饲料及饮冰冻的水，避免长时间雨淋，加强母牛的刷拭，培养其温驯的习性。

4. 乳房护理

从妊娠第五至第六个月开始到分娩前 15 天为止，每日用温水清洗并按摩乳房 1 次，每次 3~5 分钟，以促进乳腺发育，并为以后挤奶打下良好基础。

5. 修蹄

育成母牛蹄质软，生长快，易磨损，应从 10 月龄开始于每年春、秋两季各修蹄 1 次。

6. 保胎

加大运动量，以防止难产；防止驱赶运动，防止牛跑、跳、相互顶撞和在湿滑的路面行走，以免造成机械性流产；计算好预产期，产前两周转入产房。

第五节　妊娠母牛饲养管理技术

一、妊娠母牛饲养技术要点

（1）妊娠前期（怀孕 0~3 个月）主要以母体生长发育为主。此时母牛营养需要量不大，保证中上等膘情即可，不可过肥。营养的补充应以优质青粗饲料为主，适当搭配少量精料。要保证维生素（预混料）及微量元素（舔砖）的供给。

（2）妊娠中期（怀孕 4~6 个月）重点是保证胎儿发育所需要的营养。可适当补充营养，但要防止母牛过肥造成难产。应适量增加精料喂量，多给蛋白质含量高的饲料。可每天补饲 1~2 千克精料。

（3）妊娠后期（怀孕 7 个月至分娩）营养补充以精饲料为主，但日粮饲喂量不能过多，避免胎儿过大。要注意补充维生素 A，钙、磷等矿物质和微量元素。粗饲料以优质青贮、青干草为主，精饲料要营养全价、维生素与矿物质含量要高。每天补充精料 2~3 千克，粗饲料占 70%~75%，精料占 30%~25%。

二、妊娠母牛管理要点

母牛妊娠期管理主要是做好妊娠母牛保胎工作，保证胎儿正常发育和安全分娩，防止孕牛流产。

（1）日粮要以优质青粗饲料为主，适当搭配精料，怀孕母牛不宜饲喂或少量喂棉籽饼、菜籽饼、酒糟等饲料。

(2)实行分群饲喂管理,将怀孕牛与未孕牛分开饲养。不能喂冰冻、发霉、腐败的饲草、饲料。保证饮水充足、清洁、适温,饮水温度不低于 10 ℃。

(3)在饲料条件较好时,注意适当运动,保证母体体质良好,利于分娩。在圈舍运动场或放牧时要防止驱赶、跑、跳运动,防止相互顶撞和在湿滑的路面行走,以免造成机械性流产。

(4)妊娠母牛必须满足其营养需要,加强饲养管理,对患有习惯性流产的母牛,服用安胎中药或注射“黄体酮”等药物。

(5)从妊娠第 5~6 个月开始到分娩前 1 个月为止,每日用温水清洗并按摩乳房 1 次,每次 3~5 分钟,以促进乳腺发育,为以后哺乳打下良好基础。

(6)注意保持牛体和圈舍清洁卫生,定期消毒。圈舍环境应保持干燥、清洁,注意防暑降温和防寒保暖。

(7)计算好预产期,产前两周转入产房。产房要求清洁、干燥、环境安静,并在母牛进入产房前使用消毒液进行彻底消毒,地面铺以清洁干燥、卫生(日光晒过)的柔软垫草。做好产前准备和分娩后的护理工作。

第六节　泌乳期母牛的饲养管理技术

泌乳周期概念:母牛第一次产犊后便进入了成年母牛的行列,开始了正常的周而复始的生产周期。因为乳用母牛的主要生产性能是泌乳,所以它的生产周期是围绕着泌乳进行的,因而称泌乳周期。母牛的泌乳是一个繁殖性状,与配种、妊娠、产犊密切相关,并互相重叠。如图 5–2 为奶牛生产周期图,奶牛的一个泌乳周期包括泌乳期(约 305 天)和干奶期(约 60 天),其中泌乳期可划分为泌乳初期、泌乳盛期、泌乳稳定期和泌乳后期四个阶段。

一、泌乳初期饲养管理技术要点

泌乳初期是指产后 0~15 天或 0~20 天,这个时期为产后恢复期,产后不久气血两亏,各种机能有待恢复,饲养管理上要注意以下几点。

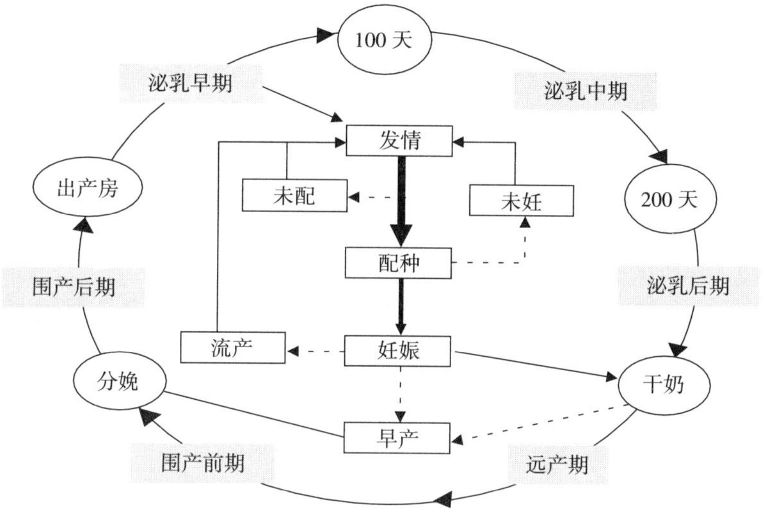

图 5-2　奶牛生产周期图

(1)产后尽快饮喂温热麸皮盐水汤(麸皮 1.5~2.0 千克、食盐 100 克、温开水 2.5~3.0 千克)。

(2)可在产 3 小时内静脉注射 20%葡糖酸、25%葡糖各 500 毫升。一次静脉注射垂体后叶素 100 IU,或麦角新碱 100~20 毫克,预防乳热病和胎衣滞留。

(3)促排恶露和子宫恢复,可连服 3 天益母草红糖水(益母草 250 克,加水 1.5 千克煎汤加红糖 0.5 千克,加水 3 千克)。

(4)注意食欲、乳房水肿、恶露、粪便等情况,增减饲料和食盐。乳房水肿的牛初期挤奶不要挤干净,可逐步增加(1/3→1/2→3/4→全部),冷热敷促进消退水肿。

(5)严禁过早用料催奶,防止代谢失调。

(6)产后 1 周内不饮冷水(应 38 ℃左右),预防肠胃炎。

(7)产后 14 天,可肌内注射促性腺素,预防早期卵巢囊肿,促进子宫恢复。

二、泌乳盛期饲养管理技术

(一)泌乳盛期的饲养技术

一般产后 16 天或 20 天达到泌乳盛期。虽食欲恢复,采食量也增加,但往往赶不上泌乳对营养(尤其对能量)需要的增加,奶牛处于营养代谢负平衡,须动员体组织满足泌乳需要,故牛体况下降,逐渐消瘦,体重减轻,引导饲养法、短期优饲法以及更替饲养法等可解决这些问题。

泌乳盛期的饲养原则是“料领奶走”，主要是提高日粮的能量、蛋白质水平、过瘤胃蛋白质的比例，提高产乳量，减少体耗，饲养上也可以加入含有必需氨基酸或限制性氨基酸的精料。“料领奶走”的饲喂方法：在日喂精料的每日每头给精料 1.8 千克基础上，再每天增加 0.45 千克，直到每百千克体重吃到 1.0~1.5 千克精料为止，自由采食优质饲草，盛期过后再调整。“料领奶走”主要目的是提前使牛适应精料日粮，贮备足够营养，以备产奶高峰应用。“料领奶走”的主要优点：一是可提前调整微生物区系，适应高营养饲料；二是促进干乳母牛对精料和适应性，防治酮血病的发生；三是促使多数母牛产生新的产乳高峰期。

短期优饲法，即产后 20 天起，除按标准给料外，额外多给 1.0~1.5 千克混合料，作为提高产奶量的“预付”饲料。饲喂期间，若奶牛食欲、健康良好，两周后再一次调整日粮时，需注意补充矿物质与维生素，提高其在日粮中含量；但若饲喂精料过多，瘤胃中酸度增加，可加入氧化镁或碳酸氢钠等缓冲物来调节 pH，防止奶牛瘤胃酸中毒。

(二)泌乳盛期的管理要点

产后 20 天进行第 1 次产科检查，产后 40 天后，应逐日观察发情否，防止精料过多而引起的疾病，对于过瘦的奶牛应控制产奶量。

三、泌乳中期饲养管理技术

泌乳中期(产后 101~200 天)，食量达到最高水平，产量较高且平稳。牛处于怀孕的早期或中期，饲养管理上主要任务是减缓泌乳量下降的速度。

泌乳中期饲养上应该保持饲料的相对稳定，精料可每 10~15 天调整 1 次，给予充足的干草与青贮，增加运动。管理上除维持高产稳产外，管理工作的重点应放在奶牛的配种妊娠上，对 90 天仍发情的奶牛或 3 次配种仍未妊娠的奶牛应及时请兽医检查诊断，尽早采取措施，确保奶牛产后 110 天左右妊娠。

四、泌乳后期饲养管理技术

泌乳后期(产后 201 天到干奶)，妊娠后期胎儿发育迅速，产奶量稳步下降(约 7 克/天)，饲养上要奶领料走。精料 6~7 千克，应提供大量优质青饲料，青贮、青草料不少于20千克，干草不少于4千克；糟渣类、多汁类不超过20千克，按体况和泌乳量每2周调整饲料比例1次。管理上防止流产，防止奶牛过肥或过瘦，对于少于5千克/天的已妊娠奶牛，可考虑提前干奶。

第七节　干奶期母牛的饲养技术

干奶母牛是指在妊娠最后两个月停止泌乳的母牛。干奶母牛虽不产奶，但其饲养管理却十分重要，母牛干奶期饲养管理的成功与否，直接关系到胎儿的正常发育和分娩及产后母牛的健康及生产性能的发挥，应予以高度重视。

一、干奶的意义与方法

干奶是指为了保证母牛在妊娠后期体内胎儿的正常发育，使母牛在紧张的泌乳期后能有一充分的休息时间，使其体况得以恢复，乳腺得以修补与更新，在母牛妊娠的最后两个月采用人为的方法使母牛停止泌乳的一项技术。

（一）干奶的意义

母牛妊娠后期，胎儿生长速度加快，胎儿大于一半的体重是在妊娠最后两个月增长的，需要大量营养。随着妊娠后期胎儿的迅速增长，体积增大，占据腹腔，消化系统受压，消化能力降低；母牛经过10个月的泌乳期，各器官系统一直处于代谢的紧张状态，需要休息；母牛在泌乳早期会发生代谢负平衡，体重下降，需要恢复，并为下一泌乳期进行一定的贮备；在10个月的泌乳期后，母牛的乳腺细胞需要一定时间进行修补与更新。因此，母牛在紧张的泌乳期后，有一定的干奶时间，对胎儿的正常发育，对母牛自身的身体健康和下一泌乳期的稳定高产都是非常必要的。

（二）干奶的天数

干奶期以50~70天为宜，平均为60天，过长、过短都不好。干奶期过短，达不到干奶的预期效果；干奶期过长，会造成母牛乳腺萎缩，同样会降低下一泌乳期的产奶量。

（三）干奶的方法

母牛在泌乳达到干奶期时不会自动停止泌乳，为了使母牛停止泌乳，必须采取一定的措施，即干奶方法。干奶是一种比较复杂的技术，不但要根据母牛的泌乳生理规律，还要有丰富的实践经验。生产中主要采取逐渐干奶法和快速干奶法，两种方法各有优缺点，详见表 5–1。

表 5–1　两种干奶方法的优缺点

干奶方法	逐渐干奶法	快速干奶法
操作过程	在预定干奶期前 10~20 天，开始变更母牛饲料，减少青饲料及多汁饲料的喂量，多喂干草，并适当限制饮水，停止母牛的运动，停止用温水擦洗和按摩乳房，改变挤奶时间，逐渐减少挤奶次数，待日产奶量降至 4~5 千克时停止挤奶	方法与逐渐干奶法基本相同，只是进程较快，当母牛日产奶量降至 8~10 千克时即停止挤奶，整个过程需 4~7 天
优点	对于母牛的乳房较为安全，对技术要求较低，多用于高产奶牛	所用时间短，对胎儿和母体本身影响小
缺点	所用时间长，母牛处于不正常的饲养管理条件的时间长，会对胎儿的正常发育和母体健康产生一定的不良影响	对母牛乳房的安全性较低，容易引起母牛乳房炎的发生

最后一次挤奶：不论逐渐干奶法还是快速干奶法，每次挤奶都应把奶挤干净，特别是最后一次更应挤得非常彻底。然后用消毒液对乳头进行消毒，向乳头内注入青霉素软膏，然后用火棉胶将乳头封住，防止细菌由此侵入乳房引起乳房炎。

异常情况的处理：在停止挤奶后的 3~4 天应密切注意干奶牛乳房的情况，这段时间乳房出现肿胀现象，但千万不要按摩乳房和挤奶，几天后乳房内乳汁会被吸收，肿胀萎缩，干奶即告成功。但如果乳房肿胀不消且变硬，发红，有痛感或出现滴奶现象，说明干奶失败，应把奶挤出，重新实施干奶措施。

二、干奶期牛的饲养

干奶期饲养管理的目标是使母牛利用较短的时间安全停止泌乳；使胎儿得到充分发育，正常分娩；母牛身体健康，并有适当增重，贮备一定量的营养物质以供产犊后泌乳之用；使母牛保持一定的食欲和消化能力，为产犊后大量进食做准备；使母牛乳房得到休息和恢复，为产后泌乳做好准备。根据干奶牛的生理特点和干奶期饲养目标，干奶期的饲养分为干奶前期的饲养和干奶后期的饲养两个阶段。

干奶前期饲养原则：在满足母牛需要的前提下，不用青绿多汁饲料和辅料，而以粗饲料为主，搭配一定精料。

干奶后期饲养原则：母牛应有适当增重，使其在分娩前体况达到中等程度。日粮仍以粗饲料为主，搭配一定精料。

干奶期母牛饲养绝对不能过肥，否则会造成如下严重后果：一是会导致母牛难产，并影响以后的繁殖机能，产后不能正常发情与受胎；二是会导致母牛产后食欲不佳，消化机能差，采食量低，体脂消耗过快，导致酮病的发生；三是易导致乳房炎，进而乳房变形，给挤奶造成困难；四是饲料能量在干奶期贮存为母牛体脂，产后由体脂转化为乳，由饲料能量转化为乳中能量经过了体脂这一中间环节，不如直接由饲料能转化为乳能效率高，不经济，也给机体造成一定负担，影响健康。

此外，一定要注意预防产后瘫痪。预防的方法是最迟从产犊前两周开始给母牛饲喂低钙、高磷日粮，每天每100千克体重给钙量不超过6~8克，日粮中钙、磷比例为1:1~1.5:1。

三、干奶期牛的管理

干奶期牛的管理应该注意以下几点。

（1）加强户外运动以防止肢蹄病和难产，促进维生素D的合成以防止产后瘫痪的发生。

（2）避免剧烈运动以防止机械性流产。

（3）冬季饮水水温应在10 ℃以上，不饮冰冻的水，不喂腐败发霉变质的饲料，以防止流产。

（4）母牛妊娠期皮肤代谢旺盛，易生皮垢，因而要加强刷拭，促进血液循环。

（5）加强干奶牛舍及运动场的环境卫生，有利于防止乳房炎的发生。

（6）干奶后及临产前15天内乳腺组织最易感染，因此，为了预防和控制干奶期乳腺炎的发生，有必要进行乳头药浴。常用药液1/3碘伏溶液，每天1次。

（7）加强日常的检查，干奶期对泌乳母牛来讲是一个休整期，为下一个泌乳期作必要的物质贮备，同时也为乳腺炎的康复年作调整。因此，在日常工作中要加强对干奶牛群的巡视检查，密切注意乳房、乳头、四肢关节、牛蹄的异常变化。干奶牛要有专人负责。

（8）强化干奶期的驱虫工作，牛干奶后，必须及时用药驱虫，选择低毒、高效的药物，投放饲料自由采食，对个别不愿采食的牛也可灌服。

四、干奶期隐性乳腺炎的治疗

在牛干奶前15天左右，进行隐性乳腺炎的检测工作，对感染乳区（尤其是+++以上）要进行药物治疗，通常采用抗生素（如卡那霉素+红霉素或普鲁卡因青霉素+链霉素）加蒸馏水稀释至50毫升。每天1次，连用3天，再干奶。

第八节　围产期的饲养管理

围产期指奶牛临产前15天到产后15天这段时期，这个时期饲养管理的好坏直接关系到犊牛的正常分娩、母体的健康及产后生产性能的发挥和繁殖表现。

一、围产前期的饲养管理

围产前期指母牛临产前15天，其饲养管理应注意如下几个方面。

（1）预产期前15天母牛应转入产房，进行产前检查，随时注意观察临产征候的出现，做好接产准备。

（2）母牛临产前一周会发生乳房膨胀、水肿，如果情况严重应减少糟粕料的供给；临产前2~3天的日粮中适量添加麦麸，以增加饲料的轻泻性，防止便秘。

（3）日粮中适当补充维生素A、维生素D、维生素E和微量元素，对产后子宫的恢复，提高产后配种受胎率，降低乳房炎发病率，提高产奶量具有良好作用。

二、围产后期的饲养管理

围产后期指母牛产后15天，其饲养管理应注意如下几个方面。

（1）母牛在分娩过程中体力消耗很大，损失大量水分，体力很差，因而分娩后的母牛应先喂给温热的麸皮盐水汤，以补充水分，促进体力恢复和胎衣的排出，并给予优质干草让其自由采食。

（2）产后母牛消化机能较差，食欲不佳，因而产后第1天仍按产前日粮饲喂，从产后第2天起可根据母牛健康及食欲情况每日增加0.5~1.5千克精料，并注意饲料的适口性。控制青贮、块根、多汁料的供给。

（3）母牛产后应立即挤初乳饲喂犊牛，但由于母牛乳房水肿尚未恢复，体力较弱，第1天只挤出够犊牛吃的奶量即可，第2天挤出乳房内奶的1/3，第3天挤出1/2，从第4天起可全部挤完。每次挤奶前应对乳房进行热敷和轻度按摩。

(4)注意母牛外阴部的消毒和环境的清洁干燥，防止产褥疾病的发生。

(5)加强母牛产后的监护，尤为注意胎衣的排出与否及完整程度，以便及时处理，夏季注意产房的通风与降温，冬季注意产房的保温与换气。

第九节　母牛提前产犊技术

一、断乳母犊的培育

青年牛的妊娠与配种时的体重和营养有很大的关系，在相同年龄条件下，体重大和营养好的青年牛的妊娠率明显要高。母犊断奶后(平均4~5月龄，体重110~120千克)进行培育，在保证青绿饲料充足的同时，应补充营养平衡的精料，使日增重保持在0.8~1.5千克，保证其有足够的运动场地和充足的日照。认真做好免疫接种和体内外寄生虫的防制。确保青年母牛配种时的体重达250千克左右。

参考日粮配方：玉米青贮+2千克精料。精料分两次饲喂(早8点左右和下午6点左右)，玉米青贮自由采食。

二、诱导发情和配种

按照上述的饲养管理，部分青年母牛在8~10月龄内就有发情表现，应认真做好发情观察和记录。在第2次发情时进行人工授精或用本交配种。若有条件，对发情表现不明显或不发情的牛，采用外源生殖激素诱导发情(CIDR+PG；肌内注射PMSG或FSH)，适时配种。

三、配种母牛的饲养管理

母牛配种后1个月内，保持母牛处在安静清洁的环境中，特殊情况外，尽量不用任何药物、疫苗和驱赶牛，尽量减少应激，利于胚胎着床。在妊娠期给母牛以均衡的营养供应，促进胎儿和母畜的正常发育。母牛的日增重控制在0.5~1.0千克，使母牛在分娩时的体重不少于400千克，预防体力不足和发育不充分造成难产。日常保证母牛有足够的运动场所。分娩前2周将母牛转入产房,做好接产准备。如妊娠母牛有假发情的现象,在进行人工输精前应对其进行妊娠检查,以免造成流产。

第十节　DHI应用技术

DHI测定指奶牛生产性能测定,每个月对牛奶产量、乳成分和体细胞数等进行测定。奶牛DHI应用技术为奶牛场提供了完整的生产性能记录体系,为牛场进行科学管理提供了可靠依据。通过DHI测定可以促进和完善奶牛生产记录体系,准确地了解牛群的实际情况,提供有效的量化管理牛群工具。这种量化管理能够针对每一个体牛展开并针对具体问题制定出切实有效的管理措施,通过调控饲料营养水平和改善管理,生产出达到理想成分指标和卫生指标的牛奶,真正地提高牛群的生产水平。如果没有DHI测定就不能建立起完善的奶牛生产记录体系,而没有完整的奶牛生产性能记录,管理牛群只能凭经验和感觉,难免出现偏差,造成不必要的经济损失。此外,特别对一部分没有生产性能谱系记录的奶牛养殖户,通过DHI测定能逐渐完善奶牛生产记录,科学制订牛场管理计划,为牛群的科学发展奠定良好的基础。

一、奶牛DHI测定的基本要求

DHI测定的对象是产后6天至干奶期的泌乳牛。参测牛场应积极配合开展工作,首先应提供准确的牛信息,其次每月要把登记的泌乳牛奶采样送到测定站。

(一)奶牛场的选择

参加测定的牛场应严格选择,一般应具备下列条件:有参测的积极性,能及时配合开展牛群调查和测定工作;一般要求奶牛场具备200头以上的生产规模;应采用挤奶厅机械挤奶,并安装有流量计,或带搅拌和计量功能的采样装置;应具备完好的牛标识(牛籍图和耳号)、系谱和繁殖记录,记录有牛的出生日期、父号、母号、外祖父号、外祖母号、近期分娩日期和留犊情况(若留养的还需填写犊牛号、性别、出生重)等信息。

(二)基础数据收集

新参加测定的牛场应整理参测奶牛的资料,包括牛号、出生日期、父母号、本胎产犊日期、胎次、本胎次与配公牛号、留犊牛号(母犊)。基础数据应在第一次采样测定前报送测定中心。已进入DHI体系的牛场应收集每月采样日的个体产奶量报表、采样单、牛群变化明细,包括头胎牛明细、经产牛明细、干奶牛明细、淘汰牛明细。牛群信息须在测定前随样品同时送达测定中心。

(三)现场数据和样品采集

参测奶牛为产后6天至干奶前6天这一阶段的泌乳牛，每头泌乳牛每个月应测定1次,2次测定的间隔时间为(30±3)天。对每头泌乳牛大约测定10次,因为奶牛基本上1年1胎,连续泌乳10个月,最后两个月是干奶期。

(四)测定与报告

奶牛DHI测定的主要指标包括产奶量、乳脂率、乳蛋白率、体细胞数、乳糖率等,通过对上述指标及相关信息进行系统分析,就可形成一份详细的DHI测定报告。DHI反馈内容主要包括分析报告、问题诊断和技术指导等方面。在报告中根据奶牛的生理特点和生物模型进行统计分析,可得到20多个信息指标,通过这些指标,可以帮助管理者准确掌握牛群当前的生产状况,了解牛场的管理水平,提供解决问题的具体措施。

二、DHI报告的解读

(一)泌乳天数的应用

依据测定报告分析泌乳天数、日产奶量、校正产奶量及繁殖状况,有利于制订繁殖配种计划。若近期内分娩的牛数比正常多,泌乳天数应该下降,牛群整体日产奶量、月产奶量水平应是上升;反之,日产奶量、月产奶量水平将会下降。

(二)乳脂率、乳蛋白率的应用

乳脂率和乳蛋白率之间的关系:脂蛋白比是指牛乳脂率与乳蛋白率的比值,正常情况下应为1.12~1.30。这一数据可用于检查个体牛、不同饲喂组别和不同泌乳阶段牛的状况。高产牛的脂蛋白比偏小,特别是处于泌乳30~60天的牛,其原因可能是干奶牛日粮差,产犊时膘情差,泌乳早期碳水化合物缺乏,饲料蛋白含量低等。

(三)体细胞数的应用

牛奶体细胞通常由巨噬细胞、淋巴细胞和多形核嗜中性白细胞(PMN)等组成。正常情况下,牛奶中的体细胞数一般在20万~30万个/毫升,第一胎次奶牛的理想体细胞数在 15 万个/毫升以内,第二胎次奶牛的理想体细胞数在 25 万个/毫升以内,第三胎次奶牛的理想体细胞数在 30 万个/毫升以内。正常情况下,体细胞数在泌乳早期较低,而后渐上升。体细胞数与奶损失的关系见表 5-2。影响体细胞数变化的主要因素有病原微生物对乳腺组织感染、应激、环境、气候、泌乳天数、遗传、胎次等,其中致病菌影响最大,也就是乳房炎。

表 5-2 体细胞数与奶损失变化关系表

体细胞数(X)/万个	奶损失(Y)/毫升
X<15	Y=0
15≤X<25	Y=1.5 奶产量/98.5
25≤X<40	Y=3.5 奶产量/96.5
40≤X<110	Y=7.5 奶产量/92.5
110≤X<300	Y=12.5 奶产量/87.5
X>300	Y=17.5 奶产量/82.5

(四)尿素氮(MUN)应用

牛奶尿素氮的平均值大多数在 10~18 毫克/分升范围内,在养牛成本中饲料约占 60%,而蛋白料是饲料中最贵的一种。测定牛奶尿素氮能反映奶牛瘤胃中蛋白代谢的有效性,根据尿素氮的高低改进饲料配方能提高饲料蛋白利用效率,降低饲养成本。

牛奶尿素氮过高与繁殖率低下有很大的关系。据报道,夏季产犊母牛在产后第一次配种前 30 天的尿素氮大于 16 毫克/分升时,其不孕率是冬季产犊且尿素氮值低的母牛的 10 倍以上。

(五)高峰产奶量、产奶高峰日应用

高峰产奶量是指个体牛在某一胎次中最高的日产奶量。产奶高峰日是指产后泌乳量最高的泌乳天数。产奶高峰日到来的早晚和高峰产奶量的高低,都直接影响到本胎次的产奶量。

(六)泌乳持续力的应用

泌乳持续力(%)=测定日产奶量/上一次测定日产奶量×100。

泌乳持续能力随着胎次和泌乳阶段而变化,一般头胎牛产奶量下降的幅度比二胎以上的要小。影响泌乳持续力两大因素是遗传和营养。泌乳持续力高，可能预示着前期的生产性能表现不充分，应加强饲养消除前期营养不良造成的影响；泌乳持续力低，表明目前饲养配方可能没有满足奶牛产奶需要，或者乳房受感染，或挤奶程序、挤奶设备等其他方面存在问题。

（七）测定日产奶量的应用

测定日产奶量是精确衡量每头牛产奶能力的指标。通过计量每头牛的产奶量，区分高产牛与低产牛，进行分群饲养，即按照产奶量的高低给予不同的营养需要。这样不仅可以避免因饲养水平高于产奶需要而造成的浪费和可能导致的疾病，也可避免因饲养水平低于产奶需要而造成的低产，从而给牛场带来更大的经济效益。

（八）前次个体产奶量的应用

通过比较本月和上月产奶量的变化情况，可以检验饲养管理水平是否得到改进，饲料配方是否合理。如果管理有改进、配方合理，本月产奶量就会比上月产奶量增加，否则就会下降。若两次的产奶量波动较大，可从以下原因查找：饲料配方过渡时，是否给予牛足够的适应时间（应为1~2周），这可能会发生在干奶配方到产奶配方过渡或变更牛群的过程中；母牛产犊时膘情是否过肥，如果牛过肥产后食欲时好时坏，会造成产奶量剧烈波动；是否长期饲喂高精料日粮，若长期饲喂会造成酸中毒及蹄病，产奶量会受到影响；是否有充足的槽位，如果槽位不充足，牛之间相互争抢槽位，也会影响产奶量。

（九）干奶牛管理的应用

干奶时间过长，说明牛群在繁殖方面存在问题；过短则说明牛场存在影响奶牛干奶的问题，将会影响到下一胎次的产奶量。这是校正牛膘情的最后环节，这一时期瘤胃修复因泌乳期高精料日粮引起的损伤，也对上次泌乳所引起的乳房损伤进行自我修复。

（十）泌乳曲线的应用

平均泌乳曲线的特点：高产奶牛的产奶峰值也高，一般奶牛的产奶高峰出现在第二次采样时；产奶高峰过后，所有奶牛的产奶量逐渐下降；产奶量下降平均0.07千克/天，每月下降6%~8%；头胎牛的持久力要好于经产奶牛。持久力（%）=（前次产奶量-本次产奶量）/前次产奶量×100×（30/两次测定间隔时间）-100。

(十一)牛群遗传改良的应用

DHI测定数据是进行种公牛个体遗传评定的重要依据，只有准确可靠的性能记录,才能保证不断选育出真正高遗传素质的优秀种公牛用于牛群遗传改良。对于奶牛场而言,可以根据奶牛个体(或群体)各经济性状的表现,本着保留优点、改进缺陷的原则,选择配种牛,并做好选配工作,从而提高育种工作的成效。如果不参照生产性能测定数据,准确而全面地进行生产性能记录,就不可能实现针对个体进行科学的选种选配。通过对个体牛的选种选配,能提高后代的质量,不断提高整个牛群的遗传水平。

第十一节　繁殖计划的制订

制订繁殖计划时应考虑牛群的体膘现状、生殖道情况和牛的健康状况,以及当地的季节气候情况,统筹安排,制订一个切实可行的繁殖计划。具体参数有年受胎率不低于85%、年繁殖率80%~82%(270天为准,如270天的活犊算一个繁殖率)、制订各月配种、受孕计划(根据繁殖过程控制制定)、一次受胎率应达到50%、情期受胎率达到45%、不正产率控制在8%以内、种公牛精液耗用数计划(成乳牛3支/头,后备牛1.8支/头)等。

一、每月应配牛头数的计算

(1)成乳牛应配种数:分娩80天以上未配牛头数×80%+上月配种数×(1-上月配种估计受孕率)×70%=本月应配种头次数。

(2)育成牛应配数:15月龄以上(体重375千克以上)的牛头数×100%+上月配种数×(1-上月配种估计受孕率)×70%=本月应配种头次数。

(3)10—11月应适当控制应配牛头数,7—8月产犊率控制在全年的5%左右。

二、年繁殖率计算

成乳牛77%左右、育成牛应达到96%以上(在胎天数大于220天以上)。

(1)成乳牛年繁殖率(%)=年成乳牛产犊数(在胎天数大于220天以上)/年初存栏成乳牛头数×100。

（2）育成牛年繁殖率（%）=年育成牛产犊数（在胎天数大于 220 天以上）/（年初年满 18 月龄母牛头数+年初未满 18 月龄提前配种并于本年度内产犊的牛头数）×100。

三、繁殖统计方法

（一）全年受胎率

全年受胎率是指经过一次或多次配种妊娠母牛头数占全年参加配种母牛头数的百分比。其计算公式如下。

全年受胎率（%）=全年受胎母牛头数/（期初年满 18 月龄母牛+期初未满 18 月龄但参加配种的母牛+不正产后又配上的牛-配后 2 个月内出群未孕牛）×100。

计算时按繁殖年度计算，即上年 10 月 1 日至本年 9 月 30 日为止。“期初”指上年 10 月 1 日。

同一母牛在本年度内流产后又配上受孕的牛，应在公式的分母和分子基础各加 1，以此类推。

受胎母牛头数以受配 60 天经验胎，确定有胎的。

中国奶牛协会规定配后 2 个月内出群的母牛（包括死亡、淘汰）不确定妊娠者不统计，配后二个月出群的母牛一律参加统计。

（二）情期受胎率

情期受胎率表示妊娠母牛头数占总配种情期数的百分比。情期受胎率可以按月或按年计算。

$$年情期受胎率(\%)=\frac{年受胎母牛总头数}{年配种总头数-配后二个月出群未孕牛}\times100$$

年情期受胎率统计日期按繁殖年度，即上年 10 月 1 日至当年 9 月 30 日止计算。

（三）年一次受胎率

年一次受胎率是指母牛第一情期配种受孕的头数占总的第一情期配种数的百分比。

$$第一次受胎率(\%)=\frac{年第一情期受胎母牛总头数}{年第一情期配种总头数}\times100$$

统计日期按繁殖年度计算。

一次受胎率也可以按月计算。

（四）年繁殖率

繁殖率是指年内分娩母牛头数占应繁母牛数的百分比。其计算公式：

年繁殖率(%)=(年内分娩总头(次)数+出售牛中预产期在年内有胎头数)/(年初满18月龄以上母牛头数+年初在18月龄以下在年内分娩头数−年内有胎淘汰、死亡的预产期在年内的母牛头数)×100。

繁殖率统计按自然年度计算，即从1月1日至12月31日，“年内”指自然年度，“年初”指1月1日。

分娩头数是指母牛妊娠220天后产犊的牛。

年内出售或淘汰有胎牛，必须配后60天，确诊有胎的以上报为准，且预产期在本年度内。

（五）平均胎间距

亦称产犊间隔，为两次产犊之间相隔时间。

$$平均胎间距=\frac{\Sigma 胎间距}{n}$$

式中，n表示头数；胎间距−当胎产犊日距上胎产犊日的间隔天数；Σ胎间距−n个胎间距的合计天数。

统计方法按自然年度计算，凡在年内繁殖的母牛，除一胎牛外，均应进行统计。

（六）流产率

流产率是指流产的母牛头数占受胎的母牛头数的百分率。

$$流产率(\%)=\frac{流产}{受胎母牛}\times100$$

统计方法按自然年度计算。

流产母牛是指妊娠期<220天妊娠中断母牛。凡满220天而未足月分娩的应称早产。

受胎母牛头数为年内分娩头数(>220天)+年内流产母牛头数。

四、繁殖计划制订

奶牛的繁殖效率的高低，除了与配种员技术水平，工作责任心有关外，还与遗传、营养、季节、疾病、产量、管理、牛群更新率密切相关，所以在制订繁殖计划时应考虑这些因素，特别是近年来随着产量不断提高，牛繁殖障碍发病呈上升趋势。从细化繁殖管理，以及从对人工授精业绩评估的科学性、合理性的角度，均需要对不同生产水平牛群的繁殖指标作一个调整。

（一）繁殖指标（参考）（见表 5–3）

表 5–3　繁殖指标

项目	生产	
	8 000~9 000 千克	9 000 千克以上
繁殖率	81%	80%
年受胎率	83%	81%
情期受胎率	≥50%	≥48%
头均精液消耗数	≤3.6 万个	≤3.8 万个
产后 6 个月未孕率	≤15%	≤17%

（二）繁殖过程控制（月度计划与考核）

作为管理者，在制订繁殖计划后，每月应制订配种计划。通过月报制度及繁殖记录制度，掌握繁殖动态，了解繁殖进程。人工授精员对自己所承担的月配种计划积极认真实施，是完成年度繁殖计划的前提，每月进行比较分析，掌握配种进程，找出差距，及时采取有效措施。

（三）繁殖过程控制方案（参考）

监控的内容：月应配率；月情期受胎率；产后 180 天未孕头数及比例；各类记录与数据；月应配率的计算方法。

计划应配牛头数=本月度应配数×本月应配率+上月实配数（1–上月情期受胎率标准）×70%。

本月应配数是指到本月底，产后超过 75 天应配所有牛及本月底达到（初配体重的）16 月龄牛。（见表 5–4）

表 5–4　月情期受胎率和月应配率的正常指标（参考）

单位：%

月份	成乳牛		发育牛	
	应配率	情期受胎率	应配率	情期受胎率
1	85	50	100	70
2	85	48	100	70

续表

月份	成乳牛		发育牛	
	应配率	情期受胎率	应配率	情期受胎率
3	85	45	100	70
4	80	50	100	70
5	80	50	95	65
6	80	40	95	60
7	—	20	95	45
8	—	15	95	45
9	70	30	95	50
10	—	45	100	65
11	—	55	100	70
12	85	55	100	70

注:7、8 月末制定应配率,考虑高温气候;10、11 月末制定应配率,考虑 7、8 月份控制产犊量。

第十二节　繁殖资料建立

建立繁殖资料对家畜繁殖育种以及企业的管理至关重要，要合理科学地建立繁殖资料。

一、牛籍卡的建立

每一头牛都应有一张牛籍卡,其内容应包括牛号、出生日期和花纹、性别、出生重、在胎天数、毛色、血统、个阶段生长情况、各胎次产奶情况、分娩产犊情况以及体形线形评分等。

二、牛档案册的建立

记载每头牛的出生日期、系谱、分娩日期、胎次、配种日期、配种次数、受孕日期、不正产日期等情况。

三、分娩记录册的建立

记载每月每头牛分娩情况、产道情况、胎衣状况、胎儿性别。

四、发情记录本的建立

记录每天牛发情状况、出血等情况，预测牛下次发情日期。

五、配种记录本的建立

记载每日配种牛、所用公牛号、耗用精液数、初配与复配等情况。根据记录统计每月受孕率、情期受胎率、一次受胎率。

六、受孕记录本的建立

记载每月受孕牛、怀孕日期、预测分娩日期、实产日期，按照预产日期按时进行干奶工作。

七、疾病记录本的建立

记录治疗牛的疾病状况、用药剂量、愈后情况，便于总结经验提高今后的诊断素质。

八、系谱的建立

它是牛群一个繁殖年度（上年10月至次年9月），记录每头牛繁殖配种的全过程。

表式如下：

牛号	出生日期	父亲、母亲编号	胎次	最近分娩日期	上年度情况	10	11	12	1	2	3	4	5	6	7	8	9	备注

九、选种选配的方法

（一）母牛

综合产奶性状、生长发育性状、繁殖性状、体形外貌、抗病力性状、质量性状进行选择。

(二)种公牛

根据系谱选择,根据本身表现选择,根据后裔测定成绩选择。

(三)选配

选配方法有同质选配、异质选配和亲缘选配。

十、子宫灌洗的记录

因为各种子宫内膜炎都会不同程度地影响配种的成功，所以必须详尽地记录灌系过程,有针对性地把握好药物剂量,容量。

表式如下:

日期	牛号	冲洗原因	药名,用量

十一、年内预测分娩的记录

此类记录以表格形式表现更为直观和清楚。

表式如下:

舍别	一月		……	全年合计	
	预产	实产	……	预产	实产
			……		
小计			……		

注:舍别也可为场名,月份栏内斜线上为成乳牛,下为育成牛。

十二、繁殖障碍治疗的记录

它能反映出牛群目前营养水平和健康状况,同时对提高繁育有着很大帮助。

表式如下:

牛号	最近分娩日期	胎次	空怀天数	直检情况	L	R	药名剂量	治疗时间	配种日期	孕否	备注

十三、分娩过程记录

为母牛分娩后的发情、配种提供了了解生殖道情况的依据，记录过程为牛号、分娩日期、正产、难产、助产（体内，体外）、生殖道情况等项。

十四、精液质量记录

精液的质量，除遗传质量因素外，是人工授精提高受胎率的重要保证。采购冻精时，应抽样检查其活力、密度、顶体完整率、畸形率和微生物指标是否符合国家标准（活力≥0.35，直线运动精子密度≥1 000 万个，顶体完整率≥40%，畸形精子率≤20%，非病原细菌数≤1 000 个/毫升），同时将情况记录在案。

十五、精液使用情况的记录

在实际工作中可以有助于有目的配种，同时了解各种公牛的受胎率情况。

第六章 牛奶的质量控制

第一节 牛奶的形成

一、乳房的结构

奶牛乳房是一个泌乳并便于犊牛吸奶的器官。乳房悬挂在后腹部的外壁上，因而不受任何骨骼结构的约束、支撑和保护。

奶牛乳房由四个腺体或乳区组成，每个乳区都是一个独立的功能单位，其分泌的牛奶通过各自的乳头排出。通常后面两个乳区比前两个乳区发育略为充分一些并生产更多的奶（后两个乳区产60%的奶，而前面两个只产40%）。

二、牛奶分泌系统及管道

乳腺腺泡是乳房泌乳的功能单位，由单层分泌细胞构成并呈中空球状结构，其外部由毛细血管和肌上皮细胞围绕着，分泌出的牛奶聚集在乳腺腺泡的内腔中。乳腺腺泡有从血液中吸取养分，将养分转化为牛奶，将牛奶分泌到乳腺腺泡内腔中的功能。

牛奶经集合管流出乳腺腺泡，10~100个乳腺腺泡组成一个腺泡小叶，小叶内所有乳腺腺泡分泌的牛奶均通过一个共同的管道排出。许多腺泡小叶又集合成较大的单位称作腺泡分叶。由各腺泡分叶所生成的牛奶经更大的集合管排入位于乳头正上方的乳腺池中。

乳房由几十亿个分泌牛奶的乳腺腺泡组成。在产奶时（或挤奶间隙期间），分泌的牛奶就积存在由小集合管汇合而成的管腔中。泌乳反射时乳腺腺泡的肌上皮细胞受催产素刺激而收缩，牛奶就被排入末端乳腺管和乳腺池中。

乳头形成一个让牛奶从乳房排出的通道，乳头外面是一层光滑的皮肤并有丰富的血管和神经分布。乳头末端是由环状平滑肌（或称作乳头括约肌）构成，起关闭乳头通道的作用。在乳头和乳腺池交界处，一组特别容易损伤的细胞组成的致密皱褶结构将乳头和乳腺池分开。乳头管另一端的乳头括约肌正上方也存有这些皱褶组织，乳头的这一构造是防止细菌侵入的有效屏障。保持乳头结构正常是预防乳房炎（由细菌感染引起的）的关键所在。乳头结构上的差异特别是直径和长度的不同与乳房炎的易感染性直接相关。

三、分泌细胞中的牛奶分泌

分泌细胞中的牛奶分泌是一个连续复杂的生化过程。挤奶时，虽然泌乳的速率有所下降，但并没有完全停止，在泌乳间隙期间，牛奶在乳腺中的不断积累增加了对乳腺腺泡的压力，减缓了牛奶合成的速率。因此，研究者们认为，高产奶牛应尽可能每12个小时挤一次奶。增加挤奶次数可减轻因牛奶蓄积乳房而产生的压力，所以一天挤三次奶可使产奶量增加 10%~15%。

分泌细胞中脂肪的合成：瘤胃中生成的部分乙酸和丁酸被用于合成牛奶中短链脂肪酸，葡萄糖可生成甘油分子，后者则与三个脂肪酸相连接形成甘油三酯。牛奶中有 17%~45%的脂来自于乙酸，8%~25%来自于丁酸。日粮结构对牛奶中的脂浓度影响极大，日粮中纤维素含量不足会减少瘤胃中乙酸的生成，其结果会降低奶脂浓度（2.0%~2.5%）。泌乳早期，动员体内贮存的脂肪是合成奶脂的另一来源。一般来讲，奶脂中一半的脂肪酸是在乳腺中合成的，另一半则主要来自日粮中的长链脂肪酸，因而改变奶牛日粮中脂的类型可改变奶脂构成。

蛋白质的合成：在遗传物质控制下，乳腺从血液中吸取氨基酸合成牛奶中的酪蛋白，这些蛋白先形成胶粒状结构，然后被释放到乳腺腺泡内腔，分泌细胞合成 α-乳蛋白酶量控制了乳腺腺泡内牛奶的生成。

第二节　挤奶技术

一、手工挤奶的技术要点

（一）检查

挤奶前检查或触摸乳房外表是否有红、肿、热、痛或创伤，并把每个乳区的第 1~3 把奶挤入带有面网的杯子中，检查牛奶中是否有凝块、絮线状或水样奶，可及时发现临床乳房炎，防止乳腺炎奶混入正常奶中。对于正在使用抗生素治疗的病牛，其乳应与正常乳分开，不得混合，并对停药期间的牛跟踪检测其牛奶中抗生素残留情况，直至无抗生素残留为止。

（二）乳头的消毒

用药液浸乳头 30 秒后，使用消毒过的毛巾擦干乳头，然后用消毒过的毛巾水平方向按摩乳头，时间约为 20 秒（4 只乳头×5 秒）。使用一次性干净纸巾可阻止乳腺炎的交叉感染。

（三）套奶杯

套奶杯不应有漏气现象，防止空气中灰尘、病原菌等吸入奶源中。奶杯落地后，立即关闭气源，用一次性纸巾先把奶杯擦干净或清水清洗干净，然后再用有效浓度的消毒水消毒。

（四）挤奶

挤奶准备结束后，在 45~60 秒内上好奶杯，充分利用奶牛排乳的生理特性。

（五）消毒

挤奶一结束必须马上用药液浸乳头，因为在挤奶后 15~20 分钟乳头括约肌才能完全闭合，阻止细菌的侵入。浸乳头是降低乳腺炎的关键步骤之一。

（六）乳头浸液的使用

现配现用，每次均应调换新鲜消毒液使用，每天对消毒药液杯进行一次清洗消毒。碘伏乳头浸液，有效碘在 0.25%左右。目前市场上供应的碘伏浓度为 0.75%，配成挤奶前乳头浸液，即碘伏与水的比例是 1:5；配成挤奶后乳头浸液，即碘伏与水的比例是 1:3；配成浸液后再按 5:0.05 的比例加入甘油（5 千克浸液加入 0.05 千克的甘油）搅拌混合待用。加入甘油的主要目的是保护乳头皮肤。

（七）挤奶员的卫生

挤奶过程中保持挤奶员的手的清洁卫生，防止交叉污染（备有洗手消毒液，氯离子浓度为200毫克/千克）。

（八）手工挤奶的注意事项

（1）挤尽乳房中的最后一把奶。

（2）指甲不能太长，不能戴戒指等饰品。

（3）一头牛要连续不间断的挤完，中间不能停顿，防止因牛奶上升造成乳房炎。

（4）一桶擦洗乳房的水，擦洗最多不能超过3头牛。

（5）如碰到凶猛的牛，挤奶前先将蹄用绳子捆住，或在牛肚中间乳房前用绳子捆圈，并把牛尾巴向上翘起。

（6）如杯子的网面发现有坏奶，及时清洗干净，然后再用。

（7）挤出的牛奶倒入送奶桶里，要用120目的纱布进行过滤。

（8）过滤好的牛奶要及时冷却或送收奶站。

（9）牛乳要称重，记录。

（10）用热碱水洗涤挤乳用具，最后用自来水洗净。

二、机械挤奶技术要点

（一）挤奶厅的环境要求和卫生控制

挤奶厅建设要求地面要防滑、易于清洁、清洗和消毒，墙面用砖砌并贴瓷砖，地面排水口应比地面或排水沟表面低1.25米，防止积水，使用清洁水冲洗厅内地面，冲洗时保持一定压力；奶厅内设置定时控制和手动控制的电风扇通风模式，适宜光照强度；设置专用贮奶间冷却和贮存生鲜牛乳，在贮奶间禁止堆放任何化学物品和杂物，禁止吸烟；贮奶间要安装纱窗、电子灭蚊蝇器或捕蝇纸等措施防止昆虫进入，贮奶间污水的排放口设置距贮奶间15米以上。贮奶罐盖子处于关闭状态，外部应保持清洁、干净，及时清洗贮奶罐并将罐内的水排净。为防止滋生蚊蝇虫害应经常性保持挤奶厅和贮奶间清洁卫生，使用对人、奶牛和环境安全没有危害，并在牛体内不产生有害积累的杀虫剂和其他控制害虫的产品。

（二）挤奶的方法步骤

1. 挤奶操作技术措施的 12 条黄金准则

挤奶前：(1)周期性监测乳房健康；(2)计划挤奶次序；(3)总是挤掉头把奶；(4)仔细清洁乳头。

挤奶期间：(5)检查挤奶杯真空；(6)完成乳房准备工作后，迅速套杯；(7)避免过度挤奶；(8)检查收杯装置。

挤奶结束后：(9)马上用消毒剂浸沾乳头；(10)马上清洗挤奶机器；(11)冷藏牛奶，防止细菌繁殖(2 小时内)；(12)定期维护挤奶设施。

2. 挤奶的操作流程

第一步，乳头预药浴的关键点在于药浴液质量、有效的碘含量、有没有其他辅助剂。此外，乳头药浴后一定要让乳头药浴液在乳头上附着至少 30 秒，这是乳头浴药液对乳头上细菌杀灭最起码时间要求。

第二步，擦干乳头，一头牛用一条干毛巾，或用一次性纸巾擦干乳头。

第三步，挤掉头 3 把奶，用专用检查杯检查该头牛有无乳房炎。

第四步，套杯速度要快，从乳头药浴到套上杯在 90~120 秒。

第五步，套杯后调整奶杯位置，同时杜绝漏气空吸现象。

第六步，杜绝人为增加奶杯组重量去试图挤净乳房里的剩奶，适时收杯；合理设置自动脱杯流速，不要把流速设置低于 100 毫升/秒；定期检查挤奶机的自动脱杯功能是否正常。

第七步，挤奶完成后的乳头药浴，要把乳头完整浸泡在药浴液里，使药浴液均匀涂在乳头表面，不能漏药浴或不完整药浴。使用正规厂家的药浴液，初次购进药浴液时要核对厂家生产许可证和相关证件，杜绝使用三无产品。

这 7 步流程必须在挤奶厅里看到，每个步骤都不能少，缺少任何一个步骤都会造成不良影响。

（三）挤奶注意事项与要求

1. 挤奶注意事项

(1)挤奶前检查奶牛健康状况并对异常情况进行处理。触摸乳房外表是否有红、肿、热、痛，或观察是否有创伤，对检出的可疑乳房炎牛要另行安排挤奶，对乳房污染严重的牛先用含消毒水的温水清洗干净。用抗生素治疗的牛应单独使用一套挤奶杯组，每挤完一头应进行消毒，挤出的奶放置在单独容器中处理。初乳应饲喂新生犊牛或单独贮存。

(2)选用专用的乳头药浴液(药浴液应在挤奶前现用现配，并保证有效的药液浓度)对乳头进行预药浴(保持在 20~30 秒)。

(3)清洁、擦干乳头。挤奶前用专用毛巾或一次性纸巾清洁乳头并擦干。如果奶杯组套到不干净的乳头上，脏物会进入牛奶。

(4)挤掉头 3 把奶。将头 3 把奶挤到专用容器中，观察牛奶是否有凝块、絮状物或水样，正常的牛可上机挤奶。异常时应及时报告兽医进行治疗，单独挤奶。严禁将异常奶混入正常牛奶中。

(5)及时套杯。应了解刺激对于放奶的重要性，当挤奶员触摸乳头并进行擦洗按摩后 90~120 秒，奶牛血液的催乳素浓度达到最高，如果这时开始挤奶，高峰流量来得快，剩奶少，而且挤奶时间短，所以上机挤奶应及时套上挤奶杯组(奶牛从进入挤奶厅到套上奶杯应控制在 90 秒内完成，保证最大的奶流速度和产奶量，避免空气进入杯组中)。挤奶过程中观察真空稳定情况和挤奶杯组奶流情况，适当调整奶杯组的位置，严禁下压挤奶机，避免过度挤奶。排乳接近结束，先关闭真空，再移走挤奶杯组。

(6)避免杂物进入牛奶。杂物来自乳头，在挤奶套杯前无论哪种细菌没有从乳头皮肤上清除，最终会进入牛奶且影响牛奶质量和食品安全。

2. 对挤奶员的要求

(1)定期进行身体检查。特别注意布鲁氏菌病(以下简称“布病”)、结核病等人畜共患病检测为阴性，办理健康证明。

(2)注意个人卫生，做好个人卫生防护。挤奶员应勤洗手、勤剪指甲，挤奶操作期间不涂抹化妆品、不佩戴饰物。挤奶操作时穿工作服和工作鞋，戴工作帽、口罩。

(3)挤奶员手部有刀伤和其他开放性外伤未愈前不能挤奶。

(四)生鲜牛乳的贮存和运输条件

1. 贮存条件

挤出的生鲜牛乳应在 2 小时内冷却到 0~4 ℃贮存。贮存生鲜牛乳的冷藏罐符合生鲜乳质量安全的要求，贮奶罐的贮奶时间一般不超过 48 小时。

2. 运输条件

运输奶罐具保温隔热、防腐蚀、便于清洗等性能。从事运输生鲜牛乳的人员每年进行身体检查，办理健康证，运输车辆取得县级畜牧兽医部门核发的生鲜乳准运证明，具有保温或制冷型奶罐，运输中尽量装满奶罐运输。

第三节　挤奶设备清洗消毒技术

完成挤奶后必须采用清洁的水擦洗挤奶机表面以及可移动的管道表面的所有可见的脏物和牛奶沉积物。

挤奶设备的清洗消毒，包括预冲洗、碱洗、水冲洗、酸洗、水冲洗和消毒 6 个步骤。为了充分发挥清洗剂的功能，清洗过程应注意：用机械运动（如手工擦洗）或自动清洗系统冲洗足够的时间以冲掉沉积的颗粒；清洗液中必须有足够的水以保证机器和清洗剂的直接接触；使用适当的清洗剂浓度以达到清洁作用；水温不能太高或太低，水温可影响许多清洁剂的功用。

一、预冲洗

预冲洗不用任何清洗剂，只用清洁（符合饮用水卫生标准）的清水冲洗，应在挤奶结束后马上进行冲洗。预冲洗水不能走循环，用水量以冲洗后水变清为止，水温控制在 35~46 ℃为佳。

二、碱洗

碱洗的主要目的是清洗管道中的奶垢，预冲洗后立即进行，开始温度在 75 ℃以上，循环排出后水温不能低于 41 ℃。碱洗液的 pH 控制在 11.5~12.0，循环 10~15 分钟。

三、冲洗

用清水把管道中的碱液全部顶出，直至水中无碱性为止。

四、酸洗

酸洗的主要目的是清洗管道中残留的矿物质。一般每周 2~3 次，开始水温控制在 35~46 ℃，酸洗液的 pH 控制在 3.0~3.5，循环 10 分钟左右。

五、水冲洗

用清水把管道中的酸液全部顶出，直至水中无酸性为止。

六、消毒

清除可能残留在管道内的酸、碱液和微生物。在清水（卫生指标达到饮用水标准）中加入适量的消毒剂或次氯酸钠溶液，使消毒液的有效氯离子浓度在200 毫克/千克左右，循环 5~10 分钟，放尽待用。

第四节　奶站生鲜乳的收购

一、准备工作

（1）进入收奶场所应穿戴好工作衣、裤、帽、套鞋，不准吸烟。

（2）在试管架中装妥试管，必须保证操作器具的清洁光亮，不得有奶垢、积灰。

（3）备妥清洁的量杯、比重表、温度表、搅棒，试管内分别注入规定量的酒精（酒精浓度为 72%，20 ℃，中性）与玫瑰红酸（由乳品加工厂检验室配制）。

（4）预热乳成分分析仪，15~30 分钟，若有标样用标准样校正分析仪，做到正确无误。

二、现场检测

（一）感官判断

对缴奶户的生奶进行色泽与清洁状态的判断，必要时品尝口味，做煮沸试验并进行记录。

（二）酒精测试

对充分拌和的生奶进行 2 份酒精 1 份牛奶测试，上下晃动两次，鉴定时无细粒、絮状凝块，判断为阴性，反之判定为阳性，予以拒收，并注入食用红粉，防止重复进站，并做好记录。

（三）玫瑰红酸测试

对已经拌和的生奶进行 1:1（1 份玫瑰红 1 份牛奶）玫瑰红酸鉴定，上下晃动两次，鉴定颜色呈橘黄色，有絮状结块为阴性，颜色呈玫瑰红色，不结絮状，判断为掺碱或异常奶。如有疑问可取标准奶进行测试比较，色泽比标准奶成色深为掺碱或异常奶，予以拒收，并注入食用红粉，并做好记录。

（四）比重与温度的测试

用量杯从充分拌和的生奶中取一杯牛奶进行比重鉴定，根据部颁标准 10 ℃、比重 1.030 为合格奶，经换算凡低于 0.001 °T 比例扣除水分 3.5%，并做好记录。

（五）乳成分的测定

依乳成分分析仪的操作要求进行测定，并记录，低于 2.85 的脂肪或 2.75 的蛋白给予拒收。

三、清理消毒

（1）清洗好各种容器、场地，将清洗好的容器放置在规定的位置，依《奶站输奶管道设备容器的清洗消毒程序》执行。

（2）对收进的生奶必须快速冷却至规定温度（小于 4 ℃），依《奶站过滤冷却贮存程序》执行。

第五节　乳样的采集

采样前要准备好足够数量的采样瓶，最好是带塞（或盖）的玻璃瓶，也可以用塑料瓶，采样瓶要消毒清洗干净，不能残留水、洗涤剂或消毒药液，否则会影响样品的检测结果。

要准备好标签，采样后及时贴上标签，以免把样品混淆。标签上要写清采样地点、畜主姓名（或小区名称）、时间、采样人等。

准备好采样用的消毒后清洗干净的长柄提子，一般一次能采 250 毫升样即可。有不锈钢长柄提子最好，也可用长柄塑料烧杯代替。采样过程中要详细填好采样记录，以便查找。

一、挤奶厅奶量瓶的采样

有时为了采集某头奶牛或某位养殖户奶牛的奶样，就需要到挤奶线上奶量瓶中采样。采样前要关闭挤奶阀门，打开气阀对量瓶内的生鲜乳进行搅拌，然后打开采样阀门进行采样。采样前必须进行搅拌，否则所取的样品没有代表性，检测结果不准确。经常会出现蛋白质含量偏高、脂肪含量偏低等。这是因为脂肪上浮了，采样阀门放出的是奶量瓶下面的牛奶。同一头奶牛的同一包奶先挤出的和后挤出的奶质就不一样。

二、奶站贮奶罐的采样

贮奶罐一般贮奶较多，温度低，贮奶时间长，脂肪很容易上浮，所以采样前必须打开搅拌器对罐内的生鲜乳进行充分搅拌，否则会导致检测结果不准确，影响生鲜乳的收购。然后打开贮奶罐的入孔盖，对罐内的乳在表面、中部、底部 3 点各处采样 1 次，3次的采样在洁净容器中混合均匀再采混合样分装于 3 个采样瓶中。

三、运奶车奶罐的采样

运奶车到达乳品企业生鲜乳收购处时，都要再进行采样检测。如果奶罐内配有搅拌器，采样前应打开搅拌器搅拌 5 分钟。如果没有自动搅拌器，就要人工搅拌，需要有长柄的人工搅拌器，采样员上到罐车上，通过入孔对罐内牛乳进行人工搅拌，一定要搅拌均匀。也可以用抽奶泵从奶罐车的下部抽出再从入孔处打入，进行罐内生鲜乳循环搅拌。然后进行表面、中部、底部 3 点处采样，最后取 3 点的混合样品 3 份分装于样品瓶中。运奶车一般有 2~5 个仓，每个仓都要单独采样，单独检测，不能采几个仓的混合样检测，否则不准确。

有些地方还有用奶桶运输生鲜乳的，这种情况下，应逐桶采样检测，不能取各桶的混合样检测，否则也不准确，容易让不合格的生鲜乳混入。

四、采样量和样品分装

根据检测需要，采样时每次可采 250~500 毫升奶样，把 3 点采集的样品汇集到洁净的容器中，充分混匀后，再取 3 份分别装入 3 个样品瓶中，每份 200~250 毫升，贴上标签。1 份可以用作当时现场检测使用，1 份可以用作实验室检测使用，另 1 份作为备用。

五、样品的运输和保存

生鲜乳样品采集后如果不能立即检测，应立即封口并进行冷却降温，在 2~4 ℃的冰柜里冷藏贮存，不能放在室温下时间过长，尤其是夏天，否则样品中细菌会繁殖，甚至会导致样品变质，直接影响检测结果。如果需要送到乳品企业化验室进行检测，样品要在 2~4 ℃条件下 12 小时内送达，化验室应立即进行检测。对于采样地区较远无法立即送到检测单位的，或是需要备用，应于−20 ℃条件下冷冻保存，样品离开冷冻保存条件必须在 12 小时内送达检测单位进行检测，在运输过程中要保持在 2~4 ℃条件下。需要注意的是冷冻并解冻后的奶样，脂肪易分离，有少量蛋白质易凝结，影响检测结果，如果能均质后再检测效果会较好。一般情况下不采取这种办法保存奶样。

第六节　奶站输奶管道及容器的清洗消毒方法

一、清洗的方法步骤

（一）预冲洗

成收奶工作后，必须用清洁的 35~46 ℃的水（符合饮用水卫生标准）冲洗输奶管道、设备以及空的贮奶缸，直至清水冲洗至水质变清为止，不走循环。

（二）碱洗

预冲洗结束后，用温度 80 ℃以上，pH 11.5~12.0（pH 以试纸测值为准）碱液在管道内循环，循环 10~15 分钟，循环后的碱液温度不能低于 41 ℃，每周一次。

（三）水洗

排出清洗碱液，再用可饮用清水在管道内冲洗，洗至管道内放出的水无碱性为止。

（四）酸洗

清水冲洗后，用温度 35~45 ℃，pH 3.0~3.5 酸液在管道内循环，循环 8~10 分钟，每周不少于 2 次。

（五）水洗

排出清洗酸液，再用可饮用水在管道内冲洗，洗至管道内放出的水无酸性为止。

（六）消毒

水洗结束后，或收奶作业前进行，用常温含有效氯浓度200~250毫克/千克（以测氯试纸所测值为准）消毒液，浸泡输奶管道、过滤网及收奶器具，每周一次，下一周收奶前排空消毒液，即可正常使用。

二、清洗的技术要点

（1）收奶结束，管道设备中残留的生鲜牛乳不能自然排出，应另外采取人工收集。

（2）奶泵的清洗、消毒除正常的程序外，每间隔1天，应全面拆洗1次。

（3）经清洗、消毒结束后，管道设备中残留的消毒液不能自然排出，在下次收奶过程中，应注意废弃。

（4）工作结束时，所有的过滤网布，浸泡在消毒液中，待下一周需用时，热水冲洗一下即可正常使用。

（5）贮奶缸除正常的清洗、消毒外，每次空缸应进缸人工清洗。

（6）管道中使用过的消毒液，可再在场地及消毒池内使用。

（7）应经常检查奶缸冲洗器的喷嘴，以保证洗涤剂或消毒剂均匀喷洒。

三、清洗消毒常用的药品

（1）常用的碱剂：片碱、利拉伐碱液、氢氧化钠、食用碱。

（2）常用的酸液：磷酸、利拉伐酸液、硝酸。

（3）常用消毒液：强效消毒剂、杀特灵、过氧乙酸。

（4）常用药浴剂：碘伏。

第七节　生鲜牛乳的一般技术要求

一、感官指标

色泽：正常牛乳呈乳白色或带微黄色。不得有红色、绿色或其他异色。

滋味和气味：具有新鲜牛乳固有的香味，不得有苦、咸、涩的滋味和饲料、青贮、其他异味。参考《生鲜乳收购标准》(GB/T 6914—86)。

组织状态：呈均匀的胶态流体，无沉淀，无凝块，不得含有杂质和肉眼可见的异物等。

二、理化指标

理化指标应符合下列规定(见表 6-1)。

表 6-1　生鲜牛乳的理化指标

项目	指标	检测方法
脂肪/(克·100 克$^{-1}$)	≥3.1	按 GB/T 5009.46.4.2.2 或 4.2.3 规定
蛋白/(克·100 克$^{-1}$)	≥2.95	按 GB/T 5009.5 规定
相对密度(20 ℃/4 ℃)	≥1.028	按 GB/T 5009.46.4.1 规定
酸度/°T	≤18	按 GB/T 5009.46.4.6 规定
酒精试验(中性 72%)	2 : 1	按 GB/T 5409.2.1.2 规定
抗生素	阴性	按 GB/T 4789.27 规定
杂质度/(毫克·千克$^{-1}$)	≤4	按 GB/T 5413.3 规定
黄曲霉素 M1/(微克·千克$^{-1}$)	≤0.5	按 GB/T 5009.24 或按 GB/T 5009.46.4.9 规定
汞(HG 计)/(毫克·千克$^{-1}$)	≤0.01	按 GB/T 5009.17 规定

三、细菌指标

收购牛奶细菌指标计算有 2 个，均可采用。采用平皿细菌总数计算法，按表6-2 每毫升内细菌总数分级指标进行评级；采用美蓝还原褪色法按表 6-3 美蓝褪色时间分级指标进行评级。两者只许采用一个，不能重复。

表 6-2　平皿法细菌指标分级标准

项目	指标	检测方法
特级	≤10	按 GB 4789.2 规定
一级	≤50	按 GB 4789.2 规定
二级	≤100	按 GB 4789.2 规定
三级	≤200	按 GB 4789.2 规定

表 6-3　美兰法细菌指标分级标准

分级	美兰褪色时间分级指标	检测方法
1 级	>5.5 小时	按 GB 5409-A.2 规定
2 级	2.0~5.5 小时	按 GB 5409-A.2 规定
3 级	20 分钟~2 小时	按 GB 5409-A.2 规定
4 级	≤20 分钟	按 GB 5409-A.2 规定

具有以下情况之一不得出售。

(1)乳腺炎乳和乳房创伤奶;

(2)产犊后 7 天内的初乳和临产前 15 天内的牛奶;

(3)应用抗生素类药物期间和停药后被检测仍有残留的牛奶;

(4)患结核病、布氏杆菌等传染病牛所产的牛奶;

(5)掺水、掺杂、掺入有毒、有害物质和变质的牛奶;

(6)其他不符合安全性牛乳质量标准的牛。

第八节　牛奶质量检测的技术

一、基本概念

(一)酒精阳性乳

酒精阳性乳指与 75%酒精混合发生凝结现象,低于正常酸度(13~160 °T)的牛奶。目前,酒精阳性乳的发生受多种因素的影响,增强机体抵抗力是防止酒精阳性乳的有效途径。

(二)抗生素奶

抗生素含量>0.5 毫克/千克的牛奶统称抗生素奶。

(三)牛奶体细胞数(SCC)

牛奶体细胞数指牛奶中含有的白细胞和脱落的上皮细胞的总和,通常用 SCC×1 000 表示。牛奶体细胞数是衡量奶牛乳房健康的重要指标。

(四)牛奶酸度

牛奶酸度指牛奶自然酸度和发生酸度的总和。自然酸度是由于奶中蛋白质、柠檬酸盐、磷酸盐及二氧化碳等弱酸性物质构成的，一般鲜奶自然酸度为13~16 °T(75% Vol.酒精试验)。发生酸度是牛奶存放过程中,由于乳酸增加而增加的酸度。

(五)总细菌数

总细菌数是指每毫升牛奶中含细菌的总数,单位为万个/毫升。

(六)机械挤奶

机械挤奶是指模仿犊牛吸吮的动作，利用机械抽真空的方式使牛奶从乳池和乳头管中流出,当乳头末端的真空度足够大(一般达到4.0兆帕)时,乳头外压低于内压,牛奶被吸出。

(七)"两次药浴,纸巾擦干"

"两次药浴,纸巾擦干"是指国际上普遍采用的一种挤奶操作规程。即挤奶操作的全过程遵循:先检查乳房状况;弃掉头3把奶;用专用的乳头药浴液对乳头进行预药浴;再用纸巾或干燥洁净的小毛巾擦干乳头;上机挤奶;排乳结束后,断真空,摘掉奶杯;然后,迅速再次对乳头进行药浴。

(八)过度挤奶

奶牛排乳接近结束时,由于人为因素下压挤奶杯组继续挤奶,或没有及时断真空摘杯组,对牛进行空挤,都称为过度挤奶。过度挤奶是造成奶牛机械性乳房炎的主要因素。

(九)芽孢杆菌

芽孢杆菌是指能够形成芽孢的一种杆状菌。芽孢是指某些细菌在生存条件不利的情况下,如冷、热、有毒、缺乏湿度和营养物质时所形成的一种自我保护形式。

(十)嗜冷菌

嗜冷菌具有耐冷性,能够产生降酯酶和蛋白酶,在0 ℃左右能够生长的细菌。

二、检测指标及方法步骤

当前,乳企在收购生鲜乳的过程中,为了判定其质量的好坏,常进行酸度、酒精试验,比重、乳脂、乳蛋白等质量测定,进行杂质度、煮沸试验,细菌总数和抗菌药物残留等安全检测。

(一)菌落总数的检测

1. 检样稀释及培养

以无菌操作，将检样 25 毫升放于含有 225 毫升的灭菌稀释液的灭菌玻璃瓶内(瓶内预置适当数量的玻璃珠),经充分振摇作成 1:10 的均匀稀释液。

用 1 毫升灭菌吸管吸取 1:10 稀释液 1 毫升,沿管壁徐徐注入含有 9 毫升灭菌稀释液的试管内(注意吸管尖端不要触及管内稀释液),振摇试管混合均匀,做成 1:100 的稀释液。

另取 1 毫升灭菌吸管,按上述操作顺序,做 10 倍递增稀释液,如此每递增稀释一次,即换用 1 支1 毫升灭菌吸管。

根据食品卫生标准要求或对标本污染情况的估计,选择 2~3 个适宜稀释度,分别在做 10 倍递增稀释的同时，以吸取该稀释度的吸管移 1 毫升稀释液于灭菌平皿内，每个稀释度做两个平皿。

稀释液移入平皿后,应及时将凉至 46 ℃营养琼脂培养基[可放置于(46±10)℃水浴保温]注入平皿约 15 毫升,并转动平皿使混合均匀。同时将营养琼脂培养基倾入加有 1 毫升稀释液(不含样品)的灭菌平皿内做空白对照。

待琼脂凝固后,翻转平板,置(36±10) ℃温箱内培养(48±2)小时取出,计算平板内菌落数目,乘以稀释倍数,即得每毫升样品所含菌落总数。

2. 菌落计数方法

做平板菌落计数时,可用肉眼观察,必要时用放大镜检查,以防遗漏。在记下各平板的菌落总数后,求出同稀释度的各平板平均菌落数。

3. 菌落计数的报告

(1)平板菌落数的选择。选取菌落数在 30~300 个的平均数作为菌落总数测定标准。一个稀释度使用两个平板,应采用两个平板平均数,其中一个平板较大片状菌落生长时,则不宜采用,而应以无片状菌落生长的平板作为该稀释度的菌落数。若片状菌落不到平板的一半,而其余一半中菌落分布又很均匀,即可计算半个平板后乘以 2 以代表全平皿菌落数。

(2)稀释度的选择。应选择平均菌落数在 30~300 个的稀释度,乘以稀释倍数。

若有两个稀释度,其生长的菌落数均在 30~300 个,则视二者之比如何来决定,若其比值小于 2,应报告其平均数;若大于 2 则报告其中较小的数字。

若所有的稀释度的平均菌落数均大于 300 个，则应按稀释度最高的平均菌落数乘以稀释倍数。

若所有的稀释度的平均菌落数均小于 30 个,则应按稀释度最低的平均菌落数乘以稀释倍数。

若所有稀释度均无菌落生长,则以小于<1 乘以最低稀释倍数。

若所有稀释度的平均菌落数均不在 30~300 个,其中一部分大于 300 个或小于 30 个时则以最接近 30 个或 300 个的平均菌落数乘以稀释倍数。

(3)菌落数的报告。菌落数在 100 个以内时,按实有数报告;大于 100 个时,采用两位有效数字,在两位有效数字后面的数值,以四舍五入方法计算。为了缩短数字后面的零数,也可用 10 的指数来表示(见表6–4)。

表 6–4　菌落数的报告

例次	稀释液及菌落数			两稀释液之比	菌落总数/(个·毫升$^{-1}$)	报告方式/(个·毫升$^{-1}$)
	10^{-1}	10^{-2}	10^{-3}			
1	多不可计	164	20	—	16 400	16 000 或 1.6×10^4
2	多不可计	295	46	1.6	37 750	38 000 或 3.8×10^4
3	多不可计	271	60	2.2	27 100	27 000 或 2.7×10^4
4	多不可计	多不可计	313	—	313 000	31 000 或 3.1×10^5
5	27	11	5	—	270	270 或 2.7×10^2
6	0	0	0	—	<1×10	<10
7	多不可计	305	12	—	30 500	31 000 或 3.1×10^4

(二)美蓝试验

仪器:25 毫升试管、水浴锅。

试剂：美蓝溶液又称亚甲蓝溶液，为 5 毫升饱和亚甲蓝的乙醇溶液加 195 毫升水,混匀。

方法:取 20 毫升牛乳放于试管中,在水浴上加热至 38~40 ℃,加入 1 毫升亚甲蓝溶液,混匀后将试管置于 38~40 ℃恒温箱中,经过 20 分钟、2 小时和 5.5 小时,观察 3 次褪色情况,根据褪色时间将牛乳分为 4 个等级(见表 6–5)。

表 6–5　牛乳的四个等级

级别	乳的质量	褪色时间	相当每毫升牛乳中的细菌总数
1	良好	>5.5 小时	<500 000
2	合格	2.0~5.5 小时	500 000~4 000 000
3	差	20 分钟~2 小时	4 000 000~20 000 000
4	劣	<20 分钟	>20 000 000

（三）芽孢总数的测定

1. 样品准备

（1）用无菌吸管吸取 10 毫升奶样于灭菌试管中，盖好棉塞。

（2）在同直径试管中加入 10 毫升与奶样温度相同的水，并插入温度计。

（3）将二支试管同时放入 80 ℃水浴中保温，当水中的温度达到 80 ℃开始计时。

（4）计时达 10 分钟后，迅速将两支试管取出，置于冷水中迅速降温至室温。

（5）按无菌操作条件对降温后的样品进行稀释。原料可选取 10^{-1}~10^{-4} 适宜稀释度的样品稀释液。

2. 培养基的准备

（1）检查预先经过灭菌处理的营养琼脂培养基是否处于正常、可用状态。

（2）将培养基加热融化后，在 40~45 ℃水浴中保温待用。

（3）接种培养。在无菌操作条件下，用 1 毫升灭菌吸管移取 1 毫升灭菌稀释水于一个灭菌平皿内，倾入 15 毫升营养琼脂培养基，作为空白操作对照。在无菌操作条件下，用 1 毫升灭菌吸管移取选定的样品稀释液至灭菌平皿内，每个样品可选择 2~3 个稀释度。在无菌操作条件下，将约 15 毫升的营养琼脂培养基倾入样品培养皿中，将样品置于操作台上轻轻转动，使样品和培养基混合均匀。待琼脂凝固后，将平皿翻转，即保持有标记和培养基的一面向上。待所有平皿置于（36±1）℃的恒温培养箱内，保温培养（48±2）小时。

（4）菌落计数。选择菌落数在 30~300 个的平皿为标准，在菌落计数器上计数每个平皿上的菌落乘以稀释倍数。计数结果在 100 个以内，按实际计数报告，100 个至 10 000 个的按两位有效数字报告。

（四）耐热芽孢测定方法

1. 样品准备

用无菌吸管吸取 10 毫升奶样于灭菌试管中，盖好棉塞。在同直径试管中加入 10 毫升与奶样温度相同的水，并插入温度计。

将两支试管同时放入 100 ℃水浴中保温，当水中的温度达到 100 ℃开始计时。计时达 10 分钟后，迅速将两支试管取出，置于冷水中迅速降温至室温。按无菌操作条件对降温后的样品进行稀释。原料可选取 10^{-1}~10^{-4} 适宜稀释度的样品稀释液。

2. 培养基的准备

检查预先经过灭菌处理的营养琼脂培养基是否处于正常、可用状态。

将培养基加热融化后，在 40~45 ℃水浴中保温待用。

3. 接种培养

在无菌操作条件下，用 1 毫升灭菌吸管移取 1 毫升灭菌稀释水于一个灭菌平皿内，倾入 15 毫升营养琼脂培养基，作为空白操作对照。

在无菌操作条件下，用 1 毫升灭菌吸管移取选定的样品稀释液至灭菌平皿内，每个样品可选择 2~3 个稀释度。

在无菌操作条件下，将约 15 毫升的营养琼脂培养基倾入样品培养皿中，将样品置于操作台上轻轻转动，使样品和培养基混合均匀。

待琼脂凝固后，将平皿翻转，即保持有标记和培养基的一面向上。

待所有平皿置于（55±1）℃的恒温培养箱内，保温培养（48±2）小时。

4. 菌落计数

选择菌落数在 30~300 个的平皿为标准，在菌落计数器上计数每个平皿上的菌落乘以稀释倍数。计数结果在 100 个以内，按实际计数报告，100~10 000 个的按两位有效数字报告。

（五）嗜冷菌测定方法

1. 将样品进行稀释，可选取 10^{-1}~10^{-4} 适宜稀释度的样品稀释液。

2. 培养基准备

（1）检查预先经过灭菌处理的营养琼脂培养基是否处于正常、可用状态。

（2）将培养基加热融化后，在 40~45 ℃水浴中保温待用。

3. 接种培养

(1)在无菌操作条件下,用1毫升灭菌吸管移取1毫升灭菌稀释水于一个灭菌平皿内,倾入15毫升营养琼脂培养基,作为空白操作对照。

(2)在无菌操作条件下,用1毫升灭菌吸管移取选定的样品稀释液至灭菌平皿内,每个样品可选择2~3个稀释度。

(3)在无菌操作条件下,将约15毫升的营养琼脂培养基倾入样品培养皿中,将样品置于操作台上轻轻转动,使样品和培养基混合均匀。

(4)待琼脂凝固后,将平皿翻转,即保持有标记和培养基的一面向上。待所有平皿置于5.0~6.5 ℃的恒温培养箱内,保温培养10天。

4. 菌落计数

选择菌落数在30~300个的平皿为标准,在菌落计数器上计数每个平皿上的菌落乘以稀释倍数。计数结果在100个以内,按实际计数报告,100~10 000个的按两位有效数字报告。

(六)TTC(氯化三苯四氮唑)检测

牧场内经常应用抗生素治疗乳牛的各种疾病,特别是乳牛的乳房炎,有时用抗生素直接注射乳房部位进行治疗,因此凡经抗生素治疗过的乳牛,其乳中在一定时期内仍残存着抗生素。对抗生素有过敏体质的人服用后就会发生过敏反应,也会使某些菌株对抗生素产生抗药性。因此,检查乳中有无抗生素残留已成为一项亟须开展的常规检验工作。TTC试验是用来测定乳中有无抗生素的较简易方法(见表6–6)。

表6–6 检测各种抗生素的灵敏度

抗生素名称	最低检测量
青霉素	0.004 IU
链霉素	0.5 IU
庆大霉素	0.4 IU
卡那霉素	5 IU

1. 操作步骤

(1)菌液的置备:将0.005克菌种(嗜热乳酸链球菌)移种灭菌脱脂乳(10克无抗脱脂奶粉+100毫升蒸馏水,经113 ℃ 20分钟灭菌),经(36±1) ℃ 15小时培养后,以灭菌脱脂乳 1:1 稀释待用。

（2）用灭菌吸管（10 毫升）吸取检样 9 毫升，置 15 毫米×150 毫米试管，80 ℃水浴加热5 分钟，冷却 37 ℃以下，用 1 毫升灭菌吸管加入菌液 1 毫升，（36±1）℃水浴 2 小时，加TTC 0.3 毫升（4%氯化三苯四氮唑水溶液：称取 1 克 TTC，溶于 25 毫升灭菌蒸馏水中，装褐色瓶内于 7 ℃冰箱保存，如遇溶液变为玉色或淡褐色，则不能再用），（36±1）℃水浴 30 分钟，观察，如阳性，再水浴培养 30 分钟做第二次观察。每份检样做两份，另外再做阴性、阳性对照各一份，阳性对照管用无抗生素的乳 8 毫升加抗生素及菌液和TTC，阴性对照管用无抗生素乳 9 毫升及菌液和 TTC。

2. 判断方法

准确培养 30 分钟，观察结果如为阳性，再继续培养 30 分钟做第二次观察。观察要迅速，避免光照过久干扰，乳中有抗生素存在，则在向检样中加入菌液培养时细菌不增殖，此时由于加入的指示剂 TTC 不还原，所以不显色。与此相反，如果没有抗生素存在，则加入菌液即进行增殖，TTC 被还原而显红色，也就是说检样呈乳的原色时为阳性，成红色为阴性（见表 6–7）。

表 6–7　显色状态标准判断

显色状态	判断
未显色者	阳性
微红色者	可疑
桃红色	阴性

（七）凝结试验

（1）用洁净的玻璃吸管移取 20 毫升样品，于洁净的中号试管中，加盖。

（2）移取已知无抗生素的牛奶 20 毫升于洁净的中号试管中，加盖，作对照管。

（3）在同直径试管中加入与样品同温度的水或牛奶 20 毫升，并插入温度计。

（4）将 3 支试管同时置于 95 ℃的水浴中，当试管中温度达到 95 ℃时开始计时保温 10 分钟。

（5）保温后迅速将 3 支试管取出，置于冷水中，冷却至 42 ℃。

（6）在 2 支样品试管中分别加入 0.6 毫升酸奶菌种，振摇均匀。

(7)把上述 2 支样品试管置于(42±1) ℃培养箱内培养。

(8)培养 2.5~3.0 小时,取出测定样品酸度,并观察组织状态。

(9)在上述条件测定下,样品酸度在 65 °T 以上,凝结良好,为牛奶凝结试验合格。

(八)其他常规检验

1. 比重的测定

在牛乳验收中,比重测定是最为重要的工作之一,它可以粗略地判断牛乳的内在质量。

用具:D20 ℃/4 ℃比重乳稠计;0~50 ℃或 0~100 ℃的水银或红液棒状温度计;200~250 毫升的量筒。

方法:将牛乳充分搅拌均匀,抽取牛乳 150~200 毫升于量筒内,将乳稠计沿量筒徐徐放入,避免产生气泡,然后将乳稠计轻轻地插入量筒内牛乳的中心,使其徐徐上浮,切勿使其与筒壁相撞,待静置后读数,以牛乳液面月牙形上部尖端部为准。同时测定牛乳试样的温度,如果牛乳的温度不是乳稠计的标准温度时,需进行换算。一般牛乳试样温度越接近与乳稠计的标准温度,测定结果越正确。

2. 酒精试验

酒精试验是牛乳验收时极为重要而必须要做的一项工作, 它可以检出酸度超过一定标准的牛乳,还可以检出异常乳(乳房炎乳、盐类不平衡乳以及混入氯化钙的乳等)。酒精试验的目的在于检验原料乳中蛋白对酒精的稳定性,蛋白质稳定性越高,则牛乳蛋白质的热稳定性越好,说明牛乳质量新鲜,经得起热处理。

(1)酒精试验的机理。酒精试验利用了酒精对蛋白质的脱水作用,一定数量的正常牛乳对一定浓度及数量的中性酒精的脱水作用是稳定的, 否则牛乳蛋白质因酒精的脱水作用要发生凝集而结块。

影响牛乳对酒精稳定性的因素如下:

正常牛乳的 pH 为 6.6(pH 6.4~6.8),当牛乳因微生物的生长繁殖而酸度增加时,则牛乳的 pH 下降并向蛋白质的等电点(pH 4.6)移动,蛋白质的稳定性下降,此时与酒精相混,由于酒精的脱水作用,进一步破坏酪蛋白磷酸钙胶粒的水合作用,改变了胶粒表面的电荷而产生凝集。

正常牛乳中盐类是保持一定平衡的,对酒精的脱水作用是稳定的,但是当乳中的盐类出现不平衡,尤其是钙盐含量增加时,与酒精相混可由于酒精的脱水作用,使乳内的盐类处于混乱状态,酪蛋白酸磷酸钙胶粒的稳定性进一步下降,产生凝固。乳中的乳白蛋白及乳球蛋白含量增多导致牛乳对酒精的不稳定性而凝固。酒精的 pH 下降及酒精浓度、酒精用量的增加而导致牛乳凝固。

(2)酒精试验的方法。取一定量中性的 72%浓度的酒精于试管中,再取减半的牛乳置于上述试管中,混匀并观察之,若出现絮状沉淀者,说明牛乳蛋白的稳定性较差,须进一步检测或不予收纳,无絮状沉淀出现者可予以贮存及出售或收购(见表 6–8)。

表 6–8　不同浓度的酒精与出现蛋白质絮状沉淀时牛乳酸度的关系

酒精浓度/% Vol.	蛋白质出现絮状沉淀的酸度/°T
60	28
68	20~22
70	19~20
72	18

(九)酸度测定

吸取 10 毫升牛乳,置于 250 毫升三角瓶中,加入 20 毫升蒸馏水,再加入 0.5 毫升 0.5%酚酞乙醇溶液,小心摇匀,用 0.1N 氢氧化钠标准溶液滴至微红色,在 1 分钟内不消失为止。消耗 0.1N 氢氧化钠标准溶液的毫升数乘以 10,即得酸度(°T)。

滴定酸度终点判定标准颜色的制备方法：取滴定酸度测定的同批和同样数量的样品如牛乳 10 毫升，置于 250 毫升三角瓶中，加入 20 毫升蒸馏水，再加入 3 滴 0.005%碱性品红溶液,摇匀后作为该样品滴定酸度终点判定的标准颜色。

(十)脂肪的测定

乳中脂肪的测定主要常用的有巴布科克法和盖勃法。先破坏脂肪球的皮膜使脂肪成为疏水性的物质与水相分离,从而达到测定的目的。

1. 巴布科克法

准确吸取 20 ℃ 17.6 毫升的牛乳样品,注入巴布科克乳脂瓶中,再取 17.5 毫升的硫酸,沿瓶颈缓缓流入瓶中,将瓶颈回旋,使充分混合至呈均匀棕色液体,继续摇动

2~3 分钟，将乳脂瓶置乳脂离心机中，以 350 转/分离心 5 分钟，取出后向瓶中加 60 ℃热水至分离的脂肪层在瓶颈部刻度处，再用同样的转速旋转 2 分钟，取出置60 ℃水浴中保温 5 分钟，取出立即读数，读数时要将乳脂肪柱下弯月面放在与眼同一水平面上，以弯月面下限为准，所得的数值既为脂肪的百分数。

2. 盖勃法

量取硫酸 10 毫升，注入牛乳乳脂计内，颈口勿沾湿硫酸，用 11 毫升吸管吸取牛乳样品至刻度，加入同一牛乳乳脂计内，再加入异戊醇 1 毫升，塞紧橡皮塞，充分摇动，使牛乳凝块溶解。将乳脂计放入 65~70 ℃的水浴中保温 5 分钟，转入或转出橡皮塞使脂肪柱适合乳脂计刻度部分，然后置离心机中以 350 转/分离心 5 分钟，再放入 65~70 ℃的水浴中保温 5 分钟，取出立即读数，读数方法同巴布科克法，所得的数值即为脂肪的百分数。

（十一）异常乳的检验

1. 掺水或脱脂的检验与计算

对原乳有怀疑时，应采用牛舍乳样进行分析。在无法取得牛舍乳样时，也可从乳样测出的成分计算与规定标准相差之百分率。在判断掺水时，应以其他方法，如乳清折射率测定或冰点测定来鉴定。

加入水百分数（%）=（$E-E1$）/E×100。

加入脱脂乳百分数（或取出脂肪百分率，%）=（$F-F1$）/F×100。

式中，E 为牛舍乳样中或标准规定的非脂乳固体百分数；$E1$ 为被检样中的非脂乳固体百分数；F 为牛舍乳样中或标准规定的脂肪百分数；$F1$ 为被检样中的脂肪百分数。

2. 氯化物的测定

用吸管吸取 20 毫升牛乳于 200 毫升容量瓶中，加入 10 毫升的 20%硫酸铝溶液及 8 毫升 2 N 的氢氧化钠，混匀，加水至刻度，混匀后过滤。取 100 毫升滤液，注入 250 毫升的三角瓶内，加入 1 毫升 10%的铬酸钾溶液，用 0.028 17 N 的硝酸银溶液（每升水溶入 4.788 克硝酸银，需标定），滴定到红砖色（1 毫升 0.028 17 N 的硝酸银相当于 1 毫克的氯）。滴定前，须用石蕊试纸测定溶液酸碱性，如果呈酸性，则须事先用氢氧化钠溶液校正至中性。

$$氯的百分数=(V\times100)/1\ 000\times1.03$$

式中,V 为滴定时用去硝酸银的毫升数;1.03 为正常牛乳的比重;$V\times100$ 为每毫升牛乳中含氯量,毫克。

3. 碱性物质的测定

玫瑰红酸定性法。试剂为玫瑰红酸(0.05%乙醇溶液)。

方法:于盛有 5 毫升牛乳的试管中加入 5 毫升玫瑰红酸,用手指堵住管口,摇匀,乳中如有碱性物质则呈黄色,有碱时则呈玫瑰红色,其加入量与颜色的深浅成正比(在检验时应做对照试验)。

4. 蔗糖的测定方法

方法:取 30 毫升牛乳,加入 2 毫升浓盐酸混合,过滤。取过滤液 5 毫升,加入 1 克间苯二酚,置于沸水浴中 5 分钟,有蔗糖存在时,即有红色出现。

5. 淀粉的检出

取 5 毫升牛乳注入试管中,稍稍煮沸,待冷却后,加入数滴碘液(碘的酒精溶液或 0.1N 的碘液),有淀粉存在时,则有蓝色或青蓝色沉淀物出现。

6. 尿素的检出

取混合试剂 1 毫升(混合试剂由 1%亚硝酸钠溶液与浓硫酸 1:2 比例配成)放入试管内,加入牛乳 2 毫升,充分摇匀混合,加 1%二苯胺浓硫酸溶液 1~2 滴再摇匀,观察反应,无色为阳性。

第九节　生鲜乳质量控制技术

一、饮水与饲料质量控制技术

(一)饲料与饲草质量控制技术

饲料与饲草(含青、黄贮饲草)是奶牛的主要食物,其质量的好坏直接影响着牛奶的质量。奶牛混合精料中违规使用添加剂,饲料饲草中污染物超标、霉变腐败是影响牛奶质量的重要因素。

优质与发霉牧草的外观比较。饲料与饲草的霉变主要由霉菌滋生引起,霉菌产生霉菌毒素,是奶牛饲料与饲草的主要污染源之一。霉菌主要包括黄曲霉菌、寄生曲菌、疣孢青霉菌、轮孢镰刀菌、禾谷镰刀菌、拟枝孢镰刀菌等，以黄曲霉菌为主。

饲料中不得随意添加法规许可外的添加物质：以谷物类为主的奶牛混合精料禁止使用动物源性饲料原料；蛋白类、维生素类、矿物类浓缩预混饲料严禁添加非法添加物，中草药添加也要严格控制。

通过添加防霉制剂防止饲料霉变：饲料用防霉剂能降低饲料中微生物的数量，控制微生物的代谢和生长，抑制霉菌毒素的产生，预防饲料贮存期营养成分的损失，防止饲料发霉变质并延长贮存时间。防霉剂主要成分包括季铵盐衍生物、卡松、表面活性剂、增效剂等。

草捆防霉技术：苜蓿、羊草等刈割后不能直接打捆，要晾晒到适宜的水分含量时再打捆贮运。对水分含量达标的草捆进行塑料膜密封贮运，既方便运输和贮存，又利于防霉保质，应广泛推广运用。对于较高水分的干草一般不宜打捆，必须打捆时，应采用一些技术措施比如添加防霉剂等。

青贮饲料的防霉技术：青贮饲料的防霉主要是提高青贮的质量，必要时加入防霉制剂。在制作青贮饲料时，应注意：适时收割秸秆，防止受霜冻；秸秆水分不应太高，一般在60%~70%较好；将秸秆切碎，长度在1.0~2.0厘米较好；存放时充分压紧，每立方米存放700~800千克较好。

（二）饲料与饲草中的污染物控制

重金属污染在生鲜乳生产中日益受到重视，牛奶中的重金属污染主要是来源于饲草料中的汞、砷、铬、硝酸盐和亚硝酸盐的污染。世界上主要奶业发达国家对生鲜乳中重金属污染物的含量都有限制，我国对几种主要污染物的限量见表6-9。大部分生鲜奶中的污染物是通过采食饲料和饲草而来，而饲草饲料中的污染物主要来源于土

表6-9　中国生鲜乳重金属限量表（GB 2762—2005）

重金属指标	限量（MLs）/（毫克·千克$^{-1}$）
铅	0.05
汞（总汞Hg计）	0.01
砷（无机砷）	0.05
铬	0.30
硒	0.03

壤和农作物农药的残留、非法或超标使用各类添加剂。使用未受污染的饲草饲料，按标准使用各类饲料添加剂，减少奶牛饲料添加剂特别是阿散酸、洛克沙生等的使用，是降低生鲜奶中污染物的有效手段。

(三)饮用水质量控制技术

饮水是生鲜乳污染的又一重要环节。按照国家标准化奶牛养殖场建设标准，标准化奶牛场奶牛饮水质量应符合 NY 5027—2008《无公害食品畜禽饮用水水质》。强制奶牛场奶牛饮水执行 GB 5749—2006《生活饮用水卫生标准》，是保障生鲜乳质量的重要措施之一。

二、奶牛群体质量控制技术

(一)牛场综合管理

生鲜乳的质量受牛群健康状况、牛场环境卫生、工作人员健康状况等的影响。加强牛场综合管理，提高牛群整体健康水平，减少人畜交互感染利于提高生产水平，提高生鲜乳的质量。

(1)合理选择牛场建设地址、科学布局、合理安排牛位和建造牛床、提高饲喂水平，为牛群创造一个舒适的生活生产条件，提高奶牛福利，提高奶牛群体健康水平，增强抵御疾病的能力，既可以减少治疗疾病的药物残留，还可有效提高奶牛生产水平。

(2)提高饲养管理水平，降低各类代谢疾病的发生，降低奶牛乳房炎和隐性乳房炎的发病率，可使牛奶质量得到有效改善。

(3)加强牛场卫生综合治理，及时清除粪污，可减少场区空气中细菌及微生物的污染。加强牛场蚊、蝇、鼠的灭杀，以减少各种病菌的传播，减少病菌进入牛奶中。

(4)对牛场工作人员特别是挤奶操作人员和饲养人员，要定期进行体检，持有健康证的才能上岗。人员的体检除常规检查以外，还要专门检查布病和结核病。

(5)积极参与 DHI，充分利用 DHI 测定的乳成分和体细胞数据加强牛场管理，监控牛奶质量，及时调整饲养管理技术措施。

(二)兽药残留控制

牛奶中的兽药残留是生鲜乳质量控制的又一重要环节。兽药残留指奶牛健康状况受到威胁后，使用兽药进行治疗，药物经泌乳进入鲜奶中的药物原型以及有毒的代谢物和药物杂质。药物残留控制的技术方案如下。

(1)按规定使用药物。

(2)在药物的使用过程中禁止人药作兽医用药;在病牛治疗过程中不使用国家规定禁用药物。

(3)对抗生素类药物专柜存放登记管理,严格按规定用药。《农业部办公厅关于印发生鲜乳抗生素残留专项整治方案的通知》(农办医〔2010〕17 号)中的《奶牛常用抗生素产品清单》明确了各种抗生素药物的用法用量和弃奶期,规定了主要抗生素药物的弃奶期为 3 天。弃奶期满后,还要对病牛生产的鲜奶进行药物残留检验,符合规定后方可用作为商品原料奶。

三、安全挤奶技术

安全挤奶技术就是控制挤奶过程中产生二次污染的规范性技术。全面推进机械化挤奶替代手工挤奶,是保障生鲜乳质量的重要环节。手工挤奶劳动强度高,操作技术难以规范,工作效率低下,清洁卫生难度大,是造成坏奶的直接原因之一。

我国目前使用的机械挤奶设备主要有移动式和固定式两种类型。移动式主要指手推挤奶车;固定式主要指有专用固定输奶管道、有固定挤奶牛位的设备(包括鱼骨式、单列式、转盘式)。随着奶牛场向规模化、标准化发展,固定挤奶设备得到广泛运用。

固定式挤奶主要有以下优点:一是工作效率高;二是便于清洁;三是便于牛场管理;四是具有封闭的牛奶流通环境,减少二次污染。使用机械挤奶时主要有两个技术要领,一是设备的洁净,二是挤奶操作的规范。严格按照国家标准化奶牛场挤奶及设备管理与维护技术要点操作,控制挤奶过程中的二次污染。

1. 加强设施设备管理

奶牛场应配备与奶牛存栏量相配套的挤奶机械; 挤奶厅布局方便操作和卫生管理;挤奶厅干净整洁无积粪,挤奶区、贮奶室墙面与地面做防水防滑处理;挤奶器内衬等橡胶件及时更新并做好记录,奶罐要保持经常性关闭;输奶管、计量罐、奶杯和其他管状物要保持清洁并加强维护,贮奶罐保持经常性关闭;完全使用机器挤奶,输奶管道化。

2. 加强工作人员管理

建立完善的挤奶卫生操作制度，挤奶工人和管理人员工作服干净，挤奶过程中挤奶工手和胳膊要保持干净。

3. 加强挤奶过程的管理

挤奶前后两次药浴，一头牛用一块毛巾（或一张纸巾）擦干乳房与乳头；将前三把奶挤到带有网状栅栏的容器中，观察牛奶的颜色和形态，对生产牛奶颜色和形态不合要求的奶牛、生产非正常生鲜乳（包括初乳、含抗生素乳等）的奶牛要下架单独挤奶并设单独贮奶容器。

4. 加强挤奶记录工作

按检修规程及时检修挤奶设备，检修情况要记录。

5. 严禁在鲜奶中非法使用添加物

在牛奶中使用添加物，主要目的是增加牛奶重量、提高蛋白质，或者是为了牛奶保鲜。如水、三聚氰胺等；保鲜如甲醛、过氧化氢、硫氰酸盐、纳他霉素、苯甲酸盐、二氧化氯等。

在生鲜乳中人为添加其他物质，严重影响质量安全，这种做法是严重违反国家相关法律法规的行为，要坚决取缔。根据国家对生鲜乳的相关规定，为控制生鲜乳质量，严禁在其中添加任何物质（包括水）。

6. 存贮与运输的污染控制

加强牛奶的存贮与运输管理，防止牛奶遭受二次污染是生鲜乳质量控制的又一重要环节。做好输奶管、贮奶桶、贮奶罐、运输罐的清洗，保持设施设备的洁净是存贮与运输环节污染控制的关键。

7. 规范生鲜乳收购活动

县级畜牧兽医行政主管部门要规范生鲜乳收购许可证核发，加强生鲜乳收购资格的市场准入管理，严格审查开办条件；鼓励乳制品生产企业建设或收购生鲜乳收购站，并将生鲜乳兽药残留检测关口前移至生鲜乳收购站，提前管控兽药残留风险。各级畜牧兽医主管部门要督促指导生鲜乳收购站建立质量安全运行体系，严格管控生鲜乳收购质量，严把生鲜乳收购前质量关，规范填写生鲜乳收购、销售和检测记录。收奶站和乳品加工厂都要严格执行国家《生乳》（GB 19301—2010）和《生鲜乳收购标准》

(GB/T 6914—1986),对生鲜乳进行分级管理,一级牛奶(牛奶中菌落总数小于50万个/毫升)达到90%以上,生鲜乳质量才能得到有效保障。生鲜乳的收购、销售、检测记录和交接单要保存完整,做到信息可查、流向清楚、质量可追溯、责任能追究。

8. 加强生鲜乳收购站管理

各级畜牧兽医行政主管部门要全面检查辖区内生鲜乳收购站“两证一单”,即生鲜乳收购许可证、准运证明和生鲜乳交接单,检查生鲜乳收购、销售和检测记录台账,落实分户留样制度。重点检查是否存在非法添加等违法行为,严厉打击非法从事生鲜乳收购活动,严禁收购违反安全用药和休药期规定等不符合质量安全标准的生鲜乳,经检测不合格的应予销毁或采取其他措施进行无害化处理。对有证据表明已流入乳制品生产环节的存在质量安全风险的生鲜乳,要及时通报同级食品药品监管部门,启动追查机制,保证上市乳制品的质量安全。

第七章　肉牛的饲养管理技术

第一节　肉牛生长发育规律

一、体重增长规律

肉牛在生长过程中，生长速度不是均衡一致的，绝对生长速度即日增重，取决于年龄和起始体重的大小，总的规律是慢—快—慢。在生长转缓点（拐点）以下，日增重逐日上升，不同的动物生长转缓点不同，生长转缓点的出现时期因品种而异，如秦川牛在18~24月龄，而夏洛莱牛在8~18月龄。生产中应该根据这个特点，加强生长转折点之前的饲养，提高生长速度和生产效益。（见图7–1）

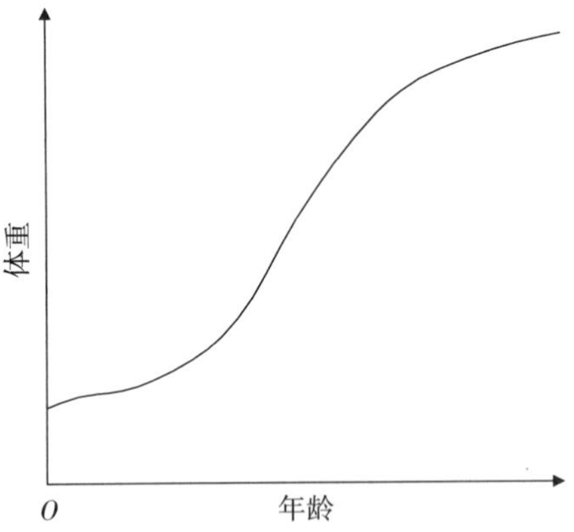

图7–1　牛的典型生长曲线

肉牛的增重速度受饲养管理、遗传、年龄、性别等多种因素的影响。公牛增重最快，其次是阉牛，母牛增重最慢，饲料转化率也以公牛最高。所以饲养生长期的公、母牛应区别对待，在饲养标准上应该不同，给予公牛较高水平的营养，使其充分发育。

饲料不足时，牛的生长速度变慢或停止，当饲料恢复正常时，生长加快，经过一段时间的饲养仍能达到正常体重，这种特性叫“补偿生长”。但在胚胎期和出生后 3 个月龄内的牛以及长期生长严重受阻的，以后则得不到完全的补偿。

二、肉牛各组织的生长规律

肉牛在生长期间，身体各部位、各组织的生长速度是不同的，每个时期有每个时期的生长重点，存在生长重点顺序转移的现象。早期的重点是头、四肢和骨骼，中期则转为体长和肌肉，后期即成年，重点是体重和脂肪。牛在幼龄时，四肢骨生长较快，后期躯干骨骼生长较快。随着年龄的增长，牛的肌肉生长速度从快到慢，脂肪组织的生长速度由慢到快，骨骼的生长速度则较平稳。脂肪组织的生长顺序是开始是板油和网油，随后是皮下脂肪，最后沉积到肌肉纤维之间。

根据这一规律，应在不同的生长期给予不同的营养物质。生长早期应供给丰富的钙、磷和维生素 A 和 D，以促进骨骼的增长；生长中期应供给丰富而优质的蛋白质饲料和维生素 A，以促进肌肉的形成；生长后期应供给丰富的碳水化合物饲料，以促进体脂肪的沉积，加快肉牛的育肥。

三、内脏器官增长规律

肉牛在生长期内，各种内脏器官的增长速度不同。积增长最快，其中瘤胃增长速度比真胃快；就肠道容积或长度而言，大肠增长速度比小肠快；体重增长速度一般较消化器官增长慢。因此，在培育幼牛时，应早日训练吃粗饲料，有利于消化机能的锻炼，为以后消化大量粗饲料奠定基础。但对于种公牛，在幼年时期，不宜饲喂过多的粗饲料，以防形成“草腹”，影响其种用价值。

第二节　肉牛的一般饲养管理要点

一、饲喂技术

(一)饲喂次数

生产中为了降低劳动强度，提高饲喂效果，一般采用日喂 2 次，早晚各喂 1 次的方法。确保牛有充分的休息、反刍时间，提高胃肠道消化机能，减少牛的运动次数。

（二）饲喂方式

比较理想的喂料方式是精、粗、青料按照一定的比例拌在一起饲喂，可提高饲料消化率。但对于较大型育肥牛场，也可采用分开饲喂的办法，要先喂粗料，后喂精料，保证牛吃饱，促进牛多采食，减少剩料量。

（三）饲养方式

舍饲是集约化、产业化生产最常用的饲养方式，也是目前生产最常见的形式，具有生产快、经济效益高的特点。在牧区可利用草地放牧可适用于各个年龄阶段和不同生产目的的牛。

二、管理技术

（一）称重

日增重是肉牛生产性能高低的重要指标。为合理分群和及时了解育肥效果，称重显得十分重要。称重包括育肥前称重、育肥期定期称重及出栏称重。在育肥中最好每月称重 1 次，既不影响育肥效果，又可及时挑选出生长速度慢甚至不长的牛，随时处理。

为避免不同情况下称重造成的误差，一般在早晨饲喂前空腹称重。每次称重的时间和顺序应基本相同。为减轻劳动强度，可以抽取圈存数 10%的牛称重，计算平均数代表全群牛的增重。称重一般用地磅，也可用磅秤，逐个称重。

（二）编号

编号对生产管理、称重统计和防疫治疗工作都具有重要意义。编号在犊牛出生时进行，也可在育肥前进行。采用异地育肥法时，应在牛购进场后立即编号。编号方法有耳标法、挂牌法、漆记法、剪毛法、烙印法等方法。生产中最实用方便的还是耳标法，用专用的耳标钳将耳号挂在牛耳朵上，简单易做，保存时间长，耳号清晰。

（三）分群

育肥前应根据育肥牛的品种、体重大小、性别、年龄、体质强弱及膘情合理分群饲养。合理分群，便于针对不同生理状态采取不同的饲料和饲养管理方式，促进牛的生长，有助于加强管理，提高劳动效率，提高经济效益。也可防止由于牛群大小参差不齐，导致生长不整齐，甚至一些弱小牛发生意外而死亡。牛群的大小应根据饲养管理的要求确定。在饲养时,牛群大小应根据牛舍大小和方便喂料来组群。采用圈群散养时,每群以10~15头为宜。群过大不利于管理,争斗增加;群过小不利于劳动生产力的提高,牛群之间难以形成竞争性采食。

(四)驱虫和消毒防疫

架子牛过渡饲养期结束,转入育肥期之前,应做一次全面的体内外驱虫和防疫注射;在育肥中期结束时,强度育肥前还应驱虫一次。放牧饲养的牛应定期驱虫。外购牛不直接进入生产牛舍,而是先进过渡牛舍饲养,过渡期结束,检查健康后方可转入生产牛舍。对牛舍、牛场应定期消毒,每出栏一批牛,都要对牛舍彻底清扫消毒一次。谢绝参观,避免外来人员未经消毒进入牛舍。

(五)去势

过去多认为去势牛育肥效果好, 经研究, 公牛在2岁前采用不去势肥育效果更好,生长迅速,胴体品质好,瘦肉率高,饲料转化率高。因此,现在育肥牛场普遍饲养不去势公牛作育肥牛。但公牛2岁以上应考虑去势,否则不便管理,且肉中有膻味,影响胴体品质。

(六)限制运动

肉牛育肥的目的是快速增重,故应限制运动,减少消耗。一般采用拴系舍饲育肥方式,让牛定时到运动场适当运动。运动时间夏季在早晚,冬季在中午。如果是放牧饲养方式,在育肥后期一定要缩短放牧距离,减少运动,增加休息,以利营养物质在体内沉积。

(七)做好清洁卫生工作

每天应刷拭牛体,既促进机体的血液循环,又能保证牛体卫生,有利健康。牛舍应每天清粪,保持干净,有条件的应每天清洗牛床,但要保持牛床干燥。牛场整个环境也应定期打扫卫生,保持整洁、卫生,做好绿化遮阳工作。

(八)适时出栏

杂种牛体重超过500千克后,采食量虽不断增加,但增重速度大大下降,若继续饲养不但不会增加收入,反而造成饲料浪费。所以要及时出栏,保证经济效益。

第三节　肉牛犊牛的饲养管理技术

犊牛，系指初生至断乳前这段时期的小牛，肉用牛的哺乳期通常为6个月，所以习惯上把出生至6月龄的牛叫做犊牛。犊牛抵抗力比较差，容易得病，不好管理，尤其是夏冬季发病较多，死亡率较高。分析其原因主要有三个方面：一是先天因素，母体缺乏维生素（比如喂给怀孕、哺乳母牛的干秸秆、棉籽饼较多，喂给的青饲料、胡萝卜较少）；二是后天因素，初生犊牛在两小时内不能吃上初乳；三是犊牛出生后，由于管理不善，消化道感染病原体所致。犊牛的饲养管理应注意下面几个环节。

（1）犊牛新生后，应从母牛身边转移至温度适中的环境中（16~24 ℃），擦干口鼻部和身体上的黏液。确保新生犊牛呼吸，有时需要刺激呼吸，给犊牛面部喷冷水的方法诱导犊牛喘息最有效，也可用粗草或小指刺激鼻孔。

（2）犊牛正常呼吸后，进行断脐。犊牛脐带往往会被自然扯断（未断者距腹部8~10厘米处剪断），将脐带内血液挤出，用7%碘酒认真浸泡、消毒，结扎。

（3）随后对犊牛进行称重、编号、填写档案、移入干燥、避风、洁净舒适的犊牛栏内。注意保温，垫草每天更换一次，保持干燥、卫生。

（4）早吃初乳。初乳是母牛产犊后5~7天内所分泌的乳，初乳色深黄而黏稠，干物质总量较常乳高1倍，含有十分丰富的养分、各种免疫抗体和溶菌酶，可以增强犊牛的抗病力；初乳还含有较多的镁盐，有助于犊牛排出胎便。此外，初乳中各种维生素含量较高，对犊牛的健康与发育有着重要的作用。一般牛犊出生后0.5~2.0小时，要使其吃到初乳，并每天保持喂奶3~5次，第1次喂量可达2~3千克（一般第1次给初乳占犊牛体重的4%~5%），尤其在出生3天内喂初乳量要达到15~18千克，后几天，可按体重10%左右喂给初乳。

（5）早期断奶一般指1~2月龄断奶，也可3个月，待犊牛每天可以吃进1千克干食料时，就可以断奶了。刚断奶的牛犊，要喂给营养丰富、易于消化的饲料，应注意不要突然更换饲料，预防腹泻。

（6）犊牛一般在10日龄时出现反刍，15日龄就可以采食一点柔软的干草，30日龄时其胃肠机能已基本发育健全。要根据犊牛的生理特点和饲养标准配合日粮，让犊牛尽量早一点吃上草料，可防止其舔食异物，促进犊牛发育，一般于 10 日龄前就开始喂给易消化的麦麸、玉米粉及豆粉等，喂完奶后将料涂在犊牛嘴唇上诱其舔食，15 日龄让其自由采食晒制的青绿干草。

（7）防好“三病”

① 脐带炎，犊牛出生后由于脐带断端遭受细菌感染而引起的化脓性坏疽性炎症，为犊牛多发疾病。正常情况下，犊牛脐带在产后 7~14 天干枯、坏死并脱落，脐孔由结缔组织形成瘢痕和上皮而封闭。由于牛的脐血管与脐孔周围组织联系不紧密，脐带发炎、化脓与坏疽。

犊牛发病后初期常不被注意，仅见犊牛消化不良、下痢，随病程的延长，精神沉郁，体温升高至 40~41 ℃，常不愿行走。脐带断端湿润，用手挤压可见脓汁，具有恶臭味，也有的因断端封闭而挤不出脓汁，但见脐孔周围形成脓肿。患犊常消化不良，腹泻或膨胀，弓腰，瘦弱，发育受阻，如及时治疗，一般预后良好。

② 犊牛白痢，又叫犊牛大肠杆菌病，是由一些血清型不同的致病性大肠杆菌引起的初生犊牛的急性传染病，以 7 日龄内的犊牛多发，死亡率较高。该病以腹泻为主要特征。临床可分为肠毒血型、败血型和肠炎型多种。肠毒血型病牛病程短促，一般不表现临床症状，在 3~6 小时死亡；败血型病牛精神沉郁，食欲减退或废绝，心跳加快，黏膜出血，关节肿痛，体温升高到 40 ℃，粪便由淡黄色粥样变为淡白色水样，其中常混有凝血块、血丝和气泡，气味恶臭，急性在 1~3 天内死亡，死亡率高达 90%以上；肠炎型病牛粪便先白色后变黄带血，后躯污染严重，粪便恶臭，一般身体消瘦、虚弱，如不及时治疗，在3~5 天内会因脱水死亡。

③ 犊牛肺炎，犊牛出生过程中，羊水吸入支气管或肺泡内；犊牛哺乳时呛奶造成；犊牛圈环境卫生条件差，受寒受风；初乳吃得迟或量不足，得不到抗体易患犊牛肺炎。主要症状为呼吸困难、体温升高，常并发败血症，不死者可转为慢性，长期咳嗽，被毛蓬乱，消瘦或下痢，贫血，增长极慢。

第四节　肉牛育成牛的饲养管理技术

青年牛也称育成牛或后备牛，一般是指断奶后至第一次产犊前的小母牛或开始配种前的小公牛，在年龄上一般为6~18月龄阶段，在这一阶段，牛处于生长最强烈、代谢最旺盛的时期，生长发育最快，体重的增加呈直线上升。

一、育成公牛的饲养管理

育成公牛的培育直接影响着牛的生长发育、体型结构及其种用性能及整个牛群的质量。实际生产中，由于育成公牛不产生直接的经济效益，而体质又不像犊牛那么脆弱，也不易患病，因而人们往往对育成公牛的饲养较为粗放，但育成公牛的培育方向是种用，培育的好坏直接会影响到以后整个牛群的质量和养牛的经济效益，故育成公牛的培育应给予足够的重视，决不能粗心大意。

（一）育成公牛的饲养

育成公牛的生长比育成母牛快，因而所需的营养物质较多，特别需要以精料的形式提供能量，以促进其迅速的生长和性成熟。如果营养水平较低，不能满足其营养需要，会延迟性成熟的到来，并导致生产品质低劣的精液和生长速度减慢。育成公牛的饲料应选用优质青干草，不要用酒糟、秸秆、菜籽饼、棉籽饼等粗饲料。冬春季节没有青草时，每天每头牛喂0.5~1.0千克胡萝卜来补充维生素的不足，日粮中的矿物质也要补足。

育成公牛的饲养，应保证青粗饲料的品质，增加精饲料的饲喂量，以获得较高的日增重并防止形成“草腹”。10月龄时让其自由采食牧草、青贮料、青刈饲料或干草，同时作为日粮主要部分的精料也要供给，具体喂量依粗饲料的质量和数量而定。以青草为主时，精粗料的干物质比例为（55~50）:（45~50）；以干草为主时，其比例为60:40。在饲喂优质粗料的情况下，精料中粗蛋白质的含量以12%左右为宜。

（二）育成公牛的管理

在管理上，犊牛断奶后进入育成期就应与母亲隔离，单槽饲喂。

1. 适量运动

必须坚持运动，运动可加强育成公牛的器官发育，促进新陈代谢，强壮肌肉，防止过肥，还可提高性欲和精液质量。要求上下午各进行一次，每次1.5~2.0小时，行走距离约为4千米。运动的方式有旋转架运动、套爬犁或拉车运动等。但运动过度或使役过重，同样对公牛的健康和精液品质不利。

2. 刷拭牛体

应经常刷拭牛体，最好每天刷拭一次，以保证牛体的清洁卫生和健康。同时也利于做到人牛亲和，防止发生恶癖。

3. 采精

育成公牛生长发育正常时，可在18月龄时进行采精，但一定要控制采精频率，一般每周采精一次，建立起反射，利于日后成年公牛的采精。育成公牛达到2岁时，即转入正常采精，一般每周两次。

二、育成母牛的饲养管理

母牛进入育成期后应根据不同的年龄阶段、不同生长发育特点以及不同消化能力进行正确的饲养。尤其18~24月龄母牛已配种受胎，进入妊娠期，应加强饲养管理，提高生产性能。

（一）育成母牛的饲养

1. 前期：6~12月龄

此时期是牛生长发育最快的时期，性器官和第二性征发育很快，体躯向高度和长度两方向急剧增长，为母牛的性成熟期。此时，前胃虽然较为发达，容积比犊牛扩大了1倍左右，但是不能保证采食足够的青饲料来满足此时的强烈生长发育所需的营养物质，另外消化器官本身还处于强烈的生长发育阶段，需增加青粗饲料的喂量来继续锻炼。因此，在饲养上要求供给足够的营养物质，所喂饲料必须具有一定的容积，精粗料比例适当，以刺激其前胃的生长。此时期饲喂的饲料应选用优质干草、青贮料、农作物秸秆等，同时还必须适当补充一些混合精饲料。一般而言，日粮中干物质的75%应来源于青粗饲料，25%来源于精饲料。从9~10月龄开始，便可掺喂秸秆和谷糠类粗饲料，其比例应占粗饲料总量的30%~40%，精料应占日粮总量的40%~50%。日粮配方可参考混合精料1.8~2.0千克，优质青干草2.0千克，青贮料6.0千克。

2. 中期：12~18月龄

此时期育成牛消化器官进一步扩大，消化能力增强，为了促进其消化器官的生长，日粮应以精饲料和易消化饲料为主，其比例应占日粮总量的75%，其余25%为混合饲料，以补充能量和蛋白质的不足。由于此时期育成母牛既无妊娠负担，也无产奶负担，因而通常日粮水平只要能满足母牛的生长即可。利用好的干草、青贮料、半干青贮料，添加少量精料就能满足母牛的营养需要，可使牛达到0.6~0.65千克的日增重。在优质青干草、多汁饲料不足和计划较高日增重的情况下，则必须每天每头牛添加1.0~1.3千克的精料。

3. 后期：18月龄至初次分娩

这时期体躯显著地向宽深方向发展，在饲料条件丰富的情况下，牛体内容易贮积过多脂肪，导致牛体过肥，造成不孕。如果饲料过于贫乏，又会使牛的生长受阻，导致体躯狭浅，四肢细高，泌乳能力差。所以要保证营养，防止过肥，注意保胎，安全分娩。

（二）育成母牛的管理

1. 分群

应按月龄、体重分群饲养，每群数量越少越好，要参照场地、牛舍而定，最好为20~30头。应对群内个体间的体重、月龄差有一个控制指标，相差间距越小越有利分群与管理。应严格防止因采食不均造成发育不整齐，要随时注意观察牛变化情况，根据体况分级及时调整。

2. 及时配种

在一般情况下，育成牛的初情期出现在8~12月龄，16月龄体重达到350~380千克时开始配种。要在计划配种的前2~3个月开始观察发情规律，以便顺利配种。

3. 饮水

育成期间保证供给足够的饮水，采食的粗饲料越多，水的消耗量越大，6月龄时每日15升，18月龄时约40升，因地区气候条件不同会有增减。

4. 卫生

环境应清洁、干燥。寒冷的环境影响小牛发育，特别是潮湿下的寒冷影响更大，要充分利用牛自身的保温能力，增加必要的粗饲料量。牛舍除湿可以用垫草（切碎稻草或锯末）吸湿，每头日需要量3~4千克，要勤垫勤换。

5. 运动与光照

没有必要大运动量，像放牧样的自由活动是健康的保障，在12月龄之前更应运动。阳光除了促进钙的吸收外，还可以促使体表皮垢的自然脱落。皮肤代谢物不及时除掉，牛会产生“痒感”，长期慢性消耗精力也会影响牛的发育，会造成牛场设施被破坏。还要注意消灭蚊蝇，除了向牛体与环境喷洒药物外，每年早春（1—2 月）消灭蚊蛹也是必要的。

6. 防治蹄病

育成牛的蹄质软、长得快，磨损面并不均衡，所以 10 月龄要修蹄一次，以后每年春、秋两次。

三、繁殖母牛的饲养管理

在肉牛饲养中，繁殖母牛的受胎率和犊牛断奶重是影响肉牛业成功与否的两个最重要的因素，而这两个因素又都受饲料及饲养条件影响。繁殖母牛的生产性能，在整个肉牛业中占有重要的地位。繁殖母牛的营养需要包括维持生长、繁殖和泌乳的需要，这些需要可以用粗饲料和青贮饲料来满足。繁殖母牛的生长受母牛个体、产奶量、年龄和气候的影响，其中受母牛个体的影响最大，母牛的个体越大，生出的牛犊也就越大。母牛体重每增加 45 千克，犊牛断奶重也就增加 0.5~7.0 千克。一般来说大型母牛对饲料的需要量高，因此饲养母牛的牛场注意两点：首先是大犊牛的价格是否能超过母牛多吃饲料的成本，其次是大犊牛出生时是否能造成难产。母牛产犊率主要受犊牛出生前 30 天和出生后 70 天的营养状况的影响，这 100 天是母牛到犊牛生产体系中最关键的时期。对于母牛饲养中关键性营养问题要注意以下方面。

（1）对繁殖母牛能量是比蛋白质更重要的限制因子。

（2）磷的缺乏对母牛的繁殖率有不良影响，补充维生素 A 可以提高青年母牛的繁殖率。

（3）产犊前后 100 天的饲料、饲养状况对于母牛的发情率和受胎率起着决定性作用。产犊后由于母牛产奶量增加了，对饲料的需要量也随之大幅度增加，因而哺乳母牛的营养需要量比妊娠期高 50%。如果达不到这一点，就会导致母牛体重下降，不能发情或受孕。

（4）在怀孕期间，母牛的总增重至少要超过 45 千克，产犊后每天母牛增重 0.25~0.30 千克，直到配种完毕。如果母牛产犊时体况瘦弱，产后日增重应达到 0.3~0.9 千克，这就需要产犊前每天饲喂 6~10 千克等质量的干草，产犊后每天要饲喂 6.0~12.7 千克干草加 2 千克精料。同时还要注意蛋白质、无机盐和维生素的供应。

(5)调整母牛产犊季节。肉牛生产上为了便于管理和集中上市,均采用季节性产犊方式。肉用母牛在春季或秋季产犊,通常春犊优于秋犊,主要体现在以下方面。

① 春季产犊母牛在上年夏季配种,此时期饲草丰盛,复膘较快,发情整齐,容易受孕,整个母牛群可获得较高的产犊率。

② 所产犊牛可以在秋季断奶出售,个体差异较小,市场需求量大。

③ 春季产犊,由于母牛的泌乳期和犊牛的饲养期正处在饲草丰富的春夏两季,故可以减少精料补饲,节省饲养成本。

④ 若所产犊牛作为周岁以上的生长肥育牛出售,可减少一个过冬饲养期;倘若在秋季断奶出售,则无须过冬饲喂,可以节省劳力。

调节母牛的产犊季节,有计划地安排配种、产犊,使生产和产品的需求协调,使饲料生产、饲草供应和牛群的需要相协调,从而提高母牛的繁殖率。在冬季气候恶劣,饲料条件较差的西北牧区,为了保证母牛健康,犊牛健壮,要尽量安排在饲料充足、气候温和的季节产犊。因此,宜在6—8月集中配种,次年春末夏初集中产犊。

(6)繁殖母牛的冬季饲养管理。对繁殖母牛,良好的冬季饲养条件可以提高其繁殖率、犊牛出生重和断奶重。粗饲料可以作为怀孕母牛冬季的主要饲料,也可以用青贮加干草来饲喂,这里提醒养殖者注意的是含杂物多或发霉的饲料,绝对不能饲喂怀孕牛。在晚秋和冬季,给母牛饲喂质量很低的粗饲料时,要注意补充青料。补充的原则是不让母牛减轻体重,否则母牛的繁殖性能就会受到严重影响。在母牛的冬季饲养管理中,以干物质为基础,怀孕母牛每天的饲料需要量:瘦母牛占体重的2.25%,中等体况的母牛占体重的2.00%,体况好的母牛占体重的1.75%。母牛哺乳期间对饲料的需要量应该相应增加50%,因此哺乳母牛和干奶牛应该分开饲养。这样既能满足哺乳母牛的营养需要,又可以防止干奶牛采食过量浪费饲料。

非哺乳期怀孕母牛和哺乳期母牛的饲养管理,除了胎儿的生长外,非哺乳期怀孕母牛的体重,应该保持适度增加,日增重0.23千克左右,或在非哺乳期总增重达到45~68千克,为以后的哺乳期储备养分。对饲喂小麦秸的怀孕牛应该补饲含32%粗蛋白质、2.5%钙、2.25%磷、0.7%镁和0.34%硫的补充料。

在母牛的哺乳期,产奶阶段比怀孕阶段需要的饲料更多。母牛产奶量的多少,决定了犊牛的生长速度。为了提高产奶量,在冬季要给母牛补饲少量的精料,一般秋季产犊的母牛，在整个冬季每天要补饲 1.7~1.8 千克的精料。此外，哺乳母牛的能量需要量比怀孕母牛高出 50%，而蛋白质、钙和磷的需要量，则高出 1 倍。

在母牛的整个饲养过程中，可以充分发挥农作物秸秆的作用，因为在不影响产犊的情况下，为降低饲养成本，充分利用农作物秸秆资源是发展母牛群的可行方法。在繁殖母牛的日粮中，玉米秸秆是母牛从怀孕到产犊前 30 天内最经济的饲料。在以玉米秸秆饲喂为主的情况下，每天每头牛需补饲 0.25 千克蛋白质，含量为 30%~40%补充量就可以了。而对哺乳母牛和生长牛则要补充给更多的蛋白质。饲喂玉米秸秆时，必须补磷。对泌乳牛还要注意补充钙，补饲的钙磷比为怀孕牛 1:2，产奶牛为 1:1。母牛产犊前每天每头牛对维生素 A 的需要量为 27 毫克，产犊后每天每头牛为 3.9 毫克。补充维生素 A 可以把维生素 A 添加在饲料内饲喂，也可以进行肌内注射。

(7)管理要点

① 必须供给清洁新鲜饮水。限制饮水或饮水不足，则严重影响饲料采食量，并降低增重率。成年母牛的饮水量为摄入饲料平均重量的 3.5 倍。饮水量与气温有关，通常冬季的饮水量约比夏季少 25%。

② 肉用母牛 12 个月产犊一次，无论是春季或秋季产犊，都必须在产后 85 天内配种。因此，产后母牛必须供给较多的能量饲料，否则可能产生发情和配种延迟，影响繁殖率。

③ 每头母牛要登记建档，有编号、配种计划、产犊计划，要根据年龄、膘情及性情，合理分群管理。

④ 肉用母牛要加强运动，最好进行放牧。舍饲期每日最好驱赶运动 2~3 小时，然后在运动场上自由活动。

⑤ 怀孕牛单独组群饲养。怀孕后期应做好保胎工作，防止猛跑、挤撞。临产前留在产房中，不可放牧。肉牛难产比例较大，需要做好接产助产工作，保证安全产犊。

第五节　肉牛育肥技术

一、乳犊牛生产技术

(一)小白牛肉生产

小白牛肉生产是指犊牛出生后，完全用全乳、脱脂乳或代乳粉饲喂 100 天左右，体重约为 100 千克时屠宰的小牛肉。其肉质鲜嫩,肉色全白或稍带浅粉色,营养价值在肉类中最高。其蛋白质含量比一般牛肉高 63.8%,脂肪却低 95.9%,同时含有人体必需的氨基酸和维生素,而且容易消化和吸收。

特点:屠宰年龄小,牛肉色泽较淡(全乳或代乳粉中缺乏铁元素),柔嫩多汁,芳香,又称小白牛肉,是一种昂贵的高档牛肉。

小白牛肉生产成本较高,但肉的销售价格十分昂贵。进行乳犊肥育的关键是产品要有稳定的销路,否则会造成经济损失。

(二)小牛肉生产

犊牛出生后饲养至 7~8 月龄或 12 月龄以前,以乳或代用乳为主,辅以少量精料饲养所生产的肉称为小牛肉。

小牛肉富含水分,鲜嫩多汁,含蛋白质多而脂肪少,肉质呈粉红色。犊牛肥育 7~8 月龄,体重达到 250~300 千克,屠宰率在 58%~62%。

小牛肉分大胴体和小胴体。胴体重 130~150 千克称为小胴体; 如果肥育 8~12 月龄,屠宰活重达到 350 千克以上,称为大胴体。

二、持续肥育法

持续肥育法是指犊牛断奶后,立即转入肥育阶段进行肥育,一直到出栏体重(12~18 月龄,体重 400~500 千克)。广泛用于美国、加拿大和英国。

使用这种方法,日粮中的精料大约可占总营养物质的 50%以上。既可采用放牧加补饲的肥育方式,也可采用舍饲拴系的肥育方式。

持续肥育由于在饲料利用率较高的生长阶段保持较高的增重,加上饲养期短,故总效率高,生产的牛肉鲜嫩,仅次于小白牛肉,而成本较犊牛肥育低,是一种很有推广价值的肥育方法。

三、后期集中肥育法

对 1.5~2.0 岁未肥育或不够屠宰体况的牛,在较短时间内集中较多的精料和糟渣类饲料饲喂,让其增膘的方法,叫后期集中肥育法。

这种育肥的方式还包括淘汰的乳用、役用及繁殖母牛的肥育,即肉用繁殖母牛的肥育。后期集中育肥对于改良肉牛品质，提高肥育牛经济效益有明显的作用。

四、架子牛肥育技术

充分发挥肉牛快速生长优势，提高饲料报酬，加快肉牛出栏是提高育肥牛效益的关键。因此，必须把握好以下环节。

（一）架子牛的选购

从品种上，首选西门塔尔、夏洛莱等肉牛的杂交后代，其次选购荷斯坦公牛或荷斯坦牛与本地牛的杂交后代。从年龄体重上，1.0~1.5 岁体重在 300 千克左右的架子牛最适宜育肥。从性别上，没有去势的公牛最好，其次为去势的公牛（阉牛），再次是母牛。

（二）育肥时间

1.0~1.5 岁体重 350 千克左右的青年架子公牛，一般强度育肥 4 个月左右，体重达 500 千克以上出栏。成年牛或残老淘汰牛一般快速催肥 3 个月左右，体重 600 千克以上出栏。

（三）饲养管理

1. 饲养技术

（1）育肥前期（育肥开始 30 天内）主要以恢复适应为主，及时驱虫、健胃，做好防疫工作。

① 恢复适应：从外地选购的架子牛，育肥前要有 7~10 天的恢复适应期。进场后先喂 2~3 千克干草，再及时饮用新鲜的井水或温水，日饮 2~3 次，切忌暴饮。按每头牛在水中加 100 克人工盐或掺些麸皮效果较好。观察是否有厌食、下痢等症状。第二天起，粗料可铡成 1 厘米左右，逐渐添加青贮和混合精料，喂量逐渐增加，经 5~6 天，逐渐过渡到育肥日粮。精粗料的比例为 3:7，日粮粗蛋白水平在 12%左右。

② 驱虫：口服丙硫咪唑（别名：阿苯达唑）驱杀体内寄生虫，剂量为每千克体重 10 毫克，结合注射伊维菌素，预防疥癣、虱等体外寄生虫病的发生。或按每 100 千克体重皮下注射虫克星注射液 2 毫升，可驱除牛体内外绝大多数寄生虫。一旦发现疥癣等皮肤病患病牛，应及时隔离，用杀螨剂消毒牛舍及被污染的用具，可注射伊维菌素，并在患处涂抹硫酸铜溶液治疗。

③ 健胃：驱虫后3天，灌服健胃散500克/次，每天1次，连服2~3天。或用大黄苏打片健胃，剂量每15千克体重喂1片。

④ 防疫：在当地防疫部门的指导下，在架子牛入舍1周后进行口蹄疫等免疫接种。

（2）育肥中期（中间60~70天）：日粮干物质采食量要达到8千克，粗蛋白水平为11%左右，精粗料比为6:4或7:3。

（3）育肥后期（最后20~30天）：日粮干物质采食量达到10千克，粗蛋白水平10%左右，精粗料比为9:1或8:2。一般在最后10天，精饲料日采食量达到4~5千克/头，粗饲料自由采食。

2. 管理措施

（1）刷拭牛体。育肥牛每日应定时刷拭1~2次，从头到尾，先背腰、后腹部和四肢，反复刷拭，以增加血液循环，提高代谢效率。

（2）限制运动。应将牛拴系在短木桩或牛栏上，缰绳系短，长度以牛能卧下为宜，缰绳长度一般不超过80厘米，以减少牛的活动消耗，提高育肥效果。

（3）牛舍保暖防暑，保持干燥清洁。牛舍地势高燥，坐北朝南，可建成封闭式房舍或敞篷式，冬季搭上塑料薄膜，1头牛占地面积3~6平方米。牛舍要勤除粪尿，经常打扫并保持干燥清洁和空气新鲜。注意饲槽、牛体、饲草料的卫生。

（4）称重。建立育肥档案，记载每批牛饲草料的消耗量，可在育肥开始前和育肥结束后各称重1次。称重在早晨空腹时进行，核算增重情况、育肥效果。

（5）季节管理。肉牛肥育以秋季最好，其次为春、冬季节。夏季气温如超过30 ℃，肉牛自身代谢旺盛，则饲料报酬低。夏季应做好防暑降温工作，冬季应做好防寒保温工作。

（6）疾病防治。对新购入的牛进行全面检查确定健康无病时方可入舍，同时注射口蹄疫、布病、魏氏梭菌等疫苗，防止传染病侵入。

（7）驱虫。育肥前要驱虫（包括体内和体外寄生虫）并严格清扫和消毒房舍。常用驱虫药有丙硫咪唑、敌百虫、螨净等。

（8）饲料配合。在育肥牛的饲喂中可以把精料、粗料、糟渣料、青贮饲料、干草饲料分开饲喂，也可以混合拌匀后饲喂，将组成育肥牛日粮的各种饲料，按比例全部混合，掺匀后投喂。这样的饲料，牛不会挑食，而且先上槽牛和后上槽牛采食到的饲料比例基本都一样，提高了育肥牛生长发育的整齐度。

育肥不宜采食干粉状饲料，因为它一边采食，一边呼吸，极易把粉状料吹起，也影响牛本身的呼吸。育肥牛在采食半干半湿混合料时要特别注意，防止混合料发酵产热，发酵产热后饲料的适口性大大下降，影响牛的采食量。因此，应采取多次拌料，每一次拌料量少一些，以能满足牛 4~6 小时的采食量为限，用完再拌。将拌匀的混合料摊放在阴凉处，以 10 厘米厚为好。

（9）饲喂次数。育肥牛的饲喂次数在我国目前大多数是日喂 2 次或 3 次，少数实行自由采食。自由采食能满足牛生长发育的营养需要，因此长得快，牛的屠宰率高，出肉多，育肥牛能在较短时间内出栏；而采用限制饲养时，牛不能根据自身要求采食饲料，因此限制了牛的生长发育速度。

（10）投料方式。采用少添勤喂，使牛总有不足之感，争食而不厌食或挑剔。但少添勤喂时要注意牛的采食习惯，一般的规律是早晨采食量大，因此早晨第一次添料要多一些，太少了容易引起牛争料而顶撞斗架；晚上饲养人员休息前，最后一次添料量要多一些，因为牛有夜间采食的习惯。

（11）饲料更换。随着牛体重的增加，各种饲料的比例需要有调整，因此在育肥牛的饲养过程中，饲料的变更是常常发生的。但饲料的更换应采取逐渐更换的办法，决不可骤然变更，打乱牛的原有采食习惯，应该有 3~5 天的过渡期，让牛逐渐适应新更换的饲料。在饲料更换期间，要求饲养管理人员勤观察，发现异常应及时采取措施，尽量少因更换饲料而带来损失。

（12）饮水。满足育肥牛饮水需要，采用自由饮水法最为适宜。在每个牛栏内安装能让牛随意饮到水的装置，此饮水设备的位置最好设在牛栏粪尿沟的一侧或上方，饮水设备或供水系统流出的水很快进入粪尿沟，不会弄湿牛场。冬季北方天冷，自由饮水有一定困难，只能定时饮水，但每天至少 3 次。冬季牛的饮水温度应控制在 15 ℃左右。

第六节　奶公牛持续育肥技术

奶公犊断奶后直接转入育肥阶段，给予高水平营养，不用吊架子。育肥期分犊牛期、育成期和催肥期三个阶段。

一、犊牛期

（一）犊牛的选择（0~6 月龄）

选择初生即能站立，0.5 小时之内能行走，吃奶快，食欲旺盛，外形匀称，头方，嘴大，管围粗，身腰长，后躯方，全身肌肉丰盈，膘情中等以上，被毛有光泽，发育良好的健壮犊牛。

（二）饲养方案

1. 哺乳期（0~2 月龄）

（1）犊牛出生后，首先除去口腔鼻孔内黏液，然后距离躯体 10~12 厘米断开脐带，并将脐带内容物挤出，用碘酊消毒，擦干犊牛身上的被毛，称重，剥去犊牛软蹄。

（2）犊牛生后 1 小时内哺喂初乳，12 小时内喂足 6 千克。1~50 日龄每头每天饲喂鲜乳6 千克，51~60 日龄每头每天饲喂鲜乳 4~5 千克，或 1 周后使用代乳粉，每天 3 次。

（3）1 周开始训练采食犊牛料，根据肉牛犊牛饲养标准配制精料，饲料喂量应逐渐增多。

（4）从 10 日龄起训练采食优质青干草，20 日龄起训练采食青绿多汁饲料，60 日龄训练采食青贮饲料。

2. 断奶犊牛（3~6 月龄）

（1）60~70 日龄由湿料逐渐过渡到干料，每头每天饲喂犊牛料 2 千克。同时，自由采食优质青干草、青贮饲料等。按干物质计，日粮精粗比为 1:1，日粮蛋白质占干物质的15%以上。如果粗饲料仅有秸秆，犊牛料粗蛋白水平应在 18%左右，并且每天补充精料 2.0~2.5 千克。

（2）从 120 日龄开始由犊牛料逐渐过渡到育成牛料。

(三)犊牛期管理

(1)新生犊牛饮38 ℃的温水,15天后改饮常温水,每日喂水2~3次,30天后转为自由饮水。保证饮水充足。

(2)哺乳期饲喂必须掌握"三定"原则,即定时、定温、定量,奶温在38 ℃左右。保持断奶犊牛料槽中有料、草,掌握少喂勤添的原则,可自由舔食矿物质砖。

(3)犊牛饲养方式可采用单栏或群饲,每头断奶犊牛应有4~6平方米的运动面积。保持牛舍干燥、清洁、通风换气良好,冬季注意保暖,铺上垫草。

二、育成期

(一)饲养方案(7~12月龄)

(1)以自由采食青粗饲料为主,适当补饲精料,必须充足供应优质干草。精料量随粗料品质而异,一般每天喂混合料2.0~2.5千克。

(2)日粮配制可参照干物质精粗比为35:65,日粮蛋白质占干物质的13.5%。同时注意补充矿物质添加剂。

(3)采用全混合日粮饲喂技术。

(二)管理

(1)采用围栏散养。每个圈舍15头左右,每头牛运动面积不少于6~8平方米,食槽长度不少于0.5米。

(2)自由采食和饮水,保持圈舍清洁卫生,7月龄驱虫一次。

三、育肥期

(一)日粮配制(13~18月龄)

(1)配制原则。根据本场饲料资源条件和预期增重水平,参照NY/T 815—2004的规定进行日粮配比。根据实际增重及时调整饲料配方和喂量,体重500千克以上出栏。

(2)日粮中应适量添加维生素、矿物质微量元素等预混料。

(3)粗饲料的选择应用。青贮饲料、微贮秸秆、干秸秆等不宜单独作为粗饲料。饲喂酒糟应保证优质新鲜,遵循由少到多、逐步适应的原则,每头牛日喂量(鲜重)10~15千克。

(4)精饲料的选择应用

第一阶段(13~14 月龄):精料量按照体重 1%左右供给,粗饲料自由采食;蛋白质占日粮干物质的 13.5%左右。

第二阶段(15~16 月龄):精料量按照体重 1%左右供给,粗饲料自由采食;蛋白质占日粮干物质的 13%。

第三阶段(17~18 月龄):育肥前集中驱虫 1 次,驱除体内、体外寄生虫。

(二)管理

(1)采用围栏散养或拴系饲养。每个围栏 40~60 平方米,每头牛占有牛舍面积为 4.0 平方米,每圈 10~15 头。拴养时每头牛定槽、定位,绳长以拴后不影响起卧为度,限制运动。

(2)定时、定量喂料,自由饮水。日喂 2~3 次,每次不超过 3 千克,精粗饲料拌匀后饲喂,最好采用全混合日粮饲喂技术。

(3)确保牛舍冬暖夏凉,保持牛舍和牛体卫生。夏季采取防暑降温措施,搭遮阴棚,保持通风良好。

第七节　高档雪花牛肉生产关键技术

一、品种的选择

我国一些地方良种如秦川牛、鲁西黄牛、南阳牛、晋南牛、延边牛等具有耐粗饲、成熟早、繁殖性能强、肉质细嫩多汁、脂肪分布均匀、大理石纹明显等特点,具备生产高档牛肉的潜力,以其为母本与引进的国外肉牛品种杂交,杂交后代经强度育肥,不但肉质好,而且增重速度快,是目前我国高档肉牛生产普遍采用的品种组合方式。但并不是所有的组合后代都适合生产雪花牛肉,如西门塔尔、夏洛莱和皮尔蒙特等增速快、出肉率高的肉牛品种与国内地方品种进行杂交繁育的后代,适合生产脂肪含量适中的高档红肉。要想生产符合市场需求的雪花牛肉,首要任务是选对品种,生产雪花牛肉可以选择安格斯牛或日本和牛等作父本,与早熟、肌纤维细腻、胴体脂肪分布均匀、大理石花纹明显的国内优秀地方品种,如以秦川牛为第一母本,西秦杂种母牛为第二母本的母牛群。选用适应性强、早熟、产犊容易、胴体品质好、产肉量高、肌肉大理石花纹好的日本和牛等优秀种公牛冻精进行杂交改良，可以储备生产高档肉牛后备牛。

二、年龄与体重

选购育肥后备牛年龄不宜太大，用于生产高档雪花牛肉的后备牛年龄一般在4~6月龄，膘情适中，体重在130~200千克比较适宜。如果选择年龄偏大、体况较差的牛育肥，按照肉牛体重的补偿生长规律，虽然在饲养期结束时也能够达到体重要求，但最后体组织生长会受到一定影响，屠宰时骨骼成分较高，脂肪成分较低，牛肉品质不理想。

三、性别要求

公牛体内含有雄性激素是影响生长速度的重要因素，公牛去势前的雄性激素含量明显高于去势后，其增重速度显著高于阉牛。一般认为，公牛的日增重高于阉牛10%~15%，而阉牛高于母牛10%。就普通肉牛生产来讲，应首选公牛育肥，其次为阉牛和母牛。但雄性激素又强烈影响牛肉的品质，体内雄性激素越少，肌肉就越细腻，嫩度越好，脂肪就越容易沉积到肌肉中，而且牛性情变得温顺，便于饲养管理。因此，综合考虑增重速度和牛肉品质等因素，用于生产高档雪花牛肉的后备牛应首选去势公牛，母牛次之。

四、饲养技术

大理石纹牛肉生产育肥饲养分前期、中期和后期3个阶段。

（一）前期（7~13月龄）主要保证骨骼和瘤胃发育

推荐日粮：粗蛋白质12%~14%，可消化能（12.56~13.39）$\times10^{12}$千焦/千克，钙0.5%，磷0.25%，维生素A 2 000 IU/千克。精料采食量占体重的1.0%~1.2%，自由采食优质粗饲料（青绿饲料、青贮等），粗饲料长度不低于5厘米。此阶段末期牛的理想体型是无多余脂肪、肋骨开张。

（二）中期（14~22月龄）主要促进肌肉生长和脂肪发育

推荐日粮：粗蛋白质14%~16%，可消化能13.81×10^{12}~14.65×10^{12}千焦/千克，钙

0.4%,磷0.25%。精料采食量占体重 1.2%~1.4%,粗饲料宜以黄中略带绿色的干秸秆(麦秸、玉米秸、稻草、采种后的干牧草等)为主,日采食量在 2~3 千克/头,长度 3~5 厘米。不饲喂青贮玉米、苜蓿干草。此阶段牛外貌的显著特点是身体呈长方形,阴囊、胸垂、下腹部脂肪呈浑圆态势发展。

(三)后期(23~28 月龄)主要促脂肪沉积。

推荐日粮：粗蛋白质 11%~13%，可消化能 13.81×10^{12}~14.65×10^{12} 千焦/千克,钙0.3%,磷0.27%。精料采食量占体重 1.3%~1.5%,粗饲料以黄色干秸秆(麦秸、玉米秸、稻草、采种后的干牧草等)为主,日采食量在 1.5~2.0 千克/头,长度 3~5 厘米。为了保证肉品风味、脂肪颜色和肉色,后期精饲料原料中应含 25%以上的麦类、8%以上的大豆粕或炒制大豆,棉粕(饼)不超过 3%,不使用菜籽饼(粕)。此阶段牛呈现出被毛光亮、胸垂、下腹部脂肪浑圆饱满的状态。

五、精细化饲养管理

(1)监测牛群采食量和日增重:每月对所有牛称重、测量体尺 1 次,并做好数据记录。育肥牛日增重控制在 0.7~1.1 千克。

(2)创造舒适的饲养环境:小围栏饲养,保持饲槽水槽干净,自由采食、自由饮水,定期更换垫料,保持牛床干燥。

(3)合理调整日粮:根据各生长阶段营养需求特点,充分满足能量、蛋白质和其他营养物质供应,合理调整牛肉脂肪、肌肉颜色,完善风味,提高经济价值。

(4)适时出栏:用于高档雪花牛肉生产的肉牛一般育肥 25 个月以上、体重在 700 千克以上时出栏。

高档肉牛出栏时间的判断方法主要有两种:一是肉牛采食量来判断。育肥牛采食量开始下降,达到正常采食量的 10%~20%,增重停滞不前;二是从肉牛体型外貌来判断。通过观察和触摸肉牛的膘情进行判断,体膘丰满,看不到外露骨头;背部平宽而厚实,尾根两侧可以看到明显的脂肪突起;臀部丰满平坦,圆而突出;前胸丰满,圆而大;阴囊周边脂肪沉积明显;躯体体积大,体态臃肿;走动迟缓,四肢高度张开;触摸牛背部、腰部时感到厚实,柔软有弹性,尾根两侧柔软,充满脂肪。

高档雪花肉牛屠宰后胴体表覆盖的脂肪颜色洁白,胴体表脂覆盖率 80%以上,胴体外形无严重缺损，脂肪坚挺，前 6~7 肋间切开，眼肌中脂肪沉积均匀。

第八节　肉牛屠宰与分割

一、宰前要求

（1）宰前禁食 24 小时，断水 8 小时。

（2）宰前的牛要保持在安静的环境中。

二、屠宰前评膘等级

特等：全身肌肉发达，外形匀称。胸深厚，背脂厚度适宜，肋圆和肩合成一体。背、腰、臀部肌肉充盈，大腿肌肉附着优良，并向外突出和向下伸延。

一等：全身肌肉较发达。肋骨开张，肩肋接合较好，略显凹陷，臂部肌肉较宽平而圆度不够，腿肉充实，但外突不明显。

二等：全身肌肉发育一般，肥度不够，胸欠深，肋骨不明显，臂部肌肉较宽，尻部短，后腿之间宽度不够。

三等：肌肉发育较差，脊骨肋骨明显，背窄胸浅，臂部肌肉较少，大腿消瘦。

四等：各部关节外露明显，骨骼长而细，体躯浅，臂部凹陷。

三、屠宰规格和要求

可采用常规倒牛法将牛放倒，缚牢。宰前最好电晕，以避免牛在屠宰时由于剧烈挣扎惊慌，引起血液大量流入肌肉，造成血尸和内脏放血不全的现象。

（1）在颈下缘喉头部割开放血（即俗称“大抹脖”）。

（2）用尖刀切开颈下皮肤，割开颈静脉和颈动脉，把血放入盆内，直到放尽为止。

（3）剥皮：沿腹中线用刀划开皮肤，四肢从系部内侧剥起进行剥离。

（4）去头：剥皮后，沿头骨后端和第一颈椎间割断。

（5）去蹄：前后肢不同之处在于，前肢由前臂骨和腕骨间的腕关节处割断，后肢由胫骨和跗骨间的跗关节处割断。

（6）去尾：由尾根部第 1~2 尾椎之间割断。

(7)内脏剥离:沿腹侧亚中线切开。纵向锯断胸骨和盆腔骨,切除肛门和外阴部,分出连结体壁的横膈膜,除肾脏和肾脂肪保留外,其他的内脏全部取出。割除生殖器官和母牛乳房。

(8)胴体分割:沿脊椎骨中央分割为左右各半片胴体(称二分体)。无分锯时,可沿脊椎左侧椎骨端由前而后劈开,分软、硬两半(左侧为软半,右侧为硬半)。

(9)半片胴体的分割:由腰部第12~13肋骨间截开(称四分体)。

(10)我国将肉牛胴体二分体分割成臀部肉、腹部肉、腰部肉、胸部肉、肋部肉、肩颈肉、前腿肉、后腿肉,又进一步分割成牛柳、西冷、眼肉、上脑、嫩肩肉、胸肉、腱子肉、腰肉、臀肉、膝圆、大米龙、小米龙、腹肉等肉块。

四、屠宰指标的测量

(一)测量项目

(1)宰前活重:绝食24小时后临宰前的实际体重。

(2)宰后体重:屠宰后血已放尽的屠体重量。

(3)血重:放出的血实测重。

(4)皮重:剥下的皮实测重。

(5)头重:带皮头实测量。

(6)尾重:尾实测重。

(7)蹄重:分前两蹄和后两蹄实测重。

(8)消化器官重:分别称食道、胃、小肠、大肠、直肠的重量(无内容物)。

(9)其他内脏重:分别称心、肝、肺、脾、肾、胰、气管、横膈膜、胆囊(包括胆汁)、膀胱(空)的重量。

(10)胴体脂肪:分别称肾脂肪、盆腔脂肪、胸腔脂肪、生殖器官脂肪的重量。

(11)非胴体脂肪:分别称网膜脂肪、肠系膜脂肪、胸腔脂肪、生殖器官脂肪的重量。

(12)生殖器官重:生殖器官实测重。

(13)胴体重:胴体实测重。牛尸体除去皮、头、尾、内脏(不包括肾脏和肾脂肪),腕跗关节以下的四肢、生殖器官及周围脂肪,称为胴体。胴体需要冷却4~6小时,(0 ℃下以完全冷却为止),在严寒条件下,需先防止胴体冻结,才能进行胴体外观和体质评定以及按部位测量。

(14)净肉重:胴体剔骨后全部肉重(包括肾脏和胴体脂肪),要求骨上带肉不超过2~3千克。

(15)骨重:胴体剔除肉后骨实测重。

(二)测尺项目

用吊勾挂在胴体跟腱部,倒吊起来,然后按部位测量。

(1)胴体长:自耻骨缝前缘至第一肋骨前缘的最远长度。

(2)胴体体深:自第7胸椎棘突的体表通过第7肋骨至胸骨的体表垂直距离。

(3)胴体胸深:自第3胸椎棘突的体表至胸骨下部的体表垂直距离。

(4)胴体后腿围:在股骨与胫腓骨连接处的水平围度。

(5)胴体后腿宽:自割去尾的凹陷处内侧至大腿前缘的水平宽度。

(6)胴体后腿长:自耻骨缝至跗关节的中心长度。

(7)肌肉厚度:自大腿后侧体表至股骨体中点的垂直距离(大腿肌肉厚与腰部肌肉厚)。

(8)皮下脂肪厚度:自第3腰椎体表(棘突外1.5厘米处)至横突的垂直距离,主要包括腰脂厚(肠骨外角侧处)、肋脂厚(第1肋骨弓最高处)、背脂厚(第5~6胸椎间离中线3厘米处的皮下脂肪厚度)。

(9)眼肌面积:在第12肋骨后缘处,将脊椎锯开,然后用利刀切开12~13肋骨间,在12肋骨后缘用硫酸纸将眼肌面积描出(测2次),用求积仪或方格透明卡片(每格1厘米)计算出眼肌面积。

(10)半片胴体横断面测定(12~13肋断开):主要包括胸壁厚度(自第12肋骨弓最宽处的厚度)、断面大弯部厚度(自第12脊椎骨棘突体表至椎体下缘的直线距离)。

(三)采样项目

1. 化学分析取样

在第8及第11肋骨后缘，用锯将脊椎锯开，然后沿着第8及第11肋骨后缘切开,与胴体分离,取下样块肌肉,去掉背最长肌,并用绞肉机反复绞碎(最少两次),经充分搅拌后,多点随机取样约1千克,作化学分析样品。

2. 品味取样

取臀部深层肌肉 1 千克。

3. 熟肉比取样

取腿部肌肉 1 千克。

第九节　胴体质量的综合评定

一、胴体重最低限度

暂以 1.5 岁出栏为标准,净肉率在 37%~42%。

特等:净肉 147 千克(活重 350 千克,净肉率 42%)。

一等:净肉 120 千克(活重 350 千克,净肉率 40%)。

二等:净肉 97.5 千克(活重 250 千克,净肉率 39%)。

三等:净肉 81.4 千克(活重 220 千克,净肉率 37%)。

四等:活重在 200 千克以下,净肉率低于 37%。

二、外观评定

(1)胴体结构:观察胴体整体形状,外部轮廓,胴体厚度,宽度和长度。

(2)肌肉厚度:要求肩、背、腰、臀等部位肌肉丰满肥厚。

(3)皮下脂肪覆盖:要求脂肪分布均匀,厚度适宜,覆盖度大;覆盖度一级为 90%以上,二级为 76%~89%,三级为 60%~75%,四级为 60%以下。

(4)放血充分,无疾病,胴体表面无污染和伤痕与缺陷。

三、肉质评定

(1)胴体切面:观察眼肌中脂肪分布及“大理石”纹状的程度,暂按 5 级评定标准评定。

(2)肌肉的色泽:要求肌肉颜色鲜红,光泽,肌纤维的纹理较细(颜色过深过浅均不符合要求)。

(3)脂肪:以白色,有光泽,质地较硬,有黏性者为最好。

（4）品味：将肉样切成2立方厘米，不加任何调料，在沸水中煮70分钟（肉水比为1:3），然后由鉴定人员品评其鲜嫩度，多汁性，味道和汤味。

（5）熟肉率测定：将肉样放在沸水中煮120分钟，取出后立即称量（要在屠宰后两天内进行）。

（6）化学分析：用化学方法分析肉样，测定其中蛋白质、脂肪、灰分、水分的含量。

四、主要指标的计算

（1）屠宰率（%）=胴体重÷宰前活重×100。

（2）净肉率（%）=净肉重÷宰前活重×100。

（3）胴体产肉率（%）=净肉重÷胴体重×100。

（4）肉骨比=净肉重÷骨重。

第八章　饲草料的调制与加工

第一节　饲料的分类及编码

饲料是指合理饲喂条件下能为动物提供营养物质，调控生理机制，改善动物产品品质，且不发生有毒有害作用的物质。饲料是动物养殖业的物质基础，也是满足动物营养需要，生产肉蛋奶等动物产品的物质基础，占养殖成本的60%以上。饲料种类很多，包括人类食品加工副产物有2 000余种，各种饲料的营养特点与利用价值各不相同，为了便于合理利用饲料资源，需要对饲料进行系统分类和命名。

一、饲料的分类

按照国际饲料分类法把饲料分为8大类。国际饲料分类法是1956年由美国学者L. E. Harris提出的饲料分类原则和编码体系，对每类饲料给以相应的饲料编码，用计算机建立国际饲料数据管理系统，并逐步发展成为当今饲料分类编码体系的基本模式，被称为国际饲料分类法。

（一）粗饲料

粗饲料是指干物质中粗纤维含量≥18%的饲料，包括青干草、农作物秸秆、牧草等。

（二）青绿饲料

青绿饲料是指天然水分含量在45%以上的青绿牧草、饲用作物、树叶类及非淀粉质的根茎、瓜果类。

（三）青贮饲料

青贮饲料是指以天然新鲜青绿植物性饲料为原料，在厌氧条件下，经过以乳酸菌为主的微生物发酵后调制成的饲料，具有青绿多汁的特点。

（四）能量饲料

能量饲料是指饲料干物质中粗纤维含量小于18%，同时粗蛋白质含量小于20%，每千克饲料含消化能10.46 MJ的饲料，如谷实类、麸皮、淀粉质的根茎、瓜果类。

（五）蛋白质饲料

蛋白质饲料是指饲料干物质中粗纤维含量小于18%、而粗蛋白质含量大于或等于20%的饲料，又称为蛋白质补充料，如鱼粉、豆饼（粕）、棉籽饼（粕）、菜籽饼（粕）以及工业合成的氨基酸和饲用非蛋白氮等。

（六）矿物质饲料

矿物质饲料是指以可供饲用的天然矿物质、化工合成无机盐类和有机配位体与金属离子的螯合物，如石粉、贝壳粉、骨粉、磷酸氢钙、沸石粉、膨润土、饲用微量元素无机化合物、有机螯合物和络合物等。

（七）维生素饲料

维生素饲料是指由工业合成或提取的单一种或复合维生素称为维生素饲料，但不包括富含维生素的天然青绿饲料在内，如胆碱、饲料级维生素D、复合维生素B等。

（八）饲料添加剂

饲料添加剂是指为了利于营养物质的消化吸收，改善饲料品质，促进动物生长和繁殖，保障动物健康而掺入饲料中的少量或微量物质，但不包括矿物质元素、维生素、氨基酸等营养物质添加剂，本类主要指非营养性添加物质。

二、饲料的国际编码（international feed number，IFN）

国际饲料标准编号，由6位数字组成，分为3节，节间以“-”连接。

第一节1位数，分别代表8大类的类号，如粗饲料国际饲料编码为1-00-000，青绿饲料为2-00-000，以此类推；第二节2位数，第三节3位数，两节共5位数代表某饲料的编号顺序。

例：一级玉米，编号为4-01-324，表示它是第4大类“能量饲料”中第01324号饲料。

三、中国饲料分类法

为更好地利用饲草资源,张子仪院士等在国际饲料分类法基础上,结合中国传统饲料分类习惯,建立了我国饲料数据库管理系统及饲料分类方法,该方法将饲料划分为 8 大类 17 亚类,分别是青绿植物类、树叶类、青贮饲料类、根茎瓜果类、干草类、农副产品类、谷实类、糠麸类、豆类、饼粕类、糟渣类、草籽树实类、动物性饲料类、矿物质饲料类、维生素饲料类、添加剂、油脂及其他类。并对饲料进行了编码,建立了中国饲料分类法编码系统,简称 CFN,

饲料标准编号由 7 位数字组成,分为 3 节,节间以“–”连接(△–△△–△△△△)。

第一节 1 位数,分别代表 8 大类的类号;第二节 2、3 位数,为亚类编号;第三节 4 位数,代表具体的饲料编号。

例:4–07–0279 表明是第 4 大类能量饲料,属谷物籽实类,第 279 号饲料。

第二节　饲料原料的感官评价

通过人的视觉、味觉、嗅觉、触觉等对饲料进行检验评价的方法,或是根据饲料的颜色、形体、软硬度、气味等直接作用于人体感觉器官所引起的反应进行饲料的检验的方法,称为感官法。此方法具有简单、快速、不须用特殊器材就可鉴定等优点,饲料的感官鉴定方法主要有以下 4 种。

(1)视觉鉴定。观察饲料的外观、形状、色泽、有无霉变,是否有虫子、硬块、异物、夹杂物和均匀性等。将样品摊放在白纸上,在充足的自然光或灯光下观察样品。必要时可借助放大镜。观察的目的在于识别标示物质的特征,并注意掺杂物、虫蚀和有无有害微生物感染等。

(2)味觉鉴定。通过舌舔和牙咬来检查味道、硬度和口感。

(3)嗅觉鉴定。通过嗅觉来鉴别具有特殊气味的饲料,并观察饲料有无霉臭、腐臭、氨臭和焦臭等异味。

(4)触觉鉴定。将样品放在手上,用手指捻,通过感触来观察其粒度的大小、硬度、黏稠度、有无夹杂物及水分的多少等。生产中常用对饲料原料进行感官评价。

一、饲料用玉米

(一)良质玉米

色泽:色泽鲜艳,具有光泽,籽粒呈白色或黄色。

形态:颗粒饱满、整齐、均匀,质地紧密,无发酵、霉变、虫蛀,无杂质。

气味:具有正常的固有气味,无异味、异嗅。

(二)劣质玉米

色泽:霉变的玉米可见胚部呈黄色、绿色或黑色菌丝。虫蛀的玉米可见虫眼、虫尸及其排泄物。

形态:颗粒霉变虫蚀,质地疏松,颗粒不完整,有杂质。

气味:有霉味、酸味及异味。

二、饲料用小麦

(一)良质小麦

色泽:颗粒呈红色、金黄色、淡红黄色,有光泽。

形态:颗粒饱满,组织紧密,颗粒整齐大小均匀且完整,无霉变、虫害、污染及杂质。

气味:具有正常小麦的固有香味,无其他异味、霉味。

(二)劣质小麦

色泽:颗粒色泽发暗,呈灰白色,无光泽。

形态:发霉的小麦易结块,局部或全部有霉斑,质地疏松或混有杂质异物。

气味:颗粒有霉味及其他异味。

三、饲料用稻谷

(一)良质稻谷

色泽:外壳呈黄色、浅黄色或金黄色,颜色鲜艳,有光泽。

形态:颗粒饱满、完整,无虫害、霉变,无杂质。

气味:具有纯正的稻香味,无霉味、异味。

(二)劣质稻谷

色泽:发霉,色泽暗,外壳呈褐色、黑色,有霉菌菌丝。

形态:有结块,颗粒霉变,有虫害,质地疏松,颗粒不完整。

气味:有霉味、异味。

四、饲料用小麦麸

(一)良质小麦麸

色泽:色泽新鲜一致,呈淡褐色至红褐色。

形态:细碎屑状,无发酵、霉变及结块。

气味:具有特有的香甜味,无霉味、异味。

(二)劣质小麦麸

色泽:色泽暗,呈灰黑色。

形态:有结块、霉变、虫蛀。

气味:有发酸、发霉等异味。

五、饲料用米糠

(一)良质米糠

色泽:淡黄色或黄褐色,色泽新鲜一致。

形态:粉状,略呈油感,无霉变、结块及虫蛀。

气味:具有米糠特有之风味,无酸败、霉味及异味、异嗅。

(二)劣质米糠

色泽:色泽暗,呈灰黑色。

形态:有结块、霉变及虫蛀。

气味:有酸败、霉味及异嗅味。

六、大豆粕(饼)

(一)优质大豆粕(饼)

色泽:色泽新鲜一致,豆粕呈浅黄褐色或淡黄色,豆饼呈黄褐色。

形态:豆粕呈不规则的碎片状,豆饼呈饼状或小片状,无发酵、霉变、虫蛀及杂物。

气味:具有烤黄豆香味,无生豆味,无酸败、霉变焦化等味道。

(二)劣质大豆粕(饼)

色泽:颜色深浅不一致,颜色太深是因为加热过度,太浅则因加热不足。

形态:大小不均,有结块(粕),有霉变、虫蛀并有掺杂物。

气味:有霉味、焦化味或生豆臭味。

七、菜籽粕(饼)

(一)优质菜籽粕(饼)

色泽:菜籽粕为黄色或浅褐色,有一定的油光性,菜籽饼为褐色。

形态:菜籽粕呈碎片或粗粉末、用手抓时有疏松感觉。菜籽饼呈片状或饼状,无霉变、结块。

气味:菜籽粕(饼)具有菜籽粕油香味,无异味、异嗅。

(二)劣质菜籽粕(饼)

色泽:颜色暗淡、无油光性。

形态:有结块、霉变,用手抓时感觉较沉。

气味:有异味,菜籽粕油香味淡。

八、鱼粉

鱼粉是优质的动物性蛋白质饲料,是各种鱼的整个或部分鱼体加工、干燥、粉碎制成的产品,含脂肪越少,质量越好。鱼粉也是掺假最多的原料,常见的鱼粉掺假主要有以增加鱼粉重量为目的,掺入豆粕、棉粕、花生粕等;以增加总氮为目的,掺入非蛋白氮如尿素、氯化铵、二缩脲、磷酸脲等;将低质动物蛋白质掺入鱼粉中,如掺入羽毛粉、毛发粉、血粉、皮革粉等;将低质或变质鱼粉掺入好的鱼粉,特别是进口鱼粉中。检测鱼粉品质主要有以下 5 种方法。

(一)感官检查法

色泽:优质鱼粉颜色一致,呈黄棕色或黄褐色,颗粒均匀。如鱼粉中有棕色微粒,那可能是棉籽壳的外皮;有白色,灰色及淡黄色的线条,则可能是制革工业的下脚料。

质地:优质鱼粉手捻质地柔软、蓬松呈肉松状,无结块、霉变。掺假鱼粉质地粗糙磨手,如结块发黏说明已酸腐,强捻散后呈灰白色,说明已发霉。

气味:优质鱼粉具有鱼粉正常气味——咸腥味,无异臭、焦灼味和油脂酸败味。劣质鱼粉由于受潮腐败变质,有腥臭味和刺鼻的霉臭味。掺有棉籽饼和菜籽饼的鱼粉,有棉籽饼和菜籽饼味。

粒度:优质鱼粉至少98%的颗粒能通过2.80毫米的筛网,使用不同筛目的筛子可大致检出混入的异杂物。

根据鱼粉成分的形状、结构、颜色、质地、光泽度、透明度、颗粒度等特征来检查。鱼粉色泽随鱼种而异,墨罕敦鱼粉呈淡黄色或淡褐色,沙丁鱼粉呈红褐色,白鱼粉为淡黄或灰白色。加热过度或含油脂高者,颜色加深;如果鱼粉色深偏黑红,外观失去光泽,闻之有焦煳味,为贮存不当引起自燃的烧焦鱼粉;如果鱼粉表面深褐色,有油臭味,是脂肪氧化的结果;如果鱼粉有氨臭味,可能是贮存中脂肪变性;如果色泽灰白或灰黄,腥味较浓,光泽不强,纤维状物较多,粗看似灰渣,易结块,粉状颗粒较细且多成小团,触摸易粉碎,不见或少见鱼肌纤维,则为掺假鱼粉,需要进一步检验。

(二)漂浮法

取少许样品放入洁净的玻璃杯子中,加入10倍体积的水,剧烈搅拌后静置。观察水面漂浮物和水底沉淀物,如果水面有羽毛碎片或植物性物质(稻壳粉、花生壳粉、麦麸等)或水底有沙石等矿物质,说明鱼粉中掺入该类物质。

(三)气味测试法

根据样品燃烧时产生的气味判别是否掺入植物性物质,真品燃烧时是毛发燃烧的气味,如果出现谷物干炒的芳香味,说明掺入植物性物质。另外,还可以根据气味辨别是否掺入尿素。取样品20克放入小烧瓶中,加10克生大豆粉和适量水,加塞后加热15~20分钟,去掉塞子后如果能闻到氨气味,说明掺入尿素。

(四)气泡鉴别法

取少量样品放入烧杯中,加入适量稀盐酸或白醋,如果出现大量气泡并发出吱吱声,说明掺有石粉、贝壳粉、蟹壳粉等物。

(五)显微镜检法

显微镜检法是最常用的方法,可以识别出大多数掺假物,但因为需要使用立体显微镜,故一般常用于大中型饲料企业或养殖场。使用显微镜检法需要熟悉一些常见掺假物的典型显微特征,谷壳粉中谷壳碎片外表面有纵横条纹;麦麸中麦片外表面有细皱纹,部分有麦芒;棉籽饼中棉籽壳碎片较厚,断面有褐色或白色的色带呈阶梯形,有些表面附有棉丝;菜籽饼中菜籽壳为红褐色或黑色,较薄,表面呈网状;贝壳粉颗粒方形或不规则,色灰白,不透明或半透明;花生壳有点状或条纹状突起,也有呈锯齿状;碱处理的骨粒出现小孔。

九、肉骨粉

色泽:油状,浅棕色。褐色或深褐色,含脂量高时色深,过热处理时颜色会加深。一般猪肉骨制品颜色较浅。

形态:优质肉骨粉呈粉状、含粗骨,颜色及成分均匀一致,无结块,不含有过多的毛发、蹄、角及血液等。劣质肉骨粉成分不均,有结块,且有多量的毛发、蹄、角及血液。

气味:优质肉骨粉具新鲜之肉味,并具烤肉香及牛油或猪油味,无异味。劣质肉骨粉有酸腐味道。

十、大豆粕

大豆粕是最常用的蛋白质饲料,由于一般用量较大,其质量的轻微变异都可能导致严重的后果。大豆粕是大豆籽粒经压榨或溶剂浸提油脂后,再经适当热处理与干燥后的产品。

色泽:豆粕由外观颜色及壳粉比例,可略判断其品质。若壳太多,则品质差,颜色浅黄表示加热不足,暗褐色表示热处理过度,品质较差。

形态:大豆粕呈片状或粉状。

气味:有豆香味,但不应有腐败、霉变或焦化等味道,也不应该有生豆腥味。

豆粕中常用的掺假原料是玉米、黄土、沙石、尿素等物质。玉米可以用显微镜或放大镜检出,肉眼也能发现一部分,其特征检查对象是淡黄色的淀粉颗粒和黄色透明或半透明的种皮。黄土、沙石可用漂浮法检出,由于加工工艺不同,黄土可以并无沉淀,而只是使水黄色浑浊,也是特征之一。

十一、玉米蛋白粉

色泽:玉米蛋白粉是食品工业制淀粉的副产品,黄色,结晶状,掺假的玉米蛋白粉一般是掺入部分淀粉和蛋白假物,色泽淡黄,气味不是典型的甜香味,手感粗糙,有淀粉的质感。

形态:手感流动性好

气味:具有均匀的甜香味。可用加生大豆粉加热方法检查是否含有尿素。

十二、氨基酸

生产中常用的是赖氨酸和蛋氨酸。蛋氨酸为白色或淡黄色结晶性粉末，有反光性,有特殊臭味,手感质地滑腻,口尝略有甜味。赖氨酸为白色或淡褐色小颗粒或粉末,无味或微有特异性酸味,口尝微酸。假冒氨基酸一般气味不正,口尝有杂质样涩感,口味不正,赖氨酸、蛋氨酸均完全溶于水,如果水溶有残渣或漂浮物证明为掺假或假冒产品。

蛋氨酸、赖氨酸含量高于 98.5%,燃烧后能迅速燃尽,基本无残留。若燃烧不完全,有明显残渣则为掺假或假冒。纯正的赖氨酸、蛋氨酸点燃后有难闻的特殊臭味,类似于烧羽毛味,而假冒的氨基酸一般不具有这种气味。

第三节　青干草的加工调制技术

一、青牧草的干燥方法

(一)地面干燥法

采用地面干燥法干燥牧草的具体过程和时间,随地区气候的不同而有所不同。调制干草包括以下干燥过程。

牧草在刈割以后,先在草场就地干燥 6~10 小时,使之凋萎,含水降至 40%~50%(茎开始凋萎,叶子还柔软,不易脱落),用搂草机搂成松散的草垄,使牧草在草垄上继续干燥 4~5 小时,含水降至 35%~40%(叶子开始脱落以前),用集草器集成小草堆,牧草在草堆中干燥 1.5~2.0 天就可制成干草(含水 15%~18%)。

(二)草架干燥法

在潮湿地区由于牧草收割时多雨，用一般地面干燥法调制干草，往往不能及时干燥，使得干草变褐、变黑、发霉或腐烂。因此，在生产上可以采用草架干燥法来晒制干草。

用草架制干草时，首先把割下来的牧草在地面上干燥半天或1天，使其含水量降至45%~50%，无论天气好坏，都要及时用草叉将草自上而下上架。最底层应高出地面，不与地面接触，这样既有利于通风，也避免与地面接触吸潮。在堆放完毕后应将草架两侧牧草整理平顺，这样遇雨时，雨水可沿其侧面流至地表，减少雨水浸入草内。

架上干燥可以大大提高牧草的干燥速度，保证干草品质，减少各种营养物质的损失。用此法调制的干草，其营养物质总获得量比地面干燥法多得多。

(三)高温快速干燥

它的工艺过程是将切碎的青草(长约25毫米)快速通过高温干燥机，再由粉碎机粉碎成粒状或直接压制成草块。这种方法主要用来生产干草粉或干草饼。

二、青干草的堆垛与贮藏

青干草调制成后，必须及时堆垛和贮藏，以免散乱损失。一般堆垛贮藏的青干草水分含量不应超过18%，否则容易发霉、腐烂。另外，草垛应坚实、均匀，尽量缩小受雨面积。

(一)青干草的堆垛

(1)垛址选择：宜选择地势平坦、干燥、排水良好的地方堆垛，同时要求垛址离舍不宜太远。

(2)垛底：垛底应该用石块、木头、秸秆等垫起铺平，高出地面40~50厘米，四周有排水沟。

(3)垛的形式和大小：草垛的种类很多，一般多采用圆形和长方形两种，不论哪种形式，其外形均应由下向上逐渐扩大，顶部收缩成圆顶，形成下狭、中间大、上圆的形状。草垛的大小，圆形一般直径为4~5米，高为6.0~6.5米；长方形的一般宽为4.5~5.0米，高为6.0~6.5米，为长8~10米。

(4)草垛的堆积：先在垛底中部放置30~60厘米高的石块，堆时分层进行，每层由外及里摆放牧草，使之成为外部稍低、中间隆重起的弧形，每层厚30~60厘米，草垛堆到一定程度后，进行扩大和收缩，直至成圆顶。堆成一段后，再向前移动，直到草垛全部堆成。

(5)封顶：一般可用干燥的杂草和麦秸覆盖顶部，并应逐层铺压。垛顶不应有凹陷和裂缝。草垛顶脊必须用草绳或泥土封压坚固，以防大风吹刮。

(二)青干草的贮藏

为了保证垛藏的干草品质和避免损失，在干草的贮藏技术中须做到以下几点。

(1)草垛应用木栅或刺线围成圈，在四周挖畜沟和打防火道，并经常注意做好“四防”(防畜、防火、防雨、防雪水)工作。

(2)对草垛要定期检查和做好维护工作，如发现垛形不正或漏缝，应当及时整修。

(3)注意垛内干草因发酵产热而引起的高温，及时采取散热措施，防止自燃。

为防止青干草在堆贮过程中因水分含量过高而引起发霉变质，要使用防腐剂，例如丙酸和丙酸盐、液态氨和氢氧化物(氨和钠)等。用量以丙酸为例，占草重的1.0%~2.5%。

第四节　秸秆氨化技术

秸秆氨化就是在密闭的条件下，用尿素或者液氨等对秸秆进行处理的方法。氨的水溶液氢氧化铵呈碱性，由于碱化作用可以使秸秆中的纤维素、半纤维素与木质素分离，引起细胞壁膨胀，结构变得疏松而易于消化；另一方面，氨与秸秆中的有机物合成醋酸铵，这是一种非蛋白氮化合物，是反刍动物的瘤胃微生物的营养源，它能与有关元素一起进一步合成菌体蛋白质，而被动物吸收。此外，氨还能中和秸秆中潜在的酸度，为瘤胃微生物的生长繁殖创造良好的环境。

秸秆氨化处理依采用的氮源不同而有三种方法。

一、液氨氨化法

将切碎的秸秆喷适量水分，使其含水量达到15%~20%，混匀堆垛，在长轴的中心埋入一根带孔的硬塑料管，以便通液氨，用塑料薄膜覆盖严密，然后按秸秆重量的3%通入无水氨，处理结束，抽出塑料管，堵严。密封时间依环境温度的不同而异，气温20 ℃

为2~4 周。揭封后晒干,氨味消失后,粉碎饲喂。

二、氨水氨化法

预先准备好装秸秆原料的容器(窖、池或塔等),将切短的秸秆往容器里放,按秸秆重 1:1 的比例往容器里均匀喷洒 3%浓度的氨水。装满容器后用塑料薄膜覆盖,封严,在 20 ℃左右气温条件下密封 2~3 周后开启(夏季约需 1 周,冬季则要 4~8 周,甚至更长),将秸秆取出后晒干即可饲喂。

三、尿素氨化法

由于秸秆中含有尿素酶,将尿素或碳酸氢铵与秸秆贮存在一定温度和湿度下,能分解出氨,因此使用尿素或碳酸氢铵处理秸秆均能获得近似的效果。方法是按秸秆重量的3%加进尿素,首先将 3 千克尿素溶解在 60 千克水中,均匀地喷洒到 100 千克秸秆上,逐层堆放,用塑料膜覆盖,也可利用地窖进行尿素氨化处理切碎了的农作物秸秆,具体方法同液氨处理,只是时间稍长一些。在尿素短缺的地方,用碳酸氢铵也可进行秸秆氨化处理,其方法与尿素氨化法相同,只是碳酸氢铵含氨量较低,其用量须酌情增加。

液氨氨化法和尿素氨化法处理秸秆效果最好,氨水和碳铵效果稍差。用液氨氨化效果虽然好,但必须使用特殊的高压容器(氨瓶、氨罐、氨槽车等)运输,从而增加了成本,也增加了操作的危险性。相比之下,尿素氨化不仅效果好,操作简单、安全,也无需任何特殊设备,适合于千家万户使用。

第五节　青贮饲料的制作技术

青贮饲料是指天然的新鲜植物性饲料在密闭的密闭无氧的条件中，经乳酸菌为主的微生物发酵后调制而成的青绿多汁饲料。常用的青贮设备主要包括青贮池、青贮塑料袋、青贮壕、青贮塔,最常用的为青贮窖。

一、青贮窖的设施建设

（一）青贮窖容积

青贮饲料年需要量按式8-1计算：

$$G=A\times B\times C \tag{8-1}$$

式中，G为青贮饲料年需要量，千克；A为成年家畜日需要量，千克/（天·头）；B为家畜数量，头；C为饲喂天数，天。

青贮窖容积按式8-2计算：

$$V=G/D \tag{8-2}$$

式中，V为青贮窖容积，米^3；G为青贮饲料年需要量，千克；D为青贮饲料密度，千克/米^3。

（二）青贮窖规格

（1）青贮窖高度不宜超过4米，宽度以不少于6米为宜，满足机械作业要求，长度40米以内为宜，日取料厚度不少于30厘米。

（2）可根据青贮饲料的实际需要量建设数个连体青贮窖，或将长期青贮窖进行分隔处理。

（三）青贮窖设计

（1）青贮窖分为地下式、半地下式和地上式三种形式。

（2）青贮窖墙体呈梯形，高度每增加1米，上口向外倾斜5~7厘米，窖纵剖面呈倒梯形。

（3）青贮窖底部要有一定坡度，坡比为1∶0.02~1∶0.05，在坡底设计渗出液收集池。

（4）青贮窖的墙体应采用钢筋混凝土结构，墙体顶端厚度60~100厘米，如果采用砖混结构，墙体顶端厚度80~120厘米，每隔3米添加与墙体厚度一致的构造柱，墙体上下部分别建圈梁加固。窖底用混凝土结构，厚度不低于30厘米。

二、青贮饲料的制作

（一）青贮原理

青贮是利用微生物的乳酸发酵作用，达到长期保存青绿营养多汁饲料的营养特性的一种方法。青贮过程的实质是将新鲜植物紧实地堆积在不透气的容器中，通过微生物

（主要是乳酸菌）的厌氧发酵，使原料中所含的糖分转化成有机酸——主要是乳酸。当乳酸在青贮原料中积累到一定程度时就能抑制其他微生物的活动，并制止原料中养分被微生物分解破坏，从而很好地将原料中的养分保留下来。青贮发酵过程可以分为三个阶段。

1. 植物细胞有氧呼吸阶段

青贮原料装填、压实并封闭后，植物细胞依然维持原来生活状态，进行有氧呼吸，原料的温度上升，在填压良好、水分适当、温度在 20~30 ℃时，通过好气性细菌及霉菌等的作用，产生乙酸（醋酸），该阶段耗时越短越有利于青贮饲料的制作。

2. 乳酸菌厌氧发酵阶段

由于氧气不断消耗殆尽，青贮原料好气菌逐渐停止活动，在厌气性乳酸菌的作用下，糖类酵解产生乳酸，发酵过程开始。

3. 稳定阶段

乳酸菌迅速繁殖，形成大量乳酸，使腐败菌和丁酸菌等受到抑制，随后乳酸菌的繁殖亦被自身产生的大量乳酸所抑制，微生物停止活动，青贮原料转入稳定状态，可长期保存而不腐败。

（二）青贮技术要点

1. 排除空气

乳酸菌是厌氧菌，只有在没有空气的条件下才能繁殖。因此，在青贮的过程中原料切得越短，踩得越实，密封得越严越好。

2. 创造适宜的温度

原料温度在 25~35 ℃，乳酸菌会大量繁殖，很快占主导优势，致使其他一切杂菌无法活动；反之，若原料温度在 50 ℃以上时，丁酸菌就会生长繁殖，使青贮料出现臭味，以致腐败。因此，要尽量踩实排除空气，并缩短铡草装料过程。

3. 掌握好水分

适宜乳酸菌繁殖的含水量为 70%左右，过干不易踩时，温度易升高；过湿酸度大牲畜不爱吃。70%的含水量，相当于玉米植株下边有 3~5 片干叶，如全株青绿刈后可晾半天；青黄叶比例各半，只要设法踏实，不加水分同样可获成功。

4. 选择合适的原料

乳酸菌发酵需要一定的糖分。青贮原料中含糖量不宜少于 1.0%~1.5%，否则影响乳酸菌的正常繁殖，青贮饲料的品质难以保证。对于含糖少的原料可以和含糖多的原料混合青贮，也可添加3%~5%的玉米面或麦麸单独青贮。

5. 确定适宜时间

利用农作物秸秆青贮，要掌握好时机。过早会影响粮食生产，过迟会影响青贮品质。玉米秸秆的收贮时间，一看籽实的成熟程度，乳熟早，枯熟迟，蜡熟正适时；二看青黄叶比例，黄叶差，青叶好，各占一半就嫌老。

（三）一般青贮的步骤

1. 收割

一般全株青贮玉米在乳熟后期至蜡熟前期收割，半干青贮在蜡熟期收割，黄贮玉米秸秆在完熟期提前15天摘穗后收割；豆科牧草及野草宜在花蕾期至盛花期收割；禾本科牧草及麦类在孕穗至抽穗初期收割；甘薯藤在霜前或收薯前1~2天收割。

2. 运输

要随割随运，及时切碎贮存。

3. 切碎

青贮原料一般铡成1~2厘米，黄贮原料要求比青贮切得更短。

4. 调节水分含量

一般青贮饲料调制的适宜含水量应为60%~70%。若原料过湿，需要降低原料含水量，就将原料在阳光下晾晒后再加工，也可以加入干草、秸秆、谷物、干甜菜等含水量少的原料，加以调节。在装窖的前段时间不加水，待装填到距窖口50~70厘米处开始加少量水。如果玉米秸秆不太干，应在贮料装填到一半左右时开始逐渐加水。如果玉米秸秆十分干燥，需要提高原料含水量，在贮料厚达50厘米时就应逐渐加水，也可将干料与非常嫩绿新割的植物交替填装，混合贮存。青贮原料含水量的多少可以采用如下方法集中判定：

（1）搓绞法。切碎之后，使饲草适当凋萎，直到植物的茎被搓绞而不致折断的程度，其柔软的叶子不出现干燥迹象时，原料含水量就适于青贮。

（2）手抓测定。取一把切碎的植物原料，用力手抓压挤后慢慢松开，此时注意原料团的状态，如果原料团展干缓慢，手中见水不滴水，说明原料中含水量适于青贮的要求。

（3）烘干法。取原料样品送实验室，按操作规程，经烘干测定原料中水分的含量。

5. 装填与压实

贮料应随时切碎，随时装贮，边装窖边压实。每装到 30~50 厘米厚时就要压实一次。制作黄贮时，为了提高黄贮的质量，可逐层添加 0.5%~1.0%玉米面，或是每吨贮料中添加 450 克乳酸菌培养物或 0.5 克纯乳酸菌剂。另外，还可以按 0.5%的比例添加尿素或 3%的食盐。

6. 密封

贮料装填完后，应立即严密封埋。一般应将原料装至高出窖面 30 厘米左右，用塑料薄膜盖严后，再用土覆盖 30~50 厘米，窖顶做成馒头形或屋脊形，不漏气、不漏水。

7. 管护

贮窖贮好封严后，在四周约 1 米处挖沟排水，以防雨水渗入。多雨地区，应在青贮窖上面搭棚，随时注意检查，发现窖顶有裂缝时，应及时覆土压实。

8. 开窖

青贮玉米、高粱等禾本科牧草一般 30~40 天可开窖取用；豆科牧草一般在 2~3 个月开窖取用。

9. 取料

开窖后取料时应从一头开挖，由上向下分层垂直切取，不可全面打开或掏洞取料，尽量减小取料横截面。当天用多少取多少，取后立即盖好。取料后，如果中途停喂，间隔较长，必须按原来封窖方法将青贮窖盖好封严，不透气、不漏水。

10. 饲喂

青贮饲料是优质多汁饲料，开始饲喂家畜时最初少喂，逐步增多，然后再喂草料，使其逐渐适应。

三、青贮品质的鉴定

青贮饲料依据质量品质可进行分级，鉴定方法主要包括感官鉴定法、化学分析法和生物学法。其中感官鉴定法在生产中应用最为广泛。

（一）感官鉴定

青贮品质感官鉴定以气味、色泽、质地等指标把青贮分为优良、中等、低劣三级，如表 8-1 所示。

表 8-1　青贮品质的感官鉴定

等级	颜色	酸味	气味	质地
优良	黄绿色、绿色	较浓	芳香酸味	柔软湿润、茎叶结构良好
中等	黄褐色、墨绿色	中等	芳香味弱、稍有酒精或酪酸味	柔软、水分稍干或稍多、结构变形
低劣	黑色、褐色	淡	刺鼻腐臭味	黏滑或干燥、粗硬、腐烂

（二）化学鉴定

为了对饲料品质进行准确的分级或实验研究，生产中也常实验化学分析法，化学分析法以 pH、乙酸、丁酸、醋酸等指标进行分级（见表 8-2）。

表 8-2　青贮品质的化学鉴定

等级	pH	乳酸/%	乙酸/%		丁酸/%	
			游离	结合	游离	结合
良好	4.0~4.2	1.2~1.5	0.7~0.8	0.1~0.15	—	—
中等	4.6~4.8	0.5~0.6	0.4~0.5	0.2~0.3	—	0.1~0.2
低劣	5.5~6.0	0.1~0.2	0.10~0.15	0.05~0.10	0.2~0.3	0.8~1.0

（1）pH（酸碱度）：实验室测定用甲基红–溴甲酚绿指示法，生产现场用精密石蕊试纸。pH 超过 4.2 说明腐败菌、酪酸菌等活动较为强烈。

（2）氨态氮：氨态氮与总氮的比值是反映青贮饲料中蛋白质及氨基酸分解的程度，比值越大，说明蛋白质分解越多。

（3）有机酸含量：有机酸总量及其构成可以反映青贮发酵过程的好坏，其中最重要的是乳酸、乙酸和丁酸。

（三）生物学法

生物学法生产中应用较少，主要在试验研究中应用，它以饲养试验、消化试验、平衡试验等方式进行指标测定进行青贮饲料的品质分级。

四、饲喂青贮饲料的注意事项

青贮饲料装窖密封，经一个半月后，乳酸菌的发酵过程完成，青贮饲料也就制作成了，可以开窖饲喂，饲喂时应该注意以下几方面。

（1）饲喂前进行品质检查。优质青贮饲料应为颜色黄绿、柔软多汁、气味酸香、适口性好。玉米秸秆青贮带有很浓的酒香味，每次取料的厚度不应少于9厘米，不要挖窝掏取。

（2）青贮窖只能打开一头，采取分段开窖，分层取，取后要盖好，防止日晒、雨淋和二次发酵，避免养分流失、质量下降或发霉变质。发霉、发黏、发黑、结块的不能用。

（3）青贮饲料一般占日粮干物质的50%以下。

（4）开始饲喂青贮饲料时，要由少到多，逐渐增加，停止饲喂时，也应由多到少逐步减喂，使牛有一个适应过程，防止暴食和食欲突然下降。

（5）每天根据喂量，用多少取多少，否则容易腐臭或霉烂。

（6）劣质的青贮料不能饲喂。

（7）冰冻的青贮料应待冰融化后再喂。

（8）注意饲喂量，建议成年牛每100千克体重日喂青贮量（千克），泌乳牛5~7千克，肥育牛4~5千克，役牛4~4.5千克，种公牛1.5~2.0千克。

第六节 低水分青贮与添加青贮

一、低水分青贮

基本原理：青贮原料刈割后，经风干水分含量降到45%~55%时，造成多种微生物的生理干燥状态，使其生命活动受到抑制，从而达到保持饲料养分的目的。

优点：干物质含量比一般青贮料多一倍；有机酸少，碳水化合物良好，蛋白质不分解；味微酸性，有果香味，不含酪酸，适口性好；pH达4.8~5.2，有机酸含量约5.5%；湿润状态，深绿色，结构完好；任何一种牧草或饲料作物，均可低水分青贮。

技术要点：制作时应迅速风干（刈割后24~30小时）；豆科牧草含水量应达50%，禾本科达45%；原料必须短，装填必须紧实。

二、添加剂青贮

在青贮过程中加入某些添加剂来提高青贮饲料营养价值或促进青贮乳酸发酵的青贮，添加剂类型主要有以下几类。

(一)发酵促进剂

发酵促进剂可以促进乳酸发酵,达到保鲜贮存的目的,如乳酸菌制剂、酶制剂。益生菌含有大量的乳酸菌和酵母菌等,青贮转化率高达 95%,节约精粮 10%左右,而且发酵过程中可完全抑制其他微生物的活动,特别是饲草中霉菌和其他有害菌的活动,有效防止了秸秆中营养成分不被破坏、饲草发生霉变等。发酵好的青贮饲料气味酸香、柔软多汁、适口性好、营养丰富,利于长期保存(见表 8–3)。

表 8–3　益生菌原液与营养剂的配制方法(如金益生菌原液与营养剂配制使用方法)

单位:千克

益生菌原液	营养剂	水
1	1	8

益生菌的活化步骤:先用 3 千克热水 (60~70 ℃)将营养剂溶化→加凉水 5 千克(温度调整到 25~35 ℃)→加入益生菌原液混合均匀→装入塑料桶内密封发酵,密封发酵 48~72 小时。

1. 制作方法

(1)制作益生菌稀释液(6:6:48),得到 60 千克益生菌稀释液。

(2)将 60 千克的益生菌激活稀释液,加入所需要的水中(150~250 千克),搅拌均匀,称为“混合稀释液”,待用。

(3)将切碎的青贮料,按层填入青贮池内,每添加一层青贮料(15~20 厘米),并喷洒一次混合稀释液压实,以此方法重复操作,直至填满青贮池,压实,覆盖塑料布,密闭发酵 15~20 天即可。

2. 注意事项

(1)物料含水量的检查方法:抓取秸秆试样,用双手扭拧,若有水往下滴,其含水量约为 80%以上;若无水滴、松开后看到手上水分很明显,约为 60%。微贮饲料含水量在 60%~65%最为理想。

(2)水采用井水就行,喷洒设备宜简便实用,小型水泵、背式喷雾器均可。

(3)冬天温度低,生物菌种在发酵的时候温度控制在 20~35 ℃,室内发酵时间为 48~72 小时。

(4)冬季秸秆是比较干燥的,1 吨秸秆兑水是在 300~350 千克。发酵的时候物料的水分控制在(用手捏一把物料不出水)不成团,松开即可散开。

(二)不良发酵抑制剂

该类抑制剂可抑制饲料中有害微生物活动,防止饲料腐败霉变,减少养分流失。如甲酸、甲醛和丙酸。

(三)营养性添加剂

该类添加剂可提高饲料的营养价值,改善饲料风味。如尿素、氨、二缩脲和矿物质。生产中如果原料中含蛋白质并不高,装窖时向原料中均匀地撒上尿素或硫酸铵混合物 0.3%~0.5%,青贮后每千克青贮料中可增加消化蛋白质 8~10 克。玉米青贮料加 0.2%~0.3%的硫酸钠,可使含硫氨基酸增加 2 倍;添加 0.5%~0.7%的尿素,通过青贮微生物的利用形成菌体蛋白质,提高青贮料中粗蛋白质含量。

第七节　柠条包膜青贮加工利用技术

包膜青贮制作简单,运输方便快捷,得到了广泛的推广应用,其制作要点主要包括以下几点。

(1)原料收获。柠条生长阶段具体划分为返青期、开花期、结实期、种子成熟期和枯黄期。其中,开花期到种子成熟期粗蛋白含量最高,粗纤维含量较低,产量最高。因此,柠条应在此时期进行平茬收获,留茬高度应在 5~10 厘米。柠条应在晴好天气收获,并立即运输至包膜青贮制作地点。

(2)揉丝粉碎。将原料及时用揉丝粉碎机进行粉碎,揉丝粉碎长度一般应在 2~3 厘米。

(3)调节水分。根据原料含水量,补充适量水分,含水量调节至 60%~70%。实际操作中,取一把揉丝粉碎过的柠条稍经揉搓,然后用力握在手中,若手指缝中有水珠出现,但不成串滴出,则原料中含水量适宜;若握不出水珠,则水分不足;若水珠成串滴出,则水分过多。

(4)加入添加剂。揉丝粉碎过程中,可同时均匀铺撒乳酸菌、有机酸或饲料酶等青贮调制添加剂(用量和使用方法应以产品说明为准)。

(5)打捆。将切碎的原料装入专用饲草打捆机中进行打捆(每捆重量在 50~

60千克)。

(6)包膜。打捆结束后,从打捆机中取出草捆,将草捆平稳放到包膜机上,然后启动包膜机用专用拉伸膜进行包裹,设定包膜机的包膜圈数以22~25圈为宜(保证包膜2层以上)。

(7)堆放和保存。包膜完成后,从包膜机上搬下已经制作完成的包膜草捆,整齐地堆放在远离火源、鼠害少、避光、牲畜触及不到的地方。堆放不应超过3层。搬运时不应扎通、磨破包膜,以免漏气。在堆放过程中如发现有包膜破损,应及时用胶布粘贴防止漏气。

(8)取用。柠条包膜青贮一般经过50~60天即可开启使用。包膜青贮取喂时,将外面包裹的塑料膜拆开(可沿包裹方向拆开,最好不要剪断,缠好后可旧物利用),剪开里面的网或绳,取出青贮料即可,取喂量应按照家畜饲养量以当天喂完为宜。优质柠条包膜青贮料为黄绿色,具有酸香味。

(9)饲喂。柠条包膜青贮应与其他饲草料搭配混合饲喂,育肥牛每天每头可饲喂柠条包膜青贮7千克。

第八节　玉米秸秆黄贮技术

一、制作技术要点

(一)收割

一般是在玉米蜡熟后期,果穗苞皮变白,植株下部5~6片叶子枯黄即可收获。为保持原料水分不损失,应随割随运随贮。

(二)切碎

秸秆铡碎长度以1~2厘米为宜,过长不易压实,容易变质腐烂。

(三)装窖

切碎的原料要及时入窖,除底层外,要逐层均匀补充水分,使其水分达到65%~70%。即用手将压实后的草团紧握,指间有水但不滴为宜。为提高秸秆黄贮糖分含量,保证乳酸菌正常繁殖,改善饲草品质,可添加0.5%左右麸皮或玉米面。

(四)压实

装填过程中要层层压实,充分排出空气。可以用拖拉机、装载机等机械反复碾压,尤其要将四周及四角压实。

(五)水分调节

加工调制过程中,要检查秸秆含水量是否适宜,并根据情况进行适当添加,一般含水量要求在65%~70%。

(六)密封

原料装填至高出窖口40~50厘米、窖顶中间高四周低呈馒头状时,即可封窖。在秸秆顶部覆盖一层塑料薄膜,将四周压实封严,用轮胎或土镇压密封。土层厚30~50厘米,表面拍打光滑,四周挖好排水沟,防止雨水渗入。密封后要勤检查,发现下陷、裂缝、破损等,要及时填补,防止漏气。封窖后40~50天,可开窖使用。

二、添加剂的配制

在实际生产中,为了提高黄贮饲料的质量和消化利用率、延长贮存期,往往通过添加微生物菌剂、酶制剂和有机酸等添加剂,以加快乳酸菌繁殖,促进厌氧发酵,将玉米秸秆调制成柔软、酸香、适口性好的粗饲料。添加剂的制备方法如下。

(1)菌种复活及菌液配制。按照处理秸秆量复活菌种(依据产品说明使用),当天用完。以处理1吨秸秆需要的菌液为例,将菌种(一般处理1吨秸秆需菌种3~5克)加入1 000毫升糖水中(浓度为1%),常温下(25 ℃左右)放置1~2小时(夏季不超过4小时,冬季不超过12小时),使菌种复活。将复活好的菌剂倒入10~80千克清洁水中,搅拌均匀,制成喷洒用的菌液备用。

(2)酶制剂稀释与准备。按照当天处理的玉米秸秆量,依据产品使用说明,确定使用酶及稀释物的数量,当天用完。通常处理1吨秸秆需青(黄)贮饲料专用酶1千克(高浓度酶制剂用量为100克)、人工盐4~5千克、麸皮或玉米面10千克,将饲料酶、人工盐、麸皮或玉米面充分混合后备用。

(3)有机酸的准备。一般情况下,处理1吨玉米秸秆需添加有机酸2~4千克,具体用量参照产品使用说明。

在制作过程中,每压实一层秸秆,在表面均匀喷洒一层制备好的添加剂。乳酸菌、有机酸用农用喷雾器进行喷洒，酶制剂手工均匀撒开。封窖前，在玉米秸秆表面足量均匀喷洒添加剂。

三、青贮的取用

玉米秸秆经 40 天发酵后即可取用，取完后要用塑料薄膜将开口封严，尽量减少与空气接触，防止二次发酵、霉变。每次按照 1~2 天饲喂量取用。

第九节　优质青贮玉米加工调制技术

一、青贮玉米品种选择

青贮玉米品种选择应综合考虑生育期、单位面积产草量、饲草品质和抗逆性。

（1）要将全株的营养含量放在首位，兼顾玉米鲜重和营养，以满足奶牛对营养的需求。

（2）选择籽粒产量高，籽粒粗蛋白、粗脂肪含量高，秸秆糖分含量高、木质素含量低的品种。

（3）调整青贮玉米品种的成熟期，由原来收获时期乳熟期的品种调整为收获时期籽粒能够达到蜡熟中末期或完熟期且活秆成熟持绿性好的品种。

（4）选择植株紧凑、抗倒伏、抗大斑病、小斑病的品种。

二、全株青贮玉米饲料加工调制

青贮制作过程要实现“干（物质高）、短（铡草长度短）、实（装窖封压实）、快（制作过程快）”，提高青贮饲料的品质。

（1）青贮原料收割。采用大型青贮收割机（CLAAS）收割，在玉米籽实乳熟末期到蜡熟期，整株下部有 4~5 个叶变成棕色时刈割为宜。收割时保持一定的留茬高度（10~15 厘米）。实践证明，青贮玉米的干物质含量在 30%~35%时，青贮效果最为理想。

（2）青贮铡碎长度。适宜的长度应当控制在 1.5~2.0 厘米。铡得太短会导致刺激奶牛咀嚼的有效纤维减少，容易发生瘤胃酸中毒；铡得太长，会影响青贮窖的压实密度，导致青贮变质。

（3）玉米青贮的压实。制作青贮时，每装填 30~40厘米用重型机械进行压实；在青贮原料装满后，还需继续装至原料高出窖的边沿50厘米左右，然后用塑料薄膜封盖；再用泥土或轮胎压实，减少青贮原料中的空气，提高青贮质量。

(4)装窖时间。玉米青贮一旦开始，就要集中人力、物力，刈割、运输、切碎、装窖、压实、密封要连续进行，缩短青贮过程中有氧发酵的时间，提高青贮饲料的质量。

第十节　全混合日粮(TMR)调制技术

TMR是全混合日粮(Total Mixed Rations)英文单词首写字母的简称。肉牛全混合日粮是根据肉牛不同生长发育阶段营养需求和饲养方案，用饲料搅拌机将铡切成适当长度的粗饲料、精料和各种饲料添加剂，按照配方要求进行均匀混合，得到的一种营养相对平衡的日粮。目前，国内规模奶牛场已大面积应用，规模化肉牛场已开始推广应用该项技术。

一、TMR饲喂方式优势

与传统饲喂方式相比TMR饲养方式具有以下好处。

(1)应用全混合日粮饲喂技术，可以保证肉牛在任何时间所采食的每一口饲料其营养都是均衡的，满足肉牛不同阶段营养需求，避免挑食，提高适口性，增加干物质采食量。

(2)简化饲养程序，提高饲料投喂精确度，减少浪费。可充分利用饲料资源，降低饲料成本，与传统饲喂模式相比，可降低饲喂成本5%~7%。

(3)降低劳动强度，省时省力，显著提高规模养殖效益和劳动生产率，有利于规模化、精细化、标准化生产，人工效率提高1倍以上。

(4)增强瘤胃代谢机能，减少真胃移位、酮血症、酸中毒等疾病的发生，发病率降低20%~25%。

二、TMR制作技术要点

(一)合理分群

合理分群可细化管理，充分满足肉牛不同发育阶段对营养的需求。分群时要根据牛群年龄、体重、生长阶段、体况、日粮营养水平、养殖规模等来确定。

（二）配方设计与原料选择

根据牛场饲料资源、分群大小和实际养殖情况，合理设计日粮配方。日粮种类可以多样化。粗饲料主要包括青贮饲料、青干草、青绿饲料、农副产品、糟渣类饲料等，精饲料主要包括玉米、麦类谷物、饼粕类、预混料等。根据各牛群特点，每个牛群应单独制定全混合日粮，或制作基础 TMR+精料（草料）的方式来满足不同牛群营养需要。

（三）饲料原料与日粮检测

测定原料的营养成分是科学配制全混合日粮的基础，因原料产地、收获季节及调制方法不同，全混合日粮的干物质含量和营养成分差异较大。所以，全混合日粮应经常化验或批次化验。

（四）加工制作

应用 TMR 饲料搅拌机，将干草、青贮饲料、农副产品和精饲料等原料，按照“先干后湿，先轻后重，先粗后精”的顺序投入到 TMR 饲料搅拌机中。通常适宜装载量占容积的 60%~75%。加工时通常采用边投料边搅拌的方式，在最后一批原料加完后再混合 4~8 分钟完成。

三、TMR 饲料的日常管理

要确保牛群采食新鲜、适口和平衡的 TMR 日粮，提高牛群平均日增重，日常管理要注意控制投料速度、次数、数量等，仔细观察牛采食情况。

（一）投喂方法

牵引或自走式 TMR 饲料搅拌机使用专用机械设备自动投喂。固定式 TMR 饲料搅拌机需要将加工好日粮人工进行投喂，但应减少转运的次数。

（二）投料速度

使用自走式 TMR 饲料搅拌机投料，车速要限制在 20 千米/时，控制放料速度，保证整个料槽饲料投放均匀。

（三）投料次数

要确保饲料新鲜，一般每天投料 2 次，可按照日饲喂量的 50%分早晚进行投放，也可按早 60%、晚 40%的比例进行投喂。夏季高温、潮湿天气可增加 1 次，冬季可减少

1次。增加饲喂次数不能增加干物质采食量，但可提高饲料利用效率，故在两次投料间隔内要翻料2~3次。

（四）投料数量

每次投料前应保证有3%~5%的剩余料量，防止剩料过多或缺料，以达到肉牛最佳的干物质采食量。

（五）注意观察

料槽中全混合日粮不应分层，料底外观和组成与采食前相似，发热发霉的剩料应及时清出，并给予补饲。牛采食完饲料后，应及时将食槽清理干净，并给予充足、清洁的饮水。

混合好的饲料应保持新鲜，精粗饲料混合均匀，质地柔软不结块，无发热、异味以及杂物。含水量控制在35%~45%，过低或过高均会影响肉牛的干物质采食量。检查日粮含水量，可将饲料放在手心里紧握后再松开，日粮松散不分离、不结块，没有水滴渗出，表明水分适宜。

四、TMR日粮制作过程中的注意事项

（1）牛舍建设应适应TMR饲料搅拌机设计参数要求。每头牛应有0.5~0.7米的采食空间。

（2）检查电子计量仪的准确性，准确称量各种饲料原料，按日粮配方进行加工制作。

（3）根据牛年龄、体重、生长阶段等合理分群。

（4）防止铁器、石块、包装绳等杂物混入搅拌机。

第十一节　全混合日粮评价技术

全混合日粮（TMR）是一种将粗料、精料、矿物质、维生素和其他添加剂充分混合，能够提供足够的营养以满足奶牛需要的饲养技术，TMR饲养技术在配套技术措施和性能优良的TMR机械的基础上能够保证奶牛每采食一口日粮都是精粗比例稳定、营养浓度一致的全价日粮。

宾州筛是TMR饲养的必备工具,宾州筛也叫草料分析筛、TMR饲料分析筛等,是美国宾夕法尼亚州立大学的研究者发明了一种简便的,可在牛场用来评价日粮加工、搅拌粒度及比例,保持日粮的稳定性,检查是否严格按配方准确添加日粮各组分、添加顺序、搅拌时间是否严格按规定程序进行,了解搅拌机械设备的运行状况,以便及时进行维护保养,具体操作过程如下。

一、TMR饲料的取样

(1)取样应在投料车投料后,推槽车推槽前立即取样,保证样品的真实性和均匀度。

(2)取样一般一个圈舍3个样,每个样应保证至少5个点位,且最好不要在料槽两头位置取样。

(3)每天取样3个牛群,即新产、高产、围产牛群(也可随机取样其他牛群),并按照要求进行操作。

(4)取样时要保证每个样品在500克左右,不要过多,也不要过少,3个样品重量大致一样。

(5)取样过程中要尽量保证取样日粮的原样性,动作幅度不要过大,保证样品在采集过程中不会发生变化。

(6)取样后,拿到检测室要尽快进行宾州筛操作。

二、宾州筛操作要点

(1)将筛子叠摞在一起,大孔筛在最上面,无孔托盘在最下面。

(2)将饲料倒入顶层筛子。

(3)摇动筛子。每秒钟摇动一次,每次的摇动路径约17厘米,操作宾州筛时要保证筛子只是水平移动,防止垂直方向上颠簸,在一个方向上水平移动宾州筛5次,之后旋转90度,再摇动5次,重复此过程,共旋转7次,即每个方向摇动2次,共计40下。

三、TMR检测结果与评价

将宾州筛各层小心倒入容器中，进行称量，根据称量的结果除以开始测定的数据，为每层所占百分比，在相关的数据表格中，记录相关的信息，用宾州筛测定 TMR 日粮上中下三层所占的比例，与奶牛不同生理阶段的 TMR 日粮标准进行对比，对 TMR 日粮品质进行简单评估。

第十二节　日粮配合技术

一、基本的概念

（一）日粮

一昼夜内一头家畜所需要的饲料量。

（二）平衡日粮

当日粮中各种营养物质的种类、数量及其相互比例能满足畜禽的营养需要时称为平衡日粮。

（三）饲粮

按日粮的饲料原料配比配制成的大量配合饲料。

（四）日粮配合

按饲料配方的要求，选取若干饲料及添加剂并合理确定搭配比例，使其所提供的各种养分均符合到饲养标准规定的数量的这种设计及生产过程。

（五）配合饲料

根据畜禽的营养需要和饲料的营养含量，按照一定的科学配方生产的营养平衡的由多种单一饲料组成的均匀混合物。

（六）全价配合饲料

由能量饲料（占 60%~80%）和浓缩饲料配合而成。或由添加剂预混合饲料、蛋白质饲料和常量矿物质饲料（钙、磷和食盐）、能量饲料配制而成的配合饲料。

（七）浓缩饲料

由添加剂预混合饲料、蛋白质饲料和常量矿物质饲料（钙磷和食盐）配制而成的配合饲料。

（八）添加剂预混料（预混料）

由一种或多种饲料添加剂与适当比例的载体、稀释剂等配置而成的饲料。按照不同的配比，可以分为0.5%(多维与微量元素)、1%(再加氨基酸)、2%、4%、5%(再加常量元素)。

(九)精料补充料

由添加剂预混合饲料、蛋白质饲料和常量矿物质饲料（钙、磷和食盐)、能量饲料配制而成的配合饲料。

饲喂对象:草食动物(牛、羊等),补充青或粗饲草或青贮饲料不足的养分。

使用方法:精料补充料+青或粗饲草或青贮饲料=全价饲料。

二、日粮配合的原则

日粮是家畜昼夜所采食的饲草饲料总量。日粮配合就是根据家畜、饲养标准和饲料营养特性,选择若干种饲料原料并按一定比例搭配,使日粮能满足家畜的营养需要的过程。因此,日粮配合实质上是使饲养、标准具体化。在配合日粮时可按不同年龄、体重、性别、生产性能和生理状态等情况,将畜群划分为若干条件相似的组,然后分别为每一组配合一个日粮,日粮配合应该遵循足营养、低成本的要求。

(一)配合日粮满足营养需要

配合日粮要满足不同品种、不同阶段、不同用途的家畜的营养需要,要分别选用相应的饲养标准作为配合日粮的依据,首先考虑能量和蛋白质的需要,最后满足钙、磷的需要量。

(二)注意合理的精粗饲料比

不同的饲养阶段选用合适的精粗饲料比例,粗饲料可以促使家畜分泌唾液,使瘤胃微生物得到大量繁殖,当粗料较少时,会造成大量的能量不能被微生物及时利用而浪费,产生大量的挥发性脂肪酸,降低了瘤胃的pH,抑制了细菌对纤维素的降解,大量产酸造成瘤胃酸度过高发生酸中毒,引起代谢疾病、生殖疾病等。

(三)日粮配比要有合适的容积

日粮体积过大,难以吃进所需的营养物质;体积过小,即使营养得到满足,由于瘤胃充盈度不够,难免有饥饿感。一般要保证干物质的进食量不低于体重的2.5%,粗纤维含量不低于日粮干物质的13%。

（四）日粮饲料要多样化、种类多

所含的营养物质能起互补作用，使日粮的营养较全面。饲草一定要有两种或两种以上，精料种类 3~5 种，使营养全面且适口性较好和保持动物的食欲。

（五）选用价廉质优的饲料

既要注意配合饲料中的营养物质，也要考虑选用的原料质地良好，适口性强，无毒，无害，不含异物，不发霉，无污染等。饲料尽可能就地生产，少用商品饲料，一方面减少运输费用，价格也比较便宜，不同地区、不同季节应采用不同的日粮配方。这样既可满足牛对营养的需要，又能降低生产成本。

（六）配制的日粮应保持相对稳定

突然改变日粮构成，会影响瘤胃发酵，降低饲料消化率，甚至引起消化不良或下痢等疾病。

三、配合日粮的方法步骤

（1）首先要确定日粮中各种养分的营养水平，它是日粮配合的依据。确定营养水平最简单的方法是参照饲养标准，但饲养标准很多，一般情况下应以我国的标准为基础，适当参考国外标准来确定配方的营养水平。

（2）选择原料，根据我国大部分地区饲料资源情况，玉米、麸皮、饼粕料、磷酸氢钙及骨粉、石粉或贝壳粉、食盐、以微量元素为主的添加剂预混料等可作为选料的基础。各种饲料在瘤胃内降解速率存在着一定的差距， 如玉米青贮干物质降解率较高为 45%左右，稻草干物质降解率较低为 25%左右，这也是稻草干物质采食量和营养价值明显低于玉米青贮干物质的重要原因。因此，在配合反刍动物日粮时，应当充分考虑降解率的高低，合理搭配。例如，当奶牛的日粮为偏粗料型时，应当添加一些较易消化的大麦类，而少用玉米、高粱。

（3）计算出每千克饲粮的养分含量，将所规定的每头家畜每日营养需要量，除以每头家畜、每日采食的风干饲料的千克数，即为每千克饲粮的养分含量(%)。

（4）营养水平和饲料原料确定后，就可以利用各种计算方法设计出能满足营养要求的原始配方。日粮配方的设计方法有试差法、百分比法、计算机求解法等。目前，在日粮配方设计中，试差法是最常用的手算方法，主要包括如下步骤。

第一步，确定日粮中各种养分的营养水平，作为日粮配方的基本依据。

第二步，计算出每千克饲粮的养分含量，将所规定的每头家畜每日营养需要量，除以每头家畜、每日采食的风干饲料的千克数，即为每千克饲粮的养分含量(%)。

第三步，确定拟用的饲料，列出选用饲料的营养成分和营养价值表，以便选用计算。

第四步，根据对日粮能量含量的要求，试配能量混合饲料。

第五步，在保持初配混合料能量浓度基本不变的前提下，用蛋白料补替，使能量和蛋白质这两项基本营养指标符合规定要求。

第六步，在能量和蛋白质的含量，以及饲料搭配基本符合规定要求的基础上，调整补充钙、磷和食盐等其他指标。

(5)确定配方，应经过试验验证，若达到预期效果，可确定下来正式应用。若发现生长不良、家畜不爱吃、腹泻多病等问题，则应分析原因，由于饲料配方的缺陷造成的，要针对问题加以修正，并再行试验，直到没有问题为止。

四、日粮配合的注意事项

在配合日粮时，要将各种饲料搭配好，应注意的事项如下。

(1)草食动物，其日粮饲料搭配应首先考虑青料这类基础日粮的采食量和从青料中摄取营养量，然后对照饲养标准、营养标准中规定的各类营养减去青料中各类营养，求出尚欠营养量，并据此选取混合料。

(2)特点：有利于采食和消化，也有利于配合日粮的转化效能，提高饲料利用效益。

(3)反刍动物的日粮，在饲料搭配上要注意精、粗比例适当。例如，高产奶牛的精、粗比为5:4，中产奶牛的精、粗比为4:6，低产奶牛的精、粗比为3:7。

(4)反刍动物日粮，在饲料搭配上要注意配合饲料的营养性、生产上的有效性和安全无害，还要注意配合日粮容积的适量性。

(5)要保持一定的粗纤维含量，在配合日粮中粗纤维含量以15%~20%为宜。

(6)所选饲料要新鲜、清洁，尽可能是本地易得的饲料。

(7)饲料搭配的营养量要根据体况、用途、生长阶段等做适当调整，使其适其需要，发挥效用。

第十三节 配合饲料的加工方法

按饲料形态分类粉状饲料、颗粒饲料、破碎饲料、膨化饲料、压扁饲料等，常用的加工方法主要有以下几种。

一、磨碎与压扁

质地坚硬或有皮壳的饲料，喂前需要磨碎或压扁，否则难以消化而由粪中排出，造成浪费。粉碎是精饲料加工最常用的方法，粉碎粒度一般为2毫米左右，不宜过细，粗粉适口性更好，可提高牛唾液分泌量，增加反刍，提高能量利用率。压扁的目的是使籽实破裂，用压扁机压成1毫米左右的薄片，干燥后配以所需的添加剂，便制成了压扁饲料。

二、湿润及浸泡

湿润一般用于尘粉多的饲料，而浸泡多用于硬实的籽实或油饼，吸收水分，使之软化或用于溶去有毒物质。可用池子、缸等容器，将料放入，用水拌匀，因饲料不同，料、水比可为1:1~1:5，以手握指缝渗出水滴为宜。浸泡后单宁、棉酚等有毒物质其毒素及异味均可减轻。浸泡时间因季节不同而异，高温季节时间宜短，以免饲料变质；其他季节宜长。对磨碎或粉碎的精料，喂牛前应尽可能湿润一下，以防饲料中粉尘多而影响牛的采食和消化，对预防粉尘呛入气管而造成的呼吸道疾病也有好处。

三、颗粒化

将饲料粉碎后，根据牛的营养需要，按一定的饲料配合比例搭配，并充分混合，用饲料压缩机加工成一定的颗粒形状，用颗粒机制成颗粒形状，可单独饲喂。其主要优点是饲喂方便，适口性好，咀嚼时间长，有利于消化吸收，减少饲料浪费，便于机械化操作。颗粒饲料一般为圆柱形，喂牛时以直径4~5毫米、长10~15毫米为宜。

四、糖化

糖化对于富含淀粉的饲料，粉碎后加 3 倍的热水，拌匀，温度 55~60 ℃使酶发生作用，2~6 小时完成糖化，含糖量增加 10%左右，改善饲料适口性。

五、过瘤胃保护技术

（一）加热处理

加热不仅可以破坏抗营养因子（如生大豆饼中的胰蛋白酶抑制因子、凝集素等）而且可降低饲料蛋白质在瘤胃的降解率。但过度加热降低蛋白质的消化率，引起一些氨基酸和维生素的损失。加热应适度，一般 150 ℃ 45 分钟有较好效果。

（二）甲醛处理

先将豆粕等饲料粉碎过筛，甲醛溶液用 20 倍水稀释后，喷雾于豆粕等饲料上混匀装入塑料袋密封 24 小时后打开，自然风干后饲喂可以降低蛋白质在瘤胃中的降解率，提高消化率。

（三）过瘤胃保护脂肪

把脂肪保护起来，形成过瘤胃保护脂肪，减少微生物的活动干扰，提高纤维的消化率。

（四）包膜处理

对豆粕、玉米等精饲料用全血等天然过瘤胃高的饲料进行包被，使精饲料增加了保护层，从而减少在瘤胃的降解。可用 10%~15%全血处理包被豆粕或玉米。（注：全血包被是一种饲料处理方法）

第十四节　牛常用的补饲产品

一、饲料添加剂

饲料添加剂包括各种维生素、矿物质元素、氨基酸、保健促生长剂、抗氧化剂、防霉剂、黏结剂、着色剂、增味剂以及保健与代谢调节药物等。

二、添加剂预混合饲料

该饲料属于此类型的有单一的维生素添加剂、复合维生素预混料、微量元素预混料、含硒添加剂、益生素添加剂以及复合预混料等。

添加剂预混合饲料的用量一般为1%~5%，根据用户需要解决的问题有以下不同品种。

（一）1%复合预混合饲料

内中含有牛需要的维生素（A、D、E）、微量元素（铁、锌、铜、锰、碘、硒、钴等）和调节瘤胃细菌功能的益生素（含啤酒酵母、曲霉菌、乳酸菌等），用量为1%。

（二）3%~5%复合预混合饲料

内中含有牛需要的维生素、微量元素和调节瘤胃细菌功能的益生素，还添加了一些常量矿物元素，如钙、磷、镁、钾、钠、氯、硫等，根据需要一般为3%~5%。

三、浓缩饲料

由于浓缩饲料一般含粗蛋白质25%~40%，主要成分有维生素、矿物质元素、蛋白质饲料等，矿物质和维生素的含量也高于牛营养需要的2倍以上，因此这类饲料不能直接饲喂，要按说明书加入玉米或其他能量饲料后方可饲喂。这类饲料可以减少能量饲料运输，使用方便，可解决一般养殖户蛋白质饲料短缺的问题，常用量30%~50%。

四、精料补充料

为了补充以粗饲料、青饲料、青贮饲料为基础的牛等草食动物的营养而用多种饲料原料按一定比例配制的饲料，也称混合精料。精料补充料主要由能量饲料、蛋白质饲料、矿物质饲料和部分饲料添加剂组成，主要适合于饲喂牛、兔等草食动物。这种饲料营养不全价，不单独构成饲粮，仅组成草食动物日粮的一部分，用以补充采食饲草不足的那一部分营养。牛等草食动物在所采食的青、粗饲草及青贮饲料外，给予适量的精料补充料，可全面满足饲喂对象的各种营养需要。饲喂时必须与粗饲料、青饲料或青贮饲料搭配在一起。在变换基础饲草时，应根据动物生产反应及时调整供应量。

精料补充料的组成为能量饲料、蛋白质饲料、矿物质饲料、维生素饲料、其他添加剂、载体或稀释剂等，用量占全饲粮干物质的15%~40%。可直接由浓缩饲料配以能量饲料制成，饲喂牛时要加入大量的青绿饲料、粗饲料，且精料补充料与青粗饲料的比例要适当，它是用以补充牛采食青粗饲料、青贮饲料时的营养不足，因粗饲料品质、牛的预期日增重、产奶量、气候状况等而异，一般日喂量为0.5~10.0千克。

五、营养舔砖

（一）分类

营养舔砖为机械挤压式工艺设备制备的以补充反刍动物营养物质的舔食用高密度块状饲料产品。按所含营养物质不同分为矿物复合型营养舔砖、能量复合型营养舔砖、蛋白复合型营养舔砖、全复合型营养舔砖。

（二）特点

舔砖的硬度高、质地好，利于控制舔食量；生产制作较快，节省空间和人力，舔砖容易成型，并可直接进入成品库；生产环节少，利于工厂化生产，压制成的舔砖其物料较干，不潮解，不松散，一般不需专门设计干燥环节。

（三）性状

营养舔砖成品为立方体、圆柱体或扁圆体，直径150~250毫米，厚80~150毫米，每块重量为2.5~5.0千克。其抗破碎强度为15~60千克/厘米^2，在硬度上属“较硬”级。压制出的舔块一般采用纸箱包装。

（四）成分

舔砖含有牛需要的维生素（A、D、E），微量元素（铁、锌、铜、锰、碘、硒、钴等），常量元素（钙、磷、镁、钠等）和黏合剂，有些产品含有非蛋白氮、能量。

（五）使用

舔砖可悬挂于护栏或置于饲槽内自由舔食。

六、非蛋白氮

（一）常用非蛋白氮饲料的种类

1. 尿素

尿素含氮为46.6%，产品呈白色结晶状，易溶于水，无臭而略有苦咸味。1千克尿素相当于2.6~2.9千克蛋白质，相当于6.5千克豆粕。如果合理应用尿素，并辅以作为微生物增殖的能源——易溶性碳水化合物等营养源，尿素氮源的平均利用率可达80%。瘤胃中微生物分泌的尿素酶活性很强，尿素进入瘤胃后很快会分解完，如不合理使用，可引起反刍畜尿素中毒。尿素由于成本低，效果好，是反刍家畜生产中应用最为广泛的一种非蛋白氮饲料。

2. 尿素衍生物

这类产品主要包括磷酸脲、缩二脲、异丁叉双脲等。磷酸脲是一种有氨基结构的磷酸复合盐，由等摩尔的尿素与磷酸反应制得，磷酸脲易溶于水，水溶液呈酸性。缩二脲是由两分子尿素热缩脱氨的产物，含氮量 34.7%，蛋白质当量 21.7%。异丁叉双脲含氮量为 32.2%，每 1 千克该品相当于 1.73 千克蛋白质或相当于 5 千克豆饼。它们都具有释氨慢这一优点，但生产工艺流程多，相对于尿素来说产量少。目前，养殖生产中用得较少。

3. 氨

这是最简单的非蛋白氮。液氨和氨水由于包装、运输和使用不方便，一定程度上限制了应用范围。另外，氨的气味和易挥发特点造成环境污染，对人、畜健康不利，同时对非蛋白氮源也是一种浪费。饲料、饲草加入氨后，适口性降低，也是一个缺点。目前，液氨和氨水的使用还限于秸秆处理和青贮混合添加领域。

4. 铵盐

铵盐主要有碳酸氢铵、磷酸铵、硫酸铵和氯化铵等。碳酸氢铵是合成氨工业的主要产品之一，纯品为白色粉状，含氨 17.7%，已用于反刍动物的饲料添加。磷酸铵盐主要是磷酸氢二铵或磷酸二氢铵两种，除作为氮源外，还能提供动物所需的无机磷，但目前价格较贵。其他无机铵盐如硫酸铵和氯化铵，因动物食后带入较大量的氯离子和硫酸根，有碍体液的酸碱平衡，故实践中较少使用。

（二）尿素的合理利用

在反刍动物营养中，尿素可代替部分蛋白质饲料用于牛的饲喂。尿素含氮 46%左右，按含氮量计算，1 千克含氮 46%的尿素等于 6.8 千克含粗蛋白 42.2%的豆粕。

1. 搅拌加入精料

为了有效地利用尿素，防止中毒，按照牛的饲料配方营养标准或日喂量，把尿素均匀混合到反刍家畜的精饲料中；或把含尿素的精饲料均匀混拌到农副产品的糟渣中饲喂；当尿素与秸秆等粗饲料混合时，可将尿素与糖蜜配成溶液，均匀喷洒于秸秆上。尿素的喂量为日粮粗蛋白质需要量的 20%~30%或日粮干物质的 1%~2%，或按体重的 0.02%~0.05%添加。

2. 青贮中添加尿素

常规的青贮饲料中粗蛋白的含量较低，不能满足牛的需要。如果按青贮原料湿重的0.5%~0.6%添加尿素并在青贮装填过程中均匀混于青贮原料中，可提高青贮饲料的营养价值。饲喂尿素时，开始少喂，逐渐加量，使家畜有 2 周左右的适应期，1 天的喂量要分几次饲喂。

3. 氨化秸秆

将经过晾晒的秸秆按风干重的 3%~5%取尿素制成溶液，然后将溶液均匀喷洒于秸秆上，装入氨化设备中，压实密封，在 15~20 ℃的条件下 3~4 周即可放氨饲喂。氨化秸秆营养也显著提高，消化能明显增加，长期饲喂无毒、无害，安全可靠。

4. 尿素舔砖

“糖蜜尿素舔砖”是避免反刍动物过量食入尿素的补充非蛋白氮的有效方法。主要根据反刍动物的营养需要量和当地获得营养含量的差异而制定舔砖配方。牛饲喂舔砖能提高饲料利用率、节省精料，显著提高增重和产仔母畜的奶量，是一种制作容易、饲喂方便的好方法。

尿素舔砖建议配方：糖、蜂蜜 30%~40%，糠麸 25%~40%，尿素 5%~15%，硅酸盐水泥 5%~15%，食盐 1.0%~2.5%，矿物质元素添加剂 1.0%~1.5%，根据需要适量添加维生素。

每日舔食量标准，根据原料配方比例和原料的不同要有差异，主要以牛舔食入尿素量为标准。

5. 缓释尿素

由于尿素分解很快，有机酸与氨必须及时结合，防止过量的氨进入血液，因此使用尿素时，日粮中应有适量易分解的碳水化合物。具体操作是将尿素和淀粉饲料及载体混合加入黏合剂，经硬制颗粒法加工形成溶解慢的一种缓释尿素饲料。为了刺激瘤胃微生物的生长，必须加入微量元素硫、锌、镁、钴等，这种复合物在瘤胃中经脲酶逐渐分解出氨，达到缓慢释放氨的效果。

制法：粉碎的谷物（70%~75%）、尿素（20%~25%）和膨润土（3%~5%）混合后，经高温高压喷爆处理，使淀粉糊化并与融化的尿素紧密结合。这样做，在降低氨释放速度的同时，加快淀粉的发酵速度，保持能氮的同步释放，提高细菌蛋白的合成效率。

6. 化学法合成相应衍生物

尿素衍生物可降低尿素分解速度，目前这方面的产品有双缩脲、磷酸脲、羟甲基脲、异丁基二脲、脂肪酸脲等。双缩脲是尿素加热形成的缩合产物，比尿素较难溶解于水，在瘤胃中分解氨的速度比尿素慢，效果明显，但价格偏高。

7. 脲酶抑制剂

在尿素利用中，研究最多的是脲酶抑制剂。脲酶抑制剂作为一种新型饲料添加剂在国外的应用已较为广泛。国内近年也开始重视脲酶抑制剂的合成与应用研究。微生物分解尿素产生氨的速度是微生物利用氨合成微生物蛋白速度的 4 倍左右，微生物脲酶的高活性，极大制约了尿素的利用。脲酶抑制剂不但能抑制瘤胃内脲酶活性，降低瘤胃中氨的浓度，而且可使氨的释放速度平稳，有利于微生物合成菌体蛋白、从而提高反刍动物对尿素的利用率。它能抑制反刍动物瘤胃微生物脲酶活性，调节瘤胃微生物代谢，提高微生物蛋白质合成量（25%）和纤维素消化率，降低瘤胃内尿素分解速度。

七、非常规饲料

（一）DDG 和 DDGS

这是谷物（玉米、高粱、小麦、大麦等）经过发酵，提取酒精以后的副产品，这种经过蒸馏的副产品一般称为 DDG，以玉米为最多，干燥后含粗蛋白质 25%~30%，含粗脂肪8%~12%。其中过瘤胃蛋白高达 50%~60%。DDG 中含磷、钾高，含钙低，可消化纤维素和脂肪的含量也很高，而淀粉的含量低。

对蒸馏副产品在进行干燥处理以前，将谷实在发酵过程中所产生的可溶性物质添加进去，再行干燥所得的产品叫 DDGS。DDGS 一般比 DDG 所含的蛋白低，过瘤胃蛋白质的含量也低，但能量含量稍高，钾和磷的含量也稍高。在肥育牛时 DDGS 可以与尿素混合，其饲养价值和豆粕相当，但价格要便宜得多。由于 DDGS 中含有较高的可消化纤维，过瘤胃蛋白质的含量也较高，加上其中所含的脂肪为玉米的 3 倍，所以是肥育牛的好饲料。

（二）酒糟

用淀粉含量高的原料（谷物、薯类、浆果等）酿酒所得糟、渣副产品就是酒糟，其营养价值因原料、酿造方法不同而有差异。就粮食酒来说，由于原料中可溶性碳水化合物被发酵成酒以后而被提取，其他营养成分如粗蛋白质、粗脂肪、粗纤维与灰分等含量相应提高，而无氮浸出物在干物质中相应降低。但酒糟和相应的原料谷物在消化率上没有多少差异。所以，其能量值下降不多，仍属能量饲料范围。

酒糟的营养价值除受原料影响外，还受夹杂物的影响。例如，为了多出酒，常在原料中掺加不同比例的稻壳，作为疏松通气物质，这就使酒糟的营养价值大为降低。

酒糟的营养含量稳定，但成分不全。所以喂量不宜过多，一般不超过肉牛日粮的40%，并应搭配其他饲料，有条件时补充青绿饲料。

（三）果渣

果渣是鲜果（如苹果、草莓、西红柿等）榨汁以后的副产品。含有果皮、果核（籽）以及少量的果肉。以苹果渣为例，含水 80%，粗蛋白质 0.9%，粗纤维素 5%，钙 0.02%，磷 0.02%，钾 0.10%。苹果渣里含有果胶、果糖和苹果酸，这些成分十分有利于瘤胃微生物的生长和生物发酵作用。

果渣含水量高，粗纤维素多，可以作为粗饲料和多汁饲料使用，也可以晒（或烘）干以后与别的饲料混合使用，对于一时用不完的果渣可以和其他干饲料混合后青贮。果渣在饲养肉牛中的用量一般为饲料干物质的 20%以下，新鲜果渣的用量不超过 6~10 千克/(头·天)。

（四）全棉籽

全棉籽的特点是适口性好，蛋白质含量（29%）、能量（消化能 28.88 兆焦/千克）、脂肪（17%）以及纤维素（ADF 29%）含量都很高，加上棉籽壳本身可以保护其中的营养物质免受瘤胃微生物的降解，增加了过瘤胃营养物质的数量，因此被称作“全能”性饲料。奶牛饲喂全棉籽不仅可以提高产奶量，还可以提高乳脂率。

生长肥育牛可以按照日粮干物质总量的 10%饲喂全棉籽。和全棉籽一样，向日葵、菜籽等也可以作为饲料。

（五）马铃薯淀粉渣

马铃薯经过工业化提取淀粉后的混合物，主要含有水、细胞碎片、残余淀粉颗粒和薯皮细胞或细胞结合物。鲜薯渣中含水量高达 90%左右，其水分被嵌入在残余完整细胞中，需要通过细胞膜交换到外界除去，而表现出典型胶体的理化特性，因此不具备液态流体性质。其化学成分包括淀粉、纤维素、半纤维素、果胶、游离氨基酸、寡肽多肽和灰分，其中的残余淀粉含量高达37%（以干基计），纤维素、果胶含量也较高，分别达到31%和17%（以干基计）。

（六）桑叶

桑叶的营养价值非常丰富，蛋白质含量与苜蓿相仿，比禾本科牧草高80%~100%，比热带豆科牧草高40%~50%。桑树因品种、树龄及生长条件的不同，桑树的粗蛋白含量在15%~28%，与大多数豆类牧草相近，但其粗纤维含量较低。桑叶富含多种氨基酸且比例适宜，其中谷氨酸的含量最高（谷氨酸在糖代谢及蛋白质代谢过程中有着重要的作用）。此外，赖氨酸和苏氨酸的含量也较高，在牛饲料中加入桑叶有利于调节饲料氨基酸平衡。因此桑叶蛋白是一种优良的蛋白质资源。

（七）柠条

柠条开花至结实，每千克鲜叶、嫩枝含粗蛋白质22~48克，含粗脂肪4.89克。据试验测定，柠条中的粗纤维、粗蛋白质、粗脂肪比干玉米秸秆高，其消化率明显高于干玉米秸秆。柠条的幼嫩枝条可做牛饲料，柠条可单喂，也可与其他粗饲料合理搭配饲喂，经合理调制的柠条在冬春季节可作为牛的基础饲料利用。

（八）玉米皮

在生产果糖糖浆时，将玉米去胚—泡湿—磨粉—去皮，所得的玉米皮经过脱水后，即成玉米皮。其中含20%左右的蛋白质、16%~18%的酸性洗涤纤维（ADF），淀粉和能量较低，磷的含量较高，而钙和钾的含量较低，过瘤胃蛋白质的含量也较低。

玉米皮饲喂牛，有维持反刍、减少酸中毒及腹泻等作用。玉米皮饲喂牛时，一般不能超过日粮干物质的25%。用量过多时可使饲料利用率下降5%~15%。

（九）甜菜渣（浆）

甜菜渣为制糖工业的副产品，含水量一般为80%，可以湿喂，也可晒干或烘干喂，或将干甜菜渣与糖蜜混合饲喂。

甜菜渣的特点：体积大，粗纤维素含量高、消化率高，含钙高，而磷、脂肪和蛋白质含量低，适口性好并有轻泻作用。由于甜菜渣含水量和粗纤维素含量大，一般作为粗饲料和多汁饲料，要与牧草和籽实混喂。

八、液体补充饲料

“液体饲料”，指任何液体形式的饲料原料或配合饲料，诸如糖蜜、油脂、液体蛋氨酸异构物，广泛用于反刍动物的液体补充饲料(liquid feed supplements，LFS)。传统的液体饲料多半是给牧场过冬家畜或放牧家畜在饲草质量不佳的旱季提供的补充饲料。基本原料有糖蜜、尿素、食盐。糖蜜作为载体，并提供能量，改善适口性；尿素是非蛋白氮(NPN)来源；食盐有两个作用，即提供养分，并控制进食量以防止氨中毒。也可以在LFS中添加微量矿物元素、维生素和某些药用添加剂。对放牧家畜最常见的做法是将LFS放在舔食罐里自由采食，也可将LFS里添加到粗饲料中或TMR中。有的在LFS的悬胶或乳胶系统内还加入一些过瘤胃蛋白质和脂肪。肥育场LFS通常在喂料之前与干饲料在搅拌车里混合。将定量(饲料总量的3%~7%)的LFS从安装在肥育场的储料罐泵吸到搅拌车，中间通过一个液体计量表。20世纪90年代，随着奶牛场规模扩大和全混合日粮的广泛应用，这种完全液体补充饲料扩展到了奶牛场。

(一)专门用途的液体补充饲料种类

1. 抗应激制品

该产品专为新到肥育场的去势小公牛克服长途运输的应激而设计的液体补充饲料。其特点是钾的含量高，还可以加酵母培养物。可以开发类似产品用来克服奶牛的围产期(产犊前3周和后2周)应激和高温应激。

2. 产奶牛适用的高脂乳化制品

该产品液体饲料的脂肪含量通常是20%，如果添加的是植物油，脂肪含量可达较高水平。脂肪或植物油与糖蜜和其他液体载体制成乳化状态，以LFS形式供给脂肪的最大好处是使用方便。这种LFS也可以含有维生素和微量矿物元素。

3. “结构饲料”专用乳化制品

该产品用整粒大麦、压片玉米和补充颗粒饲料按1:1:1比例混合，以含有5%~8%脂肪的乳化液体制品外涂。为使这结构饲料保持一种金黄发亮的外观，该制品采用了特殊来源的脂肪。

(二)液体饲料的优点

1. 节省劳力

液体饲料的补充可以全部机械化，可以从储液罐泵吸到搅拌车与干料混合。设有仪表装置保证补充液体饲料的准确性。

2. 控制粉尘

干的补充饲料与粉碎谷物和干粗饲料搅拌混合时，粉尘对现场的人和动物都带来麻烦。添加液体,特别是含有脂肪的 LFS,这个问题即可避免。

3. 搅拌均匀度高

用直接测定维生素 E 和维生素 A、D、E 混合物的方法评价维生素搅拌均匀度,得到的 CV%(变异系数)值低于常规饲料,CV%值越低,搅拌均匀度越高。

4. 减轻 TMR 在饲槽内的分级

自奶牛业引进 TMR 以来,饲料分级现象已经成为一个严重问题,牛将饲粮中的大颗粒料剩了下来。当液体饲料与干料搅拌成完全日粮时,液体添加物粘涂在细粉和粗粒,可以有效解决分级问题。

九、发酵饲料

发酵饲料,是指在人工控制条件下利用微生物自身的代谢活动,将一些动物性、植物性和矿物质饲料原料中的抗营养因子分解或者转化成更容易被动物采食、消化和吸收的饲料原料。并且这些经过分解和转化的物质能被吸收的养分更高,同时无毒无副作用。利用微生物对饲料进行发酵,能把饲料中的复杂养分降解为较简单的养分,如把饲料的淀粉、蛋白质、粗纤维等营养物质提前分解,在动物进食之后很容易被消化吸收。

主要的发酵原料是菜粕、棉粕、马铃薯渣、果渣、稻糠、木薯渣、草粉、秸秆、酒糟、酱油渣等粗料。

十、微生态制剂(或称微生态调节剂)

在微生态学理论的指导下,调整生态失调,保持微生态平衡,提高家畜健康水平或增进健康状态的生理性活菌制品(微生物)及其代谢产物以及促进这些生理菌群生长繁殖的制品。

(一)微生态制剂的种类

1. 按微生态制剂的物质组成成分分类

(1)益生素。益生素是具有改善宿主微生态平衡而发挥有益作用,达到提高宿主健康水平和健康状态的活菌制剂及其代谢产物。益生素在动物肠道内通过自身生长繁殖抑制有害细菌的生长，增强非特异性免疫功能，达到防治疾病、促进生长和提高饲料报酬的目的。

（2）益生元（化学益生素）。益生元是一种不能被宿主消化吸收，也不能被肠道有害菌利用，只能被有益微生物选择性吸收利用或能促进有益菌的活性（或繁殖）的一类化学物质。它能选择性促进肠内有益菌群的活性或生长繁殖，起到增进宿主健康和促进生长的作用。

（3）合生元。合生元是益生菌和益生元按一定比例结合的生物制剂，能同时发挥二者的共同作用。合生元结构合理，效果更加优越，成为微生态制剂开发的主要方向。

2. 按微生物种类划分

种类有乳酸菌制剂、芽孢杆菌制剂、酵母类制剂、光合细菌制剂。

3. 按微生态制剂的用途和作用机制划分

（1）微生态饲料添加剂。对提高饲料转化率，促进家畜生长有直接的推动作用，同时可防治疾病。

（2）微生态药物。可直接防治疾病，从而间接提高饲料转化率，促进家畜生长。

（二）微生态制剂的作用

微生态制剂进入肠道内，与微生态环境中的近 400 种正常菌群会合，呈现出共生、共栖、竞争及吞噬等复杂关系，主要通过调整动物胃肠道内的微生态平衡，增强免疫力及提高饲料营养水平等发挥作用。

1. 调整胃肠道微生态平衡

健康的反刍动物体内及体表经常有一层微生物或微生物层存在，这层的微生物群处于平衡状态。这层微生物中有一部分生物量大或种群密集的细菌，在很大程度上影响着整个菌群的功能，并对宿主的生理、病理具有重要意义的菌群，称为优势菌群。在正常情况下，动物肠道内的优势菌群为厌氧菌占 99%以上，需氧菌仅占 1%，但是当机体受到病原菌的侵袭时，优势菌群发生更替，体内这层微生物就会失去平衡状态，专性厌氧菌显著减少，而需氧菌、兼性厌氧菌显著增加，肠道微生态平衡失调，便会导致生产性能降低和机体免疫机能下降，就会诱发各种疾病。如轻则引起消化及生长机能紊乱，抑制生长发育，使生产性能下降，重则致病。此时饲喂益生素可弥补正常菌群的数量,使有益菌在数量和作用强度上占绝对优势,即双歧杆菌、乳酸杆菌等优势菌群逐渐增加使胃肠道菌群平衡,恢复正常,乳酸菌可以产生抑菌物质,降低宿主血清中胆固醇含量,并且能够促进反刍动物生长,降低腹泻率。

2. 对病原微生物的拮抗作用

新生犊牛的消化道接近无菌状态,胃肠道 pH 接近中性,利于肠道病原菌的生长。乳酸菌类微生态制剂到达胃肠道后,形成乳酸菌优势菌群,形成肠道正常微生物的防御屏障结构,病原微生物只有突破这层屏障,通过自身的甘露醇与肠黏膜上皮细胞的受体结合才能定植、增殖。微生态制剂中的有益微生物通过生物夺氧及竞争性排斥作用,同病原微生物争夺有限的营养物质和生态位点, 抑制过路菌或侵袭菌等病原微生物在胃肠道黏膜上皮的定植和生长,与肠道内的正常菌群一起参与机体的生物防御屏障结构。在微生物消化饲料过程中产生的 VFA 使 pH 降低,从而抑制有害菌的生长,有些有益菌产生的抗生素、过氧化氢可杀死多种潜在病原菌。有资料表明,乳杆菌对产气荚膜梭菌具有拮抗作用,微生态制剂的抗菌物质如嗜酸菌素、乳糖菌素、杆菌肽等,它们通过改变肠道内活菌的数量和代谢而抑制病菌在肠道内生长繁殖。许多研究表明,乳酸杆菌和肠球菌可以产生抗生素,如乳酸链球菌肽可以抑制沙门氏菌、志贺氏菌、葡萄球菌、变形杆菌、绿脓杆菌和大肠埃希氏菌的生长,对寄生虫和革兰氏阴性菌也具有选择性抑制作用,双歧杆菌等可使动物肠道内的蔗糖酶、乳糖酶、三肽酶的活性提高。

3. 增强机体免疫力

微生态制剂是良好的免疫激活剂,直接饲喂益生菌可提高动物体内抗体水平和巨噬细胞的活性,饲喂干酪乳杆菌后犊牛血液中白细胞、嗜中性粒细胞数量显著增加,进而增强机体的免疫功能。通过细菌本身或细胞壁成分,如双歧杆菌细胞壁肽聚糖在适当条件下呈现免疫原性,可增强体液性免疫应答,激活巨噬细胞活性,从而可抑制肿瘤细胞的增殖和致癌物质的产生。双歧杆菌的全肽聚糖可刺激动物腹腔巨噬细胞内游离 Ca^{2+}浓度上升,使巨噬细胞具有吞噬细胞毒素并分泌活性因子的能力等。益生菌能够通过竞争机理在肠道内定殖,从而刺激肠道淋巴细胞发挥免疫保护作用。乳酸菌如嗜酸乳杆菌、双歧杆菌、保加利亚乳杆菌、嗜热链球菌均有显著的免疫调节作用。同时微生态制剂可以刺激宿主免疫细胞,使其激活,有效提高干扰素和巨噬细胞的活性,促进吞噬细胞的活力;可以活化肠黏膜内的相关淋巴组织,提高免疫识别能力；可以诱导T、B淋巴细胞和巨噬细胞产生细胞因子，通过淋巴细胞再循环活化全身免疫系统，提高非特异性免疫反应，增强机体免疫力。

4. 促进营养物质消化吸收

反刍动物具有自身特有的消化系统，所具有的4个胃室中，瘤胃体积最大，食用草料有70%~75%中的可消化物质和大约50%的粗纤维在瘤胃中消化，而瘤胃微生物在整个过程中起着非常重要的作用。给反刍动物饲用微生物添加剂可以促进瘤胃内营养物质的消化和吸收。

5. 促进对氨的利用

酵母菌制剂可以降低瘤胃内氨的含量，其最主要的原因就是氨更多地转化成了菌体蛋白，当给反刍动物饲喂酵母菌制剂时，由于菌体蛋白量合成增加，使十二指肠的流入量和吸收率均有所提高。饲用微生态制剂可直接刺激瘤胃内有益微生物合成菌体蛋白，改变微生物蛋白的氨基酸组成，以达到直接降低瘤胃中氨浓度的目的。

十一、蒸汽压片饲料

谷物压片最初(20世纪60年代初)是在生长育肥牛上进行试验的，证明能使其饲养效率改善，这与淀粉消化率提高以及瘤胃丙酸比例上升、乙酸比例下降有关，由于乙酸盐在乳脂合成中起作用，而乳脂又在牛奶定价中有重要作用，所以谷物蒸汽压片技术在奶牛饲养中一直没有广泛应用。20世纪90年代以后，乳蛋白含量在牛奶定价中成为比乳脂率更重要的因素，这时谷物蒸汽压片技术开始在奶牛业大面积推广应用，如玉米蒸汽压片饲料，有的厂家称为“牛黄金”。

蒸汽压片工艺过程：

(1)加水8~10个百分点调制谷物；

(2)将谷物保持12~18小时；

(3)蒸汽调制器中常压调制35~60分钟；

(4)对辊碾压，冷却、干燥或直接饲喂。

十二、纳米饲料添加剂预混合饲料

饲料添加剂预混合饲料是指为了某种特殊需要向饲料中人工添加的，具有不同生物活性功能、能够提高饲料利用效率、增进动物健康、促进动物生产性能等功效的微量物质总称。纳米科技是在20世纪80年代末90年代初发展起来的前沿、交叉性新兴学科。纳米粒子细小，具有尺寸效应、量子隧道效应和表面效应等特性。所以造就纳米营养素具有吸收迅速、改善消化、促进生长和提高免疫力等功能特征，为其在奶业饲料添加剂中的应用提供了广阔的应用发展前景。

（一）制备

1. 纳米粒子的物理制备方法

该方法包括真空冷凝法、物理粉碎法和机械球磨法。其中机械球磨法是采用控制适当的条件得到纯元素、合金或复合材料的纳米粒子，其特点是操作简单、成本低，但产品纯度低、颗粒分布不均匀。真空冷凝法就是采用真空蒸发、加热、高频感应等方法使原料气化或形成等粒子体，然后骤冷，其特点是纯度高、结晶组织好、粒度可控，但技术设备要求高。物理粉碎法是通过机械粉碎、电火花爆炸等方法得到纳米粒子，其特点是操作简单、成本低，但产品纯度低、颗粒分布不均匀。

2. 纳米粒子的化学制备方法

该方法又分为气相沉淀法、水热合成法和溶液凝胶法。其中水热合成法是在高温高压下的水溶液或蒸汽等流体中合成，再经分离和热处理得到纳米粒子，其特点是纯度高、分散性好、粒度易于控制。气相沉淀法就是利用金属化合物蒸汽的化学反应合成纳米材料，其特点是产品纯度高，粒度分布窄。溶液凝胶法是把金属化合物经溶液、溶胶、凝胶而固化，再经低温热处理而生成纳米粒子，其特点是反应物种多、产物颗粒均一、过程易控制。

（二）纳米技术在牛饲料添加剂预混合饲料中的应用

物质在消化道中的吸收率与其在吸收部位的溶解速度和接触面积的大小有关，纳米营养素由于其半径极小，因此暴露在介质中的表面积增大，能提高溶解速度，有利于吸收。有学者指出，营养物质的颗粒大小是影响胃肠道对其吸收的一个关键因素，试验也证明，采用纳米技术制备的微量元素超微粉，与水有更强的亲和力，在水中有更强的化学活性，有利于在体内的消化吸收。研究表明，无机微量元素的利用率较低，为30%左右，有机微量元素的利用率约为49%，氨基酸螯合物的利用率约为65%，而纳米微量元素的利用率可达到80%以上。

1. 纳米氨基酸

由于有着庞大的瘤胃，奶牛与单胃动物在氮的代谢上存在一定的区别。对高产奶牛讲，对营养物质包括氨基酸的需求相对较高。日粮中过多地添加蛋白质会增加饲养成本以及增加氮排泄，所以给奶牛补充保护性限制性氨基酸是降低氮排泄和饲养成本以及提高生产性能的有效措施。然而就目前氨基酸添加剂状况而言，氨基酸的包被效果并不尽如人意，现有产品的效果更是千差万别。

纳米粒子是一种超微小球形载体，是近年来出现的控释和缓释的新剂型，它的突出特点是比细胞还小，可被组织和细胞吸收，经特殊加工后可被组织和器官定向利用。所以采用纳米包被来提高氨基酸的控释和缓释，可起到最佳的包被效果和利用效果。

2. 纳米有机矿物元素

微量矿物元素对牛饲料利用和生产性能的发挥有着重要的作用。大部分微量元素是动物机体中各种酶的辅基，决定着酶的活性发挥，同时微量元素还是一些机体分泌和合成激素的重要组分。

在小鼠实验中表明，纳米红色元素硒能显著降低小鼠全血丙二醛含量和提高小鼠全血谷胱甘肽过氧化物酶活性，在日粮中添加纳米硒可显著提高罗非鱼的生长性能，增重比对照组提高了近35%。研究报道显示，纳米铜可极显著地提高动物对日粮中蛋白质、脂肪和钙的消化率，增加血液中的生长激素，提高动物的生长性能和泌乳动物的产奶量。

十三、微多蛋白素

微多蛋白素是根据反刍动物的生理特征及牛饲养学、营养学、生物化学、配位化学的基本原理研制出的一种由非植物蛋白作为配体，由多种微量元素和常量元素所形成的螯合物型的反刍动物饲料添加剂。它可以替代部分植物蛋白，不但能节省大量的粮食，而且还能增加产奶量、产肉量，并使奶质和肉质有所提高。同时能提高牛的疾病防疫能力，增强体质。

第九章　牛常见疾病的防治

第一节　牛疾病的分类

为了能够更好地有针对性地对已发生的牛病采取有效的防治措施，根据牛病的发病原因，对牛病进行分类。按照病原机理可将牛病分为传染病、寄生虫病和普通病3类。生产中牛发病往往是两种或两种以上的疾病综合所致，并非某一种单纯疾病所致。

一、传染病

(一)传染病的分类

传染病是指由病原微生物侵入机体，并在体内生长繁殖而引起的具有传染性的疫病。传染病在牛病中是最重要的一类疫病，而且临床上也最常见。一旦发生，常造成严重的经济损失。传染病的病原是各种病原微生物，包括病毒、细菌、支原体、真菌、螺旋体和衣原体等。这些致病因素引起的疫病包括以下类型。

(1)病毒引起的疫病，常见的有牛口蹄疫、牛传染性口疮、牛痘、牛狂犬病、牛蓝舌病等。

(2)细菌引起的疫病，常见的有牛破伤风、牛布鲁氏菌病、犊牛大肠杆菌病、牛李氏杆菌病、牛肠毒血症等。

(3)支原体引起的疫病，如犊牛支原体肺炎。

(4)衣原体引起的疫病，如牛衣原体病。

(5)真菌引起的疫病，如牛皮肤霉菌病。

根据《中华人民共和国动物防疫法》，将畜禽疫病分为三类。一类疫病，是指口蹄疫、非洲猪瘟、高致病性禽流感等对人、动物构成特别严重危害，可能造成重大经济损失和社会影响，需要采取紧急、严厉地强制预防、控制措施的疫病；二类疫病，是指狂犬病、布鲁氏菌病等对人、动物构成严重危害，可能造成较大经济损失和社会影响，须要采取严格预防、控制等措施的疫病；三类疫病，是指大肠杆菌病、禽结核病等常见多发，对人、动物构成危害，可能造成一定程度的经济损失和社会影响，需要及时预防、控制的疫病。

（二）动物传染病的预防

（1）加强饲养管理，搞好环境卫生消毒，增强机体的抗病能力。坚持自繁自养，减少疫病传播。

（2）制订、执行定期预防接种和补免计划。

（3）定期杀虫、灭鼠，进行粪便无害化处理。

（4）认真贯彻执行国境检疫、交通检疫、市场检疫和屠宰检疫等各项工作，及时发现并消灭传染源。

（三）动物传染病扑灭措施

发生传染病时应遵循“早、快、严、小”的原则，扑灭疫情。

（1）早——早发现、早诊断、早报告；

（2）快——迅速行动，划定疫点、疫区和受威胁区；

（3）严——封锁要严；

（4）小——损失降低到最小。

（四）人畜共患病危害及防制

人畜共患病是指在人和动物之间自然传播的疾病。例如禽流感、口蹄疫、牛皮癣、布鲁氏菌病、结核病、炭疽、包虫病和狂犬病等，对畜牧业发展造成严重经济损失，对人民身体健康造成严重损害。

人畜共患病的防制需要广大养殖户配合当地动物防疫机构做好预防和处置工作。

（1）定期对圈舍、场地、院落等进行消毒；

（2）按照动物防疫机构的指导，开展免疫、驱虫、病原学监测等工作；

(3)推行科学饲养制度,加强饲养环节的管理;

(4)严格动物检疫,对进入流通环节的动物(包括出栏、贩运、屠宰等)实施检疫,防止患病动物流动引起疫病传播;

(5)加强环境卫生管理,提高公共卫生水平,整治好圈舍、场地、院落等环境卫生。

二、寄生虫病

寄生虫病是指寄生虫侵入牛体内或侵害其体表而引起的疫病。当寄生虫寄生于牛体时,通过虫体对牛的器官、组织造成机械性损伤、掠夺营养或产生毒素,使牛消瘦、贫血导致生产性能下降,严重者可导致患病牛死亡。

三、普通病

普通病是指由非生物性致病因素引起的疾病。引起牛普通病的常见病有创伤、冻伤、高温、化学毒物、毒草中毒,以及营养缺乏等。临床上比较常见多发的普通病按不同发病系统分类如下。

(一)消化系统疾病

常见消化系统疾病,如口炎、食管阻塞、前胃弛缓、瘤胃积食、急性瘤胃臌气、瓣胃阻塞、创伤性网胃心包炎、胃肠炎等。

(二)呼吸系统疾病

呼吸系统疾病有感冒、肺炎等。

(三)营养代谢性疾病

营养代谢性疾病,如维生素 A 缺乏症、佝偻病、食毛病、犊牛白肌病等。

(四)中毒性疾病

中毒性疾病,如机磷中毒、棉酚中毒、尿素中毒、蕨类中毒、醉马草中毒、慢性氟中毒等。

(五)产科疾病

产科疾病,如流产、难产、阴道脱落、胎衣不下、子宫内膜炎、乳房炎、创伤等。

第二节 常见的牛传染病防治

传染病是由病原微生物如细菌、病毒、支原体等侵入牛体，并在牛体内生长繁殖而引起的具有传染性的疾病。牛感染传染病后，出现体温升高、食欲不振、生理功能亢进等一系列症状，轻则造成采食量下降、生长速度降低或停止，继而出现料肉比增加、生产成本上升；重则造成死亡，严重影响经济效益。

一、口蹄疫病的防治

口蹄疫俗名“口疮”“辟癀”，是由口蹄疫病毒所引起的偶蹄动物的一种急性、热性、高度接触性传染病。该病主要侵害偶蹄兽，偶见于人和其他动物。其临诊特征为口腔黏膜、蹄部和乳房皮肤发生水疱。本病有强烈的传染性，一旦发病，传播迅速，往往引起大流行，不易控制和消灭，造成巨大的经济损失，在我国被列为一类动物疫病。世界动物卫生组织（OIE）将其列为A类传染病之首。目前，有2/3的OIE成员国流行过口蹄疫，时刻威胁着无口蹄疫国家和地区的家畜安全和畜产品贸易。口蹄疫病毒属小核糖核酸病毒科口疮病毒属。

（一）病因

口蹄疫病毒是目前所知病毒中最细微的一级，其最大颗粒直径为23纳米，最小颗粒直径为7~8纳米。根据血清学反应的抗原关系，目前已知口蹄疫病毒在全世界有A、O、C、亚洲Ⅰ、南非Ⅰ、南非Ⅱ、南非Ⅲ 7个主型和60多个亚型。O型口蹄疫为全世界流行最广的一个血清型，我国流行的口蹄疫主要为O、A、C三型及ZB型（云南保山型）。口蹄疫病毒对酸、碱特别敏感。在pH=3时，瞬间丧失感染力；pH=5.5时1秒钟内90%被灭活；1~2%氢氧化钠或4%碳酸氢钠液1分钟内可将病毒杀死。-70~-50 ℃环境下病毒可存活数年，85 ℃ 1分钟即可杀死病毒。牛奶经巴氏消毒（72 ℃ 15分钟）能使病毒感染力丧失。在自然条件下，病毒在牛毛上可存活24天，在麸皮中能存活104天，阳光直射下60分钟可杀死病毒，紫外线可杀死病毒，乙醚、丙酮、氯仿和蛋白酶对病毒无作用。

（二）症状

口蹄疫病毒侵入动物体内后，经过2~3天，有的则可达7~21天的潜伏时间，才出现症状。主要症状以跛腿为主，严重表现为口腔、鼻、舌、乳房和蹄等部位出现水泡，破溃后形成溃疡，体温升高达40~41 ℃；精神沉郁，食欲减退，脉搏和呼吸加快。成年牛感染口蹄疫病很少死亡，但犊牛死亡率特高，常因心肌麻痹死亡，剖检可见心肌出现淡黄色或灰白色、带状或点状条纹，似如虎皮，故称“虎斑心”。有的牛还会发生乳房炎、流产症状。根据该病传播速度快，典型症状是口腔、乳房和蹄部出现水泡和溃烂，可初步诊断，结合实验室诊断确诊。如果怀疑是口蹄疫病，严格按《中华人民共和国动物防疫法》的有关规定处置。可取牛舌部、乳房或蹄部的新鲜水泡皮3~5克，装入灭菌瓶内，加50%甘油生理盐水（甘油与生理盐水各50%），低温保存，送有关单位确诊。

（三）防治

1. 加强饲养管理和日常消毒

保持牛舍清洁、通风、干燥、卫生，平时减少机体的应激反应。圈舍、场地和用具以2%的火碱或10%的石灰乳，坚持定期消毒，粪便进行堆积发酵处理。

2. 加强检疫，杜绝购进病牛

为防止疫病传播，严禁牛、羊、猪、猫、犬混养，加强检疫监督，严禁从病区引购。

3. 强化监测，尽快确诊

如果怀疑是口蹄疫病需要尽快确诊，并及时向上级业务主管部门报告，建立疫情报告制度和报告网络，按国家有关法规，对口蹄疫进行防控。

4. 免疫接种，确保健康

免疫接种是科学预防该病的有效手段，要做好免疫接种工作，必须做到以下4个方面。

（1）科学合理制定免疫程序，做好春秋季免疫接种。结合本场本地区实际，根据当地口蹄疫流行种类、亚型等病毒的毒株实际，科学合理制定免疫程序，根据毒株选用弱毒苗或灭活苗进行免疫注射。

（2）一般6月龄内牛犊或怀孕母牛或已发病的牛禁止注射口蹄疫疫苗。

（3）合理计算疫苗的注射剂量。口蹄疫疫苗的注射剂量与牛的个体大小有关，一般体重越大，剂量适当增加，体重小、剂量适当减少一些。总体来说，其注射剂量可以是推荐剂量的 1.5 倍（包含注射外溢、注射器残留损耗等）。

（4）及时快速处理好疫苗造成的副反应工作。注射疫苗后个别牛出现精神萎靡不振、产奶量下降、食欲减退、体温稍升高现象。一般不需要特殊治疗，1~3 天恢复正常。

5. 减少混合感染，提高自身免疫能力

加强日常饲养管理，对患有其他病症的采取早发现、早治疗措施，进行对症治疗，减少混合感染，提高其自身免疫能力。保持较强健体质，加强消毒管理是预防该病的有效措施。

二、布氏杆菌病的防治

布氏杆菌病是由布鲁氏菌属的细菌侵入机体，引起传染——变态反应性的人兽共患的传染病。临床特点为长期发热、多汗、关节炎、母畜流产、睾丸炎、肝脾肿大、易复发、易变为慢性，亦称波浪热或波状热。是《中华人民共和国传染病防治法》规定报告的乙类传染病。对畜牧养殖业特别是养牛业危害很大。

（一）病因

牛、羊等动物均可感染布氏杆菌病（简称“布病”），该病的病原体是布氏菌。病畜是布病的主要传染源。病畜流产时，大量的病原体随着阴道分泌物排出体外，对周围还未感染的牛、羊构成非常大的威胁。容易感染的牛、羊可能主要是吃了被布氏菌污染的饲料、垫草或者用舌头舔了污染器物而发病。本病呈地方性流行。人感染布病多因放牧、接产、屠宰、皮毛加工等过程中个人防护不严所致。布氏菌的宿主很多，已知有 60 多种动物（家禽、家畜、野生动物、驯化动物）可以作为布氏菌贮存宿主。然而，布病往往先在家畜或野生动物中传播，随后波及人类，是人畜共患的传染病。牛、羊和猪等各种饲养动物在布病流行病学上最为重要，既是动物布病的主要传染源，也是人类布病的主要传染源。鹿、犬和其他家畜居次要地位。

（二）症状

妊娠母（牛）畜流产、胎儿胎衣在子宫滞留、屡配不孕；有的牛出现关节炎症状；母牛除流产外，常发生胎衣滞留，不断从阴道排出污灰色或棕褐色的分泌物，其他症状常不明显；公牛可见睾丸炎、附睾炎等。剖检发现胎膜因水肿而肥厚，呈胶样浸润，表面覆以纤维素和脓汁。流产的胎儿主要为败血症变化，脾与淋巴结肿大，肝脏中有坏死灶，肺常见支气管肺炎。流产之后常继发慢性子宫炎，子宫内膜充血、水肿，呈污红色，有时还可见弥漫性红色斑纹，有时尚可见到局部性坏死和溃疡。公畜主要是化脓坏死性睾丸炎或附睾炎。睾丸显著肿大，其被膜与外浆膜层粘连，切面可见到坏死灶或化脓灶。阴茎可以出现红肿，其黏膜上有时可见到小而硬的结节。

（三）防治

（1）对患有布病的牛特别是种畜，均以淘汰为主，不主张治疗。理论上该病对抗生素类药物敏感，如四环素类并用链霉素治疗，利福平并用多西环素（商品名艾瑞德安）治疗，均可获得较好效果。

（2）以免疫为主，加强检疫，严格消毒。种畜场（基地）、示范性牧场等以净化为主。

（3）对病畜污染的圈舍、运动场、饲槽等用 5%克辽林、5%来苏儿、10%~20%石灰乳或 2%氢氧化钠等消毒；病畜皮用 3%~5%的来苏儿浸泡 24 小时后利用；乳汁煮沸消毒；粪便发酵处理。

（四）布氏杆菌病的检查

布氏杆菌病的检查主要有试管凝集反应、平板凝集反应和全乳环状试验三种方法。

1. 试管凝集反应

操作方法：取反应管 5 支，立于试管架上，用玻璃笔在每支试管上标明血清号和试管号；用 5 毫升吸管吸取 0.5%石碳酸生理盐水（5 毫升苯酚加入 1 升生理盐水）加入血清稀释管内 2.3 毫升，其他 4 管加入 0.5 毫升；取被检血清 0.2 毫升加第一管混匀，吸取 1.5 毫升弃于消毒缸内，再吸 0.5 毫升于第二管混匀，再从第二管吸 0.5 毫升于第三管，如此类推，到最后一管混匀后吸 0.5 毫升弃去；然后每管加入抗原（1:20 石炭酸生理盐水稀释）0.5 毫升摇匀；如此每管血清稀释倍数依次为 1:25、1:50、1:100、1:200、1:400，置 37 ℃、10 小时，再置室温 18~24 小时，观察记录结果。与此同时，每批凝集试验应有阳性血清（1:800）、阴性血清（1:25）对照，方法与被检血相同。抗原对照是抗原 0.5 毫升加盐水 0.5 毫升。

记录反应：抗原完全凝集而沉淀，液体完全透明，以++++表示；75%抗原被凝集而沉淀，液体悬浮 25%抗原而稍浑浊，以+++表示；50%抗原被凝集而沉淀，液体悬浮

50%抗原而半透明，以++表示；25%抗原被凝集而沉淀，液体浑浊，以+表示；抗原完全不凝集，以-表示。

出现50%以上凝集的最高血清稀释度，就是这份血清的凝集价。同时，应制备一支50%比浊管。方法是取0.25毫升已稀释抗原于小试管内，加所用盐水0.75毫升混合均匀。

判定标准：1:100以上为阳性，1:50为可疑。可疑反应家畜，再过半个月后重检。重检如仍为可疑，可依据畜群具体情况判定，即畜群中留有其他阳性病畜则该可疑牲畜判为阳性；若畜群中从无阳性牲畜，则判为阴性。

2. 平板凝集反应

操作方法：取干净玻璃板在其上用玻璃笔画成4个方格。试验前，将试验箱电灯打开，使玻璃板微温，血清与抗原的温度应提高到与室温近似。用0.2毫升吸管将血清以0.08毫升、0.04毫升、0.02毫升及0.01毫升的剂量，分别加于一排4个方格内，吸管须稍斜并接触玻璃板，然后每格血清上垂直滴加抗原0.03毫升，以牙签或细金属棒将血清抗原混合摊开，摊开时一根牙签只用于一份血清，并依次向前搅拌混合。拿起玻璃板轻摇，使充分混合，防止水分蒸发。5~8分钟后读记。

记录反应：100%抗原被凝集，出现大凝集片和小的粒状物，液体完全透明，记录符号为++++；75%抗原被凝集，有明显凝集片和颗粒，液体几乎完全透明，记录符号为+++；50%抗原被凝集，有可见凝集块和颗粒，液体不甚透明，记录符号为++；25%抗原被凝集，仅仅可见颗粒，液体浑浊，记录符号为+；无凝集现象，记录符号为-。

判定标准：平板凝集试验的血清量为0.08毫升、0.04毫升、0.02毫升和0.01毫升加入抗原后，其效价相当于试管凝集价的1:25、1:50、1:100和1:200，判定标准也与试管凝集试验相同。

3. 全乳环状试验

本法是用于监视无布氏杆菌病乳牛群有无布氏杆菌感染的适宜方法。全乳环状试验抗原用苏木紫染成蓝色，或用四氮唑染成红色。

操作方法：取新鲜全脂乳1毫升于小试管内，加入抗原1滴约0.05毫升，倒转试管数次，混合均匀，放于37 ℃温箱中1小时，取出判定结果。

判定标准：阳性反应(+)为上层乳脂环着色明显(蓝或红)，乳脂层下的乳柱为白色或着色轻微；阴性反应(-)为乳脂层白色或轻微着色，乳柱显著着色；可疑反应(±)为乳脂环与乳柱的颜色相似。

三、牛结核病的防治

(一)病因

牛结核病是由牛型结核杆菌引起的，主要通过牛的呼吸道和消化道进行传染，病牛结核杆菌会随着鼻汁、唾液、粪尿等排出体外，之后会对饲料、饮水、空气环境造成污染。

(二)症状

患有肺结核的病牛初期会有急促的干咳声，之后会加重咳嗽的病况，病牛的呼吸数增加，同时还伴有气喘，病牛食欲降低，体温稍微升高。患有淋巴结核的病牛出现慢性膨气症状，从而引起病牛吞咽和嗳气困难。患有乳房结核的病牛淋巴结肿大，乳房表面出现凹凸不平的硬结，使得病牛乳量减少，等到发病后期，病牛乳腺萎缩后就会停止泌乳。患有肠结核的病牛出现下痢和便秘，粪便带血或脓汁，味腥臭，多发生在犊牛。

剖检结核结节是主要的病变特征，大小不一，有的为针头大，有的为鸡蛋大，颜色有的为黄色，有的为白色，将结核结节切开，内有干酪样坏死物，有的还出现钙化。增生性结节，黄色或白色干酪样坏死分布于中间部位，有钙化，肉芽组织将其外部包绕。渗出性的结核结节，渗出浸润组织呈纤维素性，表现为干酪样坏死，斑纹呈灰白色或灰红色分布于切面上。肺部结核病灶具有干酪样变性，或引发肺内空洞，其中有脓样和干酪样内容物，伴有心包炎以及胸膜炎。支气管发生结核，有明显结节，并伴有溃疡，支气管淋巴结节明显肿大，有的表现为拳头大小，病灶表现为干酪样变性，具有钙化特点。

(三)防治

1. 牛结核病的定期检疫

对牛结核病，要每年检疫 2 次，确诊为阳性牛时，则要将其淘汰；对于带有阳性结核的牛群，则要在第一次检疫 30~45 天进行第二次，之后每隔 30~45 天检疫一次。

2. 牛结核病发病牛群控制措施

对发病的牛隔离治疗，以防疫病扩散；牛舍设计应符合环境卫生学要求；定期进行消毒，可以使用 5%~10%热碱水、10%漂白粉、3%福尔马林（甲醛）、3%苛性钠和

3%~5%来苏儿消毒。

3. 对种牛的控制措施

坚持人工授精进行繁殖,选用良种冷冻精液繁殖牛群。购买牛时,要严格检疫,先隔离养殖一段时间,等确认无结核病后,才可以并群养殖。

4. 对牛群的预防接种措施

对受威胁的犊牛可进行卡介苗接种,一般在出生后 30 天时,在牛胸垂皮下注射 50~100 毫升,以后每年要接种一次。

牛结核病流行面广,无菌苗供接种,防制本病主要看检疫隔离、净化和卫生消毒。对从未发生过结核病的健康牛群,每年春秋用结核菌素多检 1 次,补充牛时应就地严格检疫,发现病牛,立即对全群牛进行检疫,扑杀有明显症状的开放性病牛,内脏销毁或深埋,肉经高温处理或充分煮熟后食用。对新结核菌素呈阳性的牛,如果数量少,以淘汰为宜;如果数量大,可集中隔离于较远的地方,用以培育健康犊牛。方法:犊牛产出后,全身用 2%~5%来苏儿消毒,立即与母牛分离,头 5 天喂给亲生母牛的初乳(人工挤的),以后喂其他健康母牛的奶或消过毒的牛奶。20~30 日龄、100~120 日龄和 180日龄时连续检疫 3 次,对结核菌素均为阴性反应的犊牛,可混入健康犊牛群饲养,呈阳性的犊牛,随即淘汰。阳性牛群的牛奶在消毒后方可运出,粪便发酵处理后利用。要加强消毒,全面大消毒每年进行 2~4 次,饲养用具每月消毒 1 次,结核病患者不得饲养、管理牛群(对饲养工要定期进行卫生检查)

(四)牛结核病的变态检疫

牛结核菌素变态反应诊断有三种方法,即皮内反应、点眼反应和皮下反应。我国主要采用皮内反应和点眼反应两种,且两法最好同时使用。

1. 牛结核菌素皮内反应

注射部位:将牛编号后,颈侧中部上 1/3 处剪毛(3 个月以内犊牛可在肩胛部),直径约 10 厘米,用卡尺测量术部中央皮皱厚度,做好记录。

注射剂量:用牛结核菌素原液,3 个月以内的小牛 0.1 毫升,3 个月至 1 岁牛 0.15 毫升,一岁以上的牛 0.2 毫升,必须注射于皮内。

注射方法:助手保定好牛,术部用酒精棉球消毒,术者一手捏起术部中央皱皮,另一手皮内注入定量牛结核菌素。注射后局部出现小泡为正确。如注射有疑问时,另选

15厘米以外的部位或对侧重做。

观察反应:注射后,分别在第72小时、第120小时,进行两次观察,注意局部有无热、痛、肿胀等炎症反应,并以卡尺测量术部肿胀面积及皮皱厚度,做好详细记录。第72小时观察后,对阴性反应及可疑反应的牛,须在第一次注射的同一部位,以同一剂量行第二次注射。第二次注射后于第48小时(即120小时)再观察一次,观察项目同上,均应详细记录。

判定标准:阳性反应为局部发热,有痛感,并呈现界限不明显的弥漫性水肿,质地如面团或硬块,肿胀面积在35毫米×45毫米以上。或上述反应较轻而皮厚差超过8毫米者,为阳性反应,其记录符号为"+"。疑似反应为局部炎性水肿不明显,肿胀面积在35毫米×45毫米以下,皮厚差在5~8毫米,判为疑似反应,其记录符号为"±"。阴性反应为无炎性水肿,或仅有无热坚实及界限明显的硬块,皮差不超过5毫米者,为阴性反应,其记录符号为"–"。

2. 牛结核菌素点眼反应

牛结核菌素点眼,每次检疫进行二次,间隔3~5天。

点眼方法:点眼前对两眼做详细检查,正常时方可点眼;有眼病或结膜不正常,不可做点眼检疫。结核菌素一般点于左眼,左眼有眼病可点于右眼,但须在记录上说明。点眼时,由助手保定牛,术者用硼酸棉球擦净眼部外周的污物,用一手指撑开上下眼睑,使瞬膜与下眼睑形成凹窝,另一手持已吸入结核菌素的点眼器向凹窝内滴入3~5滴,0.2~0.3毫升。点眼后,注意将牛拴好,防止风沙侵入眼内,避免阳光直射及牛头部与周围物体摩擦。

观察反应:点眼后,分别于第3小时、6小时、9小时各观察一次,必要时第24小时再观察一次。应观察两眼的结膜与眼睑肿胀的状态,流泪及分泌物的性质与量的多少。由于结核菌素作用而引起的饮食减少或停止以及全身战栗、呻吟、不安等其他变态反应,均应详细记录。阴性和可疑的牛于72小时后,在同一眼内再点一次结核菌素,观察记录同上。

判定标准:阳性反应为有两个大米粒大小或2毫米×10毫米以上的呈黄白色的脓性分泌物自眼角流出,或散布在眼的周围、积聚在结膜囊及其眼角内;或上述反应较轻,但有明显的结膜充血水肿、流泪并有其他全身反应者,为阳性反应。疑似反应为有两个大米粒大小或2毫米×10毫米以上的灰白色、半透明的黏液性分泌物积聚在结膜囊内或眼角处，并无明显的眼睑水肿及其他全身症状者，为疑似反应。阴性反应为无反应或仅有结膜轻微充血，流出透明浆液性分泌物者，为阴性反应。

3. 综合判定与复检

结核菌素皮内注射与点眼反应两种方法中的任何一种呈阳性反应者，即判定为结核反应阳性牛；两种方法中任何方法为疑似反应者，判定为疑似反应牛。

在健康牛群中（即无一头变态反应阳性的牛群）经第一次检疫判定为可疑的牛，要单独隔离饲养，一个月后作第二次检疫，仍为可疑，经半个月需做第三次检疫，如仍为可疑，可继续观察一定时间后再进行检疫，根据检疫结果做出适当处理。

如果在牛群中发现有开放性结核牛，同群牛中有可疑反应的牛，也应视为被感染。通过两次检疫都为可疑者，即可判为结核菌素阳性牛。

如在健康牛群中检出阳性反应牛时，该牛群应于30~45天进行复检，连续3次检疫不再发现阳性反应牛时，仍认定为健康牛群。

四、牛结节性皮肤病的防治

（一）病因

牛结节性皮肤病又称牛结节疹、疙瘩皮肤病、牛疙瘩皮肤病，是由疙瘩皮肤病病毒引起牛的一种急性、亚急性或慢性传染病，目前这种病的传播范围在不断扩大。

（二）症状

牛结节性皮肤病的潜伏期为2~4周，病牛体温会升高，可达41 ℃以上，在发热后48小时内，结节可能不断增加，且数量很多，覆盖全身，也可能只有零星几个。头部、颈部、会阴、生殖器、乳房和四肢等部位的皮肤易发生感染，感染部位继发感染导致发炎，乳房的发炎对奶牛来说危害最大，严重影响养殖户的收益。一般病牛还会表现出精神沉郁、不愿意动、采食量下降、流口水、流眼泪和流鼻涕等，长期流泪还可能会引起结膜炎，甚至会导致眼角膜混浊和失明，淋巴结会明显增大。公牛通常会造成不育，怀孕母牛可能会流产并持续数月不发情，牛结节性皮肤病可传染所有牛类，其中泌乳牛发病最严重，会导致泌乳量严重下降。宿主和传播渠道。

（三）防治

5~8 倍剂量的羊痘疫苗免疫在疫苗免疫时，应考虑到处于潜伏期或是亚临床症状的牛，免疫后可能会激发临床症状，因此应注意观察，及时对症状明显的牛予以扑杀。氨苄西林+恩诺沙星注射一侧，利巴韦林+黄芪多糖注射另一侧，卡巴匹林钙 100 克+小柴胡 100 克+芪贞增免颗粒 300 克+双黄连口服液 200 毫升，共兑水 50 千克自由饮用，可以控制死亡。

牛结节性皮肤病病毒可通过直接接触传播，但比例和效率比较低，还会通过饮水、食用饲料、性交等接触途径直接传播。也可通过间接接触方式传播，如蚊虫等昆虫的叮咬会导致间接传播；病牛污染的环境、污染物，如用具、饲料、垫草以及病牛粪便、分泌物等会导致间接传播。

牛结节性皮肤病的病毒存在于牛的皮肤结节、肌肉、血液等几乎每一处和每一种分泌物，一头染病的牛就是一头巨大的病毒集合体。目前对于病畜并没有好的治疗方式，只能尽力防止更多的禽畜感染病毒，所以发现此病后一定要迅速行动，不要给病毒传播的时间。病牛必须立刻扑杀并且销毁尸体，而且要对牛舍进行全面的消毒，牛结节性皮肤病在我国传播的历史并不长，但是危害却很大。同时注意消毒。

（1）空气消毒（喷雾带畜禽消毒）：用诺普卫安–过硫酸氢钾复合物粉 1:800 带群喷雾消毒。

（2）表面和设备消毒：用于地面、墙壁、笼具等器物和设施表面的消毒。

（3）浸泡消毒：用于养殖场入口消毒池、消毒间洗手盆、棚舍门前消毒盆等处及手、水靴和车轮胎等的消毒。

（4）运输工具消毒：用于外来车辆，养殖场内部车辆等的消毒，防止外部病原的进入以及内部病原的传播。

五、牛皮癣（又叫牛皮肤真菌病）

（一）病因

本病的致病微生物抵抗力强，在牛移走后数月里仍可在无生命物体、垫草和泥土中存活。在发过病的牛群中，犊牛密集或群集会导致发病增多（特别是在冬季）。在有过癣菌病的牧场，通常能发现癣在小母牛群每年都流行，反之，未出现过临床癣菌病的牛群一直没有此病,除非引进感染癣的动物。成年牛也可能严重感染,通常在冬季并且经常出现于新产犊牛和泌乳牛群。虽然在小牛阶段患过癣的成牛年被认为具有"终身免疫力",但是在成年牛群中有癣暴发,对自然患病后能获得长期的免疫提出了重大的质疑。

奶牛皮肤真菌因其毒素和抗原类物质感染皮肤角质层导致渗出、结痂、脱毛。真菌本身并不侵入组织,并且实际上在不引起宿主炎性反应的情况下能很好地存活。损伤多呈卵圆形或圆形,并且通常是多病灶性的。在多数情况下潜伏期为1~4周,损伤可持续1~3个月。污染物对皮肤的机械刺激能加速接触感染,颈枷、颈带、笼头、旧式桶形挤奶器的挤奶带、刷子、斜槽和其他设施可能会使皮肤真菌在牛群中传播。患有慢性病或不健壮的牛与同群的其他牛比较起来,扩散或发展比较快,这可能表明细胞或体液因素对癣的恶化起作用。而健康的同群牛或不感染或仅有小损伤。有典型癣病变的成年小母牛当遭受到急性严重感染如肺炎或腹膜炎时,可发展成为弥漫性病变。外源性皮质类固醇会使现有的癣病恶化。缺少光照也曾被怀疑为一个诱因,因为在室内饲养的动物发病率较高。这种理论致使许多兽医把维生素A、维生素D作为治疗用药。然而,夏季在犊牛和成年奶牛中也有癣病发生,降低了光照在预防或治疗中的重要性。

(二)症状

病牛早期损伤的皮肤可能因痂下有浆液渗出或继发脓皮病而显得隆起。在犊牛眼周、耳朵、鼻镜、颈部躯干等部位最易感染,但病变可出现于全身各处。头和颈部损伤最常见,因为锁、颈枷、颈带被污染并有助于传播疾病。用于小母牛群摩擦的柱子或梁可感染小母牛的躯干部。乳镜是另一个通常易被感染且具有一个或多个病灶的部位。除了卵圆形和圆形病灶外,大的癣损伤灶也偶见于成年牛。成年牛癣病暴发过程中,患有全身疾病的牛的癣损伤可能表现及恶化。用皮质类固醇治疗病牛也会表现出癣恶化。成年牛的癣也会出现于乳房、肋腹部皮肤或后肢,从而增加了人畜共患的危险,因为上述部位是挤奶员与动物接触的部位。挤奶员或病牛管理员感染癣病是经常发生的,癣是养牛业中最常见的一种人畜共患病。

(三)防治

目前可能有效的局部治疗的药物为2%~5%的石灰硫黄、0.5%次氯酸钠、0.02%恩康唑，用作喷雾或浸泡，每日1次，连续5天，然后每周1次直到痊愈。对损伤有效的局部治疗：①上述提到的药物用做局部喷雾；②3%~5%的噻苯咪唑膏，每日1~2次；③米康唑或克霉唑乳膏，每日1~2次。有效的全身疗法：①20%碘化钠溶液，450千克体重用150毫升，静脉注射，在3~4天内重复给药；②维生素A、维生素D，仅仅是用于完全得不到光照的动物。健康牛可在饮水中添加灰黄霉素粉，4克/(头·次)。

六、牛流行热

（一）病因

牛流行热是牛的急性、热性传染病，其特征为高热和呼吸促迫，流泪、流涎、流鼻汁以及四肢关节疼痛引起跛行。发病率高，但多为良性经过，轻症2~3日内即可恢复正常，故有“三日热”“暂时热”之称，其病原体是弹状病毒科的牛流行热病毒。本病毒耐寒不耐热，能抵抗反复冻融。

（二）症状

本病主要侵害牛，以3~5岁的黄牛、高产奶牛、重胎牛和进口牛种易感性最大，发病最重。病牛高热期血液、肺和呼吸道的分泌物中存在有病毒。自然条件下，多因吸血昆虫叮咬传播本病；还可能有其他传播途径，因本病主要发生于蚊蝇滋生的6—9月份。本病传播迅速，停息也迅速，呈地方性流行，有一定周期性，一般每隔3~4年可有一次较大流行。

潜伏期3~7天，发病前期恶寒战栗，继而高体温达40 ℃以上，持续2~3天下降，高热的同时，病牛流泪、眼眵和结膜充血、水肿，呼吸促迫、发出哼哼声，流鼻涕，食欲废绝，反刍停止，多量流涎，粪便干或下痢，四肢关节肿痛，呆立不动，呈跛行，或站立困难而倒地，孕牛可流产。奶牛泌乳量迅速下降或停止。大多数牛耐过，少数病例可瘫痪而被淘汰，个别牛可因窒息或继发肺炎而死亡。剖检可见间质性肺气肿以及肺充血和肺水肿特征病变。有时由于肺气肿引起肺纵隔破裂从而在肩、背、腰等部位皮下发生气肿。

（1）呼吸型牛传染性鼻气管炎：该病多发于寒冷季节，以鼻气管炎病为主，鼻黏膜充血，有脓疱形成，剖检时在鼻和气管内有纤维素性渗出物，喉头水肿。牛流行热以肺气肿为特征。

(2)恶性卡他热:散发、眼球炎、病死率高。

(3)牛副流感,该病常发于冬春季节,除呼吸道症状还可见乳房炎,无跛行,肺部病灶细胞内可见脑浆涵体和合胞体形成。

(4)茨城病:该病除发热、流泪、呼吸困难外,重要的表现是舌咽、食道麻痹,引起大量流涎,饮食障碍和舌脱出(目前见于日本)。

(5)其他病性感染:牛感染腺病毒、牛呼吸道合胞体病毒,牛鼻病毒后,也可出现发热、鼻炎、气管炎、支气管炎、肺炎等症状。

(三)防治

治疗以对症治疗为主。高热时,可肌内注射复方氨基吡啉 20~40 毫升或 30%安乃近。对重症病牛同时给予大剂量的抗生素,防止继发感染。并静脉注射补液,强心解毒,当用青霉素(100 万~200 万 IU/次),链霉素(1 克/次),葡萄糖生理盐水(适量)+林格氏液(1 000~3 000 毫升/次)+安钠咖(2~5 克/次)+维生素 B_1(120~500 毫克/次)和维生素 C(2~4 克/次)等药物,每天 2 次。尽量减少该药,以免引起异物性肺炎,对四肢关节疼痛等,可静脉注射水杨酸钠溶液。加强护理可收到更好的效果。

七、茨城病

(一)病因

茨城病是牛的一种急性传染病,以高热、吞咽困难、关节肿痛等为临床特征,与蓝舌病非常相似,因此又称类蓝舌病。本病最早见于日本,其病原体是呼肠病毒科的茨城病病毒。在 4 ℃稳定,但于−20 ℃迅速丧失感染性。

(二)症状

本病常发生于 1 岁以上的牛,日本肉用牛最易感,病情重。病原体和带毒牛是主要传染源。发热期血液内含有病毒。传播机制尚不清楚,但由于明显的季节性和地区性,认为它可能是由血吸虫传播的。本病可变为隐性感染,并常与牛流行热并发。潜伏期 3~7 天,病牛高热,结膜充血,水肿、流泪或分泌脓性眼,口、鼻黏膜特别是齿龈部位充血、坏死和形成溃疡,病牛大量流涎。后期有 20%~30%的病牛发生舌、咽喉和食道麻痹,致使饮水采食困难,严重时举头后水及液体食物流入食道,低头后又由口鼻返出,病牛常由于严重缺水和异物性肺炎而死亡。有的病牛四肢关节疼痛肿胀,死后可见病牛口腔、食道和胃黏膜充血、糜烂、咽喉、食道等部位的横纹肌变性和坏死。

（三）防治

参见牛流行热，现已有冻干疫苗进行疫苗接种。

八、坏死杆菌病

（一）病因

坏死杆菌病是由坏死梭杆菌引起的多种动物共患的一种慢性传染病。牛由于发生部位不同而有犊白喉、腐蹄病等名称，以病变组织呈现坏死和特殊臭味为特征。

（二）症状

1. 腐蹄病

成年牛多发，病初跛行，看不出创口，但蹄部发热肿胀，极为疼痛。不久趾间或蹄后部皮肤出现坏死区，并逐渐向上向深部蔓延，甚至波及关节，或引起蹄匣脱落。坏死灶内充满灰黄色、恶臭的脓汁。

2. 犊白喉

多于犊牛长齿期间发生。常在颊、齿龈、软腭舌缘及咽后壁黏膜发生坏死，坏死灶表面附有污褐色粗糙的假膜，假膜脱落后露出溃疡面。病犊衰弱，体温升高，流涎。如病灶发生于喉头气管，可致呼吸困难；如转移至肺，可引起坏死性支气管肺炎；如转移至肠，可引起坏死肠炎而呈现下痢。此外，还可引起瘤胃炎、肝脓肿、包皮炎等，治疗不及时，病牛可继发脓毒败血症而死亡。

（三）防治

对腐蹄病，先彻底清除患部坏死组织，用1%高锰酸钾水或3%来苏儿冲洗，用1%甲醛酒精绷带多层包扎后，涂布熔化的柏油或裹以石膏，防止绷带脱落和污物渗入。对犊白喉小心除去假膜，用1%高锰酸钾水冲洗口腔，然后涂擦碘甘油，每天1~2次，直到痊愈。为了防止病菌转移，可肌内注射抗菌药物，如青霉素100~200万IU/次，每天2次。加强环境卫生和护蹄温，发生外伤要及时处理，适当补充钙粉或骨粉，防止犊牛异食乱啃。

九、放线菌病

（一）病因

病因主要是牛放线菌和林氏放线杆菌引起，特征主要是组织增生和化脓性放线菌种。

（二）症状

症状多见于牛的上下颌骨的局部肿大。它是经由皮肤、黏膜的创伤而感染的，如吃干草时刺破口腔黏膜所致。初期发生肿胀硬块，大多是在核桃大时发现，有痛感；晚期失去知觉，继之皮肤溃破、流出脓汁经久不愈导致咀嚼、吞咽、呼吸都困难。

（三）治疗

小型肿块治疗用硫黄制剂与鱼石脂，外面涂抹与向肿块中央注射，以及手术摘除。破溃后可行清创及扩创术，也可用烧烙法清除创面。用抗生素与碘制剂配合实施。该病在于早期发现，及时治疗。破溃后脓液外流对环境污染严重，重症者多淘汰处理，轻者隔离饲养等痊愈后回群。

十、流行热（亦称三日热）

（一）病因

病毒侵害呼吸器官与运动神经引起的急性传染病，以高热为特征。致病病毒为弹状病毒科水泡病毒属病毒。

（二）症状

一般症状为体温升高达 39.5~43.0 ℃。症状以神经系统为主，导致站立困难，肌肉颤抖，周身疼痛，卧地不起呈瘫痪状态。以呼吸道症状为主近似感冒，精神委顿、低头垂耳，眼结膜充血、流泪，流涎与流涕，呼吸急促等。孕牛多导致流产与死胎。大部分牛经 3~5 天后可恢复正常，但损失很大，如妊娠中断、瘫痪者因褥疮使之出现全身症状死亡，部分牛留有神经系统后遗症。

（三）治疗

除用一般药物对症治疗外，无特效药物和专用疫苗。以呼吸系统为主要症状的多用安乃近、普鲁卡因青霉素或增加链霉素、卡那霉素。有神经症状者除控制感染外，可用盐酸硫胺、呋喃硫胺、葡萄糖酸钙、氯化钾等。主要应加强饲养管理，提高牛抗病能力与对环境的适应能力，改善环境条件与卫生状况（大力消灭蚊、蝇、虻等吸血昆虫）。一旦发病要及时消毒，隔离病牛，加强对病牛的护理，组织必要人力，采取多种措施，尽快控制住。

十一、蓝舌病

（一）病因

蓝舌病病毒通过蚊虫传播的一种疾病。

（二）症状

病初体温升高达 40.5~41.5 ℃，稽留 2~3 天，病畜精神委顿、厌食、流涎，口腔颊黏膜和舌肿胀、呈蓝色发绀（蓝舌病名的由来），继之口腔与舌黏膜发生糜烂，形成溃疡。

（三）防治

防治基本上与口蹄疫相同，药物对病毒不起作用，主要是预防继发细菌性感染，关键是创造一个无蚊虫的环境条件。夏秋多雨湿潮的季节里应避开池塘、低洼、河汊地区放牧。

十二、炭疽

（一）病因

炭疽是由炭疽杆菌引起的人、畜共患的一种急性、热性、败血性传染病，多呈散发或地方流行性，以脾脏显著肿大，皮下、浆膜下结缔组织出血性胶样浸润，血液凝固不良，尸僵不全为特征。本病多发于夏季，主要传染源是病畜、濒死病畜体内及其排泄物中常带有大量菌体，当尸体处理不当会形成大量芽孢滋生并污染土壤、水源、饲草等，牛在采食被污染的饲料或饮水后，经消化道感染，也可通过带菌的吸血昆虫叮咬感染。当吸入带有炭疽芽孢的灰尘，也可通过呼吸道感染。由于炭疽芽孢能在土壤中长期生存、繁殖，所以在洪水泛滥时，河流附近、低洼地区易暴发本病。本病的潜伏期一般为 1~5 天。

（二）症状

最急性型：通常见于暴发开始。突然发病，体温升高，行走摇摆或站立不动，也有的突然倒地，出现昏迷，呼吸极度困难，可视黏膜呈蓝紫色，口吐白沫、全身战栗。濒死期天然孔出血，病程很短，出现症状后数小时即可死亡。

急性型：最常见的一种类型，体温急剧上升到 42 ℃，精神不振，食欲减退或废绝，呼吸困难，可视黏膜呈蓝紫色或有小点出血。初便秘，后腹泻带血，有时腹痛，尿暗红色，有时混有血液，孕牛可发生流产，严重者兴奋不安，惊慌哞叫，口和鼻腔往往有红色泡沫流出。濒死期体温急剧下降，呼吸极度困难，在 1~2 天后窒息而死。

亚急性型：病状与急性型相似，但病程较长，2~5 天，病情亦较缓和，并在体表各部如喉、胸前、腹下、乳房等部皮肤及直肠、口腔黏膜发生炭疽痈，初期呈硬团块状，有热痛，以后热痛消失，可发生溃疡或坏死。

（三）防治

1. 预防接种

经常发生炭疽及受威胁的地区，每年秋季应做无毒炭疽芽孢疫苗或二号炭疽芽孢疫苗的预防接种（春季给新生牛补种），可获得 1 年以上坚强而持久的免疫力。无毒炭疽芽孢疫苗的用量为 1 岁以上的牛皮下注射 1 毫升，1 岁以下的牛减半。二号炭疽芽孢疫苗均皮下注射 1 毫升。

2. 发生炭疽时的处理

本病发生后，应立即进行封锁，对牛群进行检查，隔离病牛并立即给予预防治疗，同群牛应用免疫血清进行预防接种。经 1~2 天再接种疫苗，假定健康牛应做紧急预防注射。病牛污染的牛舍、用具及地面应彻底消毒，病牛躺卧过的地面，应把表土除去 15~20 厘米，取下的土应与 20%的漂白粉溶液混合后再行深埋，水泥地面用 20%漂白粉消毒。污染的饲料、垫草、粪便应烧毁。

尸体不能解剖，应全部焚烧或深埋，且不能浅于 2 米，尸体底部表面应撒上厚层漂白粉。凡和尸体接触过的车辆、用具都应彻底消毒。工作人员在处理尸体时必须戴手套，穿胶靴和工作服，用后立即进行消毒。凡手和体表有伤口的人员，不得接触病牛和尸体。疫区内禁止闲杂人员、动物随便进出，禁止输出畜产品和饲料，禁止食用病畜的肉，在最后一头病畜死亡或痊愈后，经 15 天到疫苗接种反应结束时，方可解除封锁。

（三）防治

此病一旦发现，立刻上报兽医主管部门扑杀，不建议治疗。

（1）抗炭疽血清是治疗炭疽的特效药，成年牛每次皮下或静脉注射 100~300 毫升，犊牛30~60 毫升，必要时 12 小时后再重复注射一次。

（2）用磺胺嘧啶，定时、足量进行肌内注射，按每千克体重 0.05~0.10 克，分 3 次肌内注射。第一次用量加倍。

（3）水剂青霉素 80 万~120 万 IU，每天 2 次肌内注射，随后用油剂青霉素 120~240 万 IU 肌内注射，每天 1 次，连用 3 天。

（4）内服克辽林，每次 15~20 毫升，每 2 小时加水灌服 1 次，可连用 3~4 次。

（5）体表炭疽痈可用普鲁卡因青霉素在肿胀周围分点注射。

十二、巴氏杆菌病

（一）病因

牛巴氏杆菌病是一种由多杀性巴氏杆菌引起的急性、热性传染病，常以高温、肺炎以及内脏器官广泛性出血为特征。多发生在春、秋两季。

（二）症状

病初体温升高，可达 41 ℃以上，鼻镜干燥，结膜潮红，食欲和反刍减退，脉搏加快，精神委顿，被毛粗乱，肌肉震颤，皮温不整。有的呼吸困难，咳嗽明显，流泡沫样鼻涕，呼吸音加强，并有水泡音。有些病牛初便秘后腹泻，粪便常带有血或黏液。剖检可见黏膜、浆膜小点出血，淋巴结充血肿胀，其他内脏器官也有出血点。肺呈肝变，质脆，切面呈黑褐色。采取死牛新鲜心、血、肝、淋巴结组织涂片，以姬姆萨氏液染色，镜检可见两极着色的小杆菌。

（三）预防

对以往发生本病的地区和本病流行时，应定期或随时注射牛出血性败血症氢氧化铝菌苗，体重在 100 千克以下者，皮下注射 4 毫升，100 千克以上者皮下注射 6 毫升。

治疗可选择如下方案：

（1）对刚发病的牛，用痊愈牛的全血 500 毫升静脉注射，结合使用四环素 815 克溶解在 5%葡萄糖溶液 1 000~2 000 毫升中静脉注射，每日 1 次。

（2）普鲁卡因、青霉素 300 万~600 万 IU，双氢链霉素 5~10 克同时肌内注射，每日 1~2 次。

（3）强心剂可用 20%安那加注射液 20 毫升，每日肌内注射 2 次。

（4）重症者可用硫酸庆大霉素 80 万 IU，每日肌内注射 2~3 次。

(5)保护胃肠可用次硝酸铋30克和磺胺脒30克,每日内服3次。

第三节 牛常见的寄生虫病

一、泰勒虫病

(一)病因

泰勒虫病是牛感染环形泰勒寄生虫而导致的一种疾病,临床多表现为贫血、高热稽留、体表部位淋巴结肿大。残缘璃眼蜱是引发该病的重要传播媒介,一般1~3岁的牛感病率更高,病牛康复后2~3年对该病产生一定免疫力。

(二)症状

泰勒虫病发病较急,且病程较短,潜伏期一般为14~20日龄,病牛精神状态不佳,并出现稽留热,通过触诊可触及体表肿大的淋巴结,而且病牛会有痛感出现。伴随疾病不断发展,牛进食量下降,尾根、肛门等处还具有血斑,同时伴有贫血,还会导致奶牛产奶量明显降低。剖检病死牛肌肉黏膜和皮下有很多出血点,多数淋巴结呈不正常肿大,将淋巴结切开后有一定黏液。胃黏膜、肝、肾、脾脏也出现明显肿大,胃黏膜处有很多溃疡产生,肝肾质地较脆,脾脏髓质变黑。

(三)防治

可选择血虫净或者黄色素进行注射,也可运用磷酸伯氨喹按照每千克体重0.75~1.50毫克进行口服,1次/天,持续应用3天。残缘璃眼蜱在春秋两季都会在牛舍土地缝隙部位产卵,运用水泥将这些缝隙封死,可大幅减少残缘璃眼蜱数量,避免牛感染泰勒虫病。

二、牛球虫病

(一)病因

导致牛球虫病发生的寄生虫达14种,尤其是邱氏艾美耳球虫危害更大,主要寄生于牛的大肠和小肠下段,该虫发育历经孢子、裂殖子、胚子、卵囊等几个阶段,卵囊会在牛排便过程中排出体外,并受孢子的影响,转变孢子化卵囊,因此需要及时清理粪便。

（二）症状

成具有感染性的卵囊，倘若牛误食后，便会引发牛球虫病的发生。感染该病后，牛表现为出血性肠炎，尤其是2岁以下的牛感染率更高。牛球虫病属于急性疾病，感病初期阶段，牛的精神状态不佳，同时排稀便，奶牛感染之后产奶量下降明显，而且随着病情的不断发展，牛的精神状态更加不良，并出现躺卧，血便、恶臭。慢性发病的病牛一般3~5天病情出现好转，但腹泻具有持续性，并有贫血症状，有些病牛会由于贫血而导致死亡。

（三）防治

为了有效治疗牛球虫病，可运用氨丙啉按照每千克体重25毫克进行投喂，持续应用5天。也可根据每千克体重30毫克将盐霉素添加到牛的饲料中。严格管理牛的饲料，保证饲料营养，加强牛舍清洁消毒。

三、胃肠线虫病

（一）病因

该病具有多发性特征，主要是牛寄生血矛线虫、仰口属线虫、食道口线虫、毛首属线虫所导致。胃小肠是血矛线虫寄生主要寄生部位，仰口属线虫主要在牛的小肠部位寄生，食道口线虫寄生于牛的大肠部位，而且该虫可在盲肠肠壁以及小肠末端部位发现。毛首属线虫主要在大肠与盲肠部位寄生。携带寄生虫的草料及遭受污染的饮水，是牛感染此类疾病的重要途径，虫卵随着牛的排便排出体外，在适宜的外界环境条件下，虫卵经过饮水或者草料途径进入牛体后，15天左右便可生长成幼虫。

（二）症状

病牛出现腹泻、肠胃炎、消化不良、机体消瘦等症状，并有贫血，病情不断发展，使牛下颌间隙肿大明显。对病牛进行剖检可见胃黏膜发生水肿，盲肠与小肠有炎症反应出现，大肠部位产生很多结节及化脓点，形成瘢痕，大网膜与肠系膜部位分布大量黏液，腹腔、胸腔也出现很多渗出液。通过实验室涂片检查能发现虫卵。

（三）治疗

牛胃肠线虫病治疗，用每千克体重100毫克噻苯达唑进行投喂，1次/天，连用3天，可以起到较好的驱虫作用。同时也可用左旋咪唑，每千克体重8毫克剂量投喂，还可用每千克体重7.5毫克实施皮下注射。胃肠线虫病多发于春季与秋季,所以在这两季应做好驱虫工作,并加强饲料与饮水管理,及时清理牛粪并充分发酵,将幼虫杀死,还应对牛舍和牧场定期清理,保持卫生日。

四、牛肺线虫病

(一)病因

引发牛肺线虫病的病原主要为大型肺线虫及小型肺线虫，大型肺线虫便会吞入至肠胃中,同时随着牛的排粪排出体外,牛误食牛肺线虫幼虫导致发病。小型肺线虫主要为原圆科线虫,幼虫主要在淡水螺与旱螺中寄生,并不断发育形成具有感染性的幼虫,牛误食后引发感染。

(二)症状

大型肺线虫在牛的支气管中寄生,宿主有咳嗽症状出现时。

(三)防治

该病治疗中,倘若牛存在咳嗽症状和相关症状时,可运用“线虫幼虫分离法”检查病牛粪便有无第一期幼虫存在。如果牛患上该病,需要第一时间进行隔离,并加强日常养殖管理工作,保持养殖场内及周围环境干净卫生,可大幅减少该病发生概率。并按每千克体重8毫克驱虫净进行治疗,1次/天，持续应用3天；还可用每千克体重50毫克乙胺嗪进行口服,持续应用3天,便能起到较好的治疗效果。

五、牛螨病

(一)病因

该病是牛感染螨科的螨，导致皮肤瘙痒、脱落以及增厚等寄生性慢性传染性疾病。尤其是牛体毛发育较少的部位如头部、颈部、尾部是牛螨病的多发部位。

(二)症状

病情严重的可导致全身发病。健康牛接触病牛后引发传染,春季与冬季是该病多发期,倘若牛养殖过程中,不重视日常饲养管理,卫生条件不佳,会导致牛螨病的发生概率大幅增加。

（三）防治

在防治牛螨病过程中，需要进一步强化饲养管理工作，对牛舍定期进行清扫，将牛舍中的垃圾与粪便全面清除，确保牛舍干燥、通风，并加强消毒，努力创造牛生长的良好环境。运用药物防治牛螨病过程中，可运用伊维菌素（每千克体重 300 微克）进行皮下注射，1 次/天，持续应用 7 天以上效果最佳。中药治疗过程中，可以运用苍术 60 克、硫黄 90 克、虫蜕 30 克、山柰 45 克、川椒 60 克、甘草 30 克、冰片 3 片，将以上这些中药材共研细末，加适量茶油，在病患部位进行涂抹，2 次/天，直至病患部位皮肤正常后，停止应用。

六、牛片形吸虫病

（一）病因

牛片形吸虫病是由寄生在牛胆管中的肝片吸虫和大片形吸虫所引起的急性或慢性胆管炎、实质性肝炎等病。该病原的终末宿主为反刍动物，中间宿主为椎实螺。牛吃草或饮水时吞入囊蚴，引起发病。

（二）症状

患片形吸虫病的肉牛，其临床表现与虫体数量、宿主体质年龄、饲养管理条件等有关。当牛抵抗弱又遭大量虫体寄生时，症状明显。急性症状多发于犊牛，表现为精神沉郁，食欲减退或消失，体温升高，贫血，黄疸等，严重者 3~5 天内死亡。慢性症状发生在成年牛，主要表现为贫血，黏膜苍白，眼睑及体躯下垂部位发生水肿，被毛粗乱无光泽，食欲减退或消失，肠炎等，往往死于恶病质。粪检即可确诊。

（三）防治

消除中间宿主椎实螺外，还需将患畜粪便堆放发酵，晒干或火烧，以便杀灭虫卵，同时春秋季节要做好驱虫工作。

（四）治疗

（1）硫双二氯酚，按每千克体重 40~60 毫克配成悬浮液口服，其副作用为患牛轻度腹泻，1~4 天会自行恢复。

（2）硝氯酚，按每千克体重 3~7 毫克一次口服，对成虫有效。

（3）双乙酰苯氧醚，每千克体重 100 毫克，一次口服，对幼虫有效。

(4)溴酚磷,每千克体重 12 毫克,一次口服,对成虫及幼虫均有效。

(5)三氯苯达唑,每千克体重 12 毫克,一次口服,对成虫及幼虫均有效。

七、犊牛新蛔虫病

(一)病因

本病是由犊牛新蛔虫寄生于初生牛犊小肠中所引起的一种疾病。犊牛新蛔虫主要发生于 2 周龄到 5 月龄的犊牛。犊牛新蛔虫卵对药物的抵抗力较强,2%福尔马林对该虫卵无影响;29 ℃时,虫卵可在 2%辽克林或 2%来苏儿中存活 20 小时。但该虫卵对阳光直射的抵抗力较弱,虫卵在阳光的直射下,4 小时全部死亡。温湿度对虫卵的发育影响也较大,虫卵发育较适宜的温度为 20~30 ℃,潮湿的环境有利于虫卵的发育和生存,当相对湿度低于 8%时,感染性虫卵的生存和发育即受到严重影响。

(二)症状

病牛开始表现为精神不振,不愿行动,继而消化不良,食欲不佳并腹泻;继而并发细菌感染时则出现肠炎,血便,且带有特殊的臭味。后期病牛臀部肌肉弛缓,四肢无力,站立不稳。当虫体大量寄生时可能导致肠阻塞或肠穿孔,引起死亡。

(三)防治

预防:犊牛出生后 15~20 天进行一次性驱虫,也可分别于 15 日龄和 35~45 日龄时各驱虫一次,用药及剂量同上。

治疗:(1)左旋咪唑片剂,每千克体重 7.5 毫克,一次口服。(2)敌百虫,每千克体重 40~50 毫克,一次口服。(3)丙硫咪唑,每千克体重 10~20 毫克,一次口服。(4)伊维菌素,0.2 毫克,一次皮下注射。

八、牛血吸虫病

(一)病原

血吸虫病主要是由日本分体吸虫所引起的一种人畜共患血液吸虫病。日本分体吸虫的中间宿主是钉螺。雌虫在宿主肠系膜的小静脉内产卵,虫卵能引起局部小血管阻塞、破裂及局部的炎症和溃疡,其透过肠黏膜或随同渗出的血液,进入肠腔随粪便排出体外。在温暖的水中毛蚴从虫卵中孵出,钻入钉螺体内,经过胞蚴和子胞蚴的发育阶段形成尾蚴，尾蚴钻出螺体，在水中游动，经皮肤钻入终末宿主体内，进入血液循环，最后在肠系膜静脉、门静脉系统的血管中发育为成虫。

（二）症状

该病出现高热不退或不规则间歇热，精神沉郁，食欲减退，腹泻，体弱消瘦，鼻出血，粪便带有黏液与血块。可导致母牛流产。慢性病例的牛表现为消化不良，腹泻，进行性消瘦或发育阻滞。若饲养管理条件较好，则症状不明显，常为带虫者。

（三）防治

预防：

（1）在流行区每年对人和家畜进行普查，发现患者、病畜以及带虫者均进行治疗或驱虫，消除感染源。

（2）管理好人畜粪便，粪便经发酵后再作肥料。

（3）管好水源，防止人、畜用水被污染。在严重流行区，人畜的用水应加入漂白粉，杀死水中尾蚴。

（4）避免在有钉螺滋生的湖滩及沟渠边的草地上放牧。

（5）消灭钉螺，可用烧荒、撒药、疏通放牧地上的水沟等措施。

治疗：

（1）硝硫氰胺（7505），黄牛每千克体重 1.5~2.0 毫克，配成 2%的混悬液静脉注射，或每千克体重 60 毫克，口服。

（2）吡喹酮，黄牛每千克体重 3.0 毫克，一次口服。

（3）兽用敌百虫，每千克体重 15 毫克，一次口服，连用 5 天。

（4）六氯对二甲苯（血防-846），每千克体重 100 毫克，一次口服，连用 7 天。

九、牛皮蝇疽病

（一）病原

本病是牛皮蝇和蚊皮蝇的幼虫寄生于牛背部皮下组织所引起的一种慢性寄生虫病。其特征性症状是背部皮下出现明显的硬肿。

（二）症状

在皮下移行时，患牛因而奇痒不安。幼虫移至背部皮下发育后，可用手摸到凸出表皮的圆形硬结,硬结穿孔后可以挤出幼虫。

(三)防治

预防:杀死移行期幼虫是最有效的防治方法,如果连续3~4年在较大区域对所有的牛采取这种化学预防措施,可以控制消灭该病。化学预防时间为每年的11—12月份,常用药物同上面介绍的几种相同。

治疗:

(1)敌百虫:配成11%敌百虫有机溶媒(酒精、矿物油),在牛背部浇注,剂量为体重200千克以内用12毫升,200千克以上用16毫升。

(2)皮蝇硫磷:制成丸剂内服,按每千克体重100毫克服用。

(3)伊维菌素:每千克体重200微克,皮下注射。

(4)乐果:用酒精配成50%溶液,皮下或肌内注射,成年牛4~5毫升,育成牛2~3毫升,犊牛1~2毫升。

十、牛梨形虫病

(一)病原

牛梨形虫病又称牛巴斯虫病或牛焦虫病，是由双芽巴贝斯虫和牛巴贝斯虫寄生于牛的红细胞引起的疾病,以高热、贫血、黄疸和血红蛋白尿为主要特征。双芽巴贝斯虫呈环状,椭圆形,变形虫状和梨子形,典型虫体是双梨子形,尖端以锐角相连。牛巴贝斯虫形态,与双芽巴贝斯虫相似,唯虫体小于红细胞半径,圆形虫体直径有1~3微米,长形虫体长2~4微米,典型虫体尖端以锐角相连,每个虫体有一团染色质块。中间宿主是蜱。

(二)症状

潜伏期为10~25天。病牛体温升高到40~42 ℃,呈稽留热,脉搏加快,呼吸困难,精神沉郁,食欲减退或消失,反刍迟缓或停止,便秘或腹泻,有的粪便呈灰褐色,有黏液,带恶臭味。病牛迅速消瘦,贫血,可视黏膜苍白、黄疸、有溢血点。有血红蛋白尿,尿色由浅红至暗红色。血检红细胞数下降到300万个以下,血红蛋白减少25%~40%,白细胞数减少,淋巴细胞相对增高,红细胞变形,有时还可见到幼稚型红细胞,病危数日至十余天,重症治疗不当以死亡告终。

（三）防治

在加强护理，对症治疗的同时，早期应用抗梨形虫药。

（1）贝尼尔：每千克体重 3.5~3.8 毫克，配成 5%~7%水溶液肌内注射每天一次，连用 3 天。

（2）硫酸喹啉脲：每千克体重 0.6~1.0 毫克，配成 5%水溶液皮下注射。个别牛有副作用。

（3）咪唑苯脲：每千克体重 1~2 毫克，配成 10%水溶液皮下注射或肌内注射。

（4）黄色素：每千克体重 3~4 毫克（极量 2 克），用蒸馏水或生理盐水配成 0.5%~1.0%灭菌溶液静脉注射，必要时隔 24~48 小时再复用一次。

第四节　牛常见营养缺乏症的防治

一、维生素 A 缺乏症

（一）病因

日粮中缺乏维生素 A，腹泻、瘤胃疾病、肝功能不全等疾病影响维生素 A 吸收。此外，饲养管理条件不良，畜舍污秽不洁、寒冷、潮湿、通风不良、密集饲养、过度拥挤、缺乏运动以及阳光照射不足等应激因素亦可促发本病。

（二）症状

皮肤干燥，被毛粗乱，背部形成干性糠疹，蹄角质生长不良，有破裂或凹沟，运动障碍，步样不稳。眼流泪，视神经乳头水肿，以后继发干眼病，甚至失明。脑脊液压力增高，出现惊厥或痉挛，视听障碍。母牛受胎率下降，产后多发生胎衣停滞，所产犊牛体质衰弱，见有各种缺陷（脑水肿、眼损害）或畸形，生活力低下。

（三）防治

注意保持日粮的全价性，特别是对妊娠母牛，应注意多喂青绿饲料、优质干草及胡萝等，不足量时要添加足够的维生素 A 和胡萝卜素，饲料不宜存放太久，免得破坏营养物质。适当运动，多晒太阳。如出现病症，立即更换饲料，多喂青草、优质干草、胡萝卜及黄玉米等富含维生素 A 的饲料。药物疗法首选药物为维生素 A 制剂和富含维生素A 的鱼肝油。

二、钴缺乏症

(一)病因

土壤和饲料缺钴是本病发生的主要原因。一般认为土壤中含钴量少于2毫克/千克时,长出的牧草常缺钴。钴是动物的必需微量元素之一,尤其是反刍动物。反刍动物瘤胃中细菌生长、繁殖需要钴,其中一部分细菌可利用钴合成维生素B_{12}。如果缺乏钴,维生素B_{12}合成不足,可直接影响细菌及原生动物的生长、繁殖,也影响纤维素的消化和能量代谢障碍,引起动物消瘦、虚弱。

(二)症状

钴缺乏特异性症状为异食、慢性进行性消瘦及贫血,病程可达数月至2年。动物的皮毛易脱落,痒感明显,后期可有繁殖功能下降、腹泻、流泪。异食常表现为喜欢吃被粪尿污染的褥草,啃舔泥土、饲槽及墙壁等。

(三)防治

对钴缺乏地区可施用钴盐肥料,为了预防还可混饲钴添加剂(日量为0.3~2.0毫克)。使用含0.1%的钴盐砖,让牛自由舔食,可收到明显效果。治疗可以使用钴盐添加剂、氯化钴水溶液、硫化钴水溶液等,严重时配合为维生素B_{12}治疗。

三、碘缺乏症

(一)病因

在水碘低于10微克/升的地区或饲料中含有拮抗碘吸收和利用的物质等因素均可以引起碘缺乏症。

(二)症状

甲状腺肿大,生理功能减退,生长发育缓慢,出现黏液性水肿,皮肤干燥、角化、多皱褶、弹性差,被毛脆弱。母牛性周期紊乱,生理机能障碍,不孕,胎儿被吸收,流产,产死胎,胎衣不下等。公牛性欲降低,精液品质差。在严重缺碘的地区,犊牛的甲状腺可增大数倍,并压迫气管和食道,引起窒息死亡。

(三)防治

可在饲料中加入适量的含碘盐或在1千克食盐中加碘化钾250毫克;也可以每天饮水中补给碘酊2~5滴或添加1%碘化钾液,让牛自饮。当甲状腺肿大硬固时,可涂擦碘软膏;腺体化脓后,手术切开用稀碘液冲洗。

四、硒缺乏症

(一)病因

饲料中含硒量低于0.05毫克/千克,便会引起此病,尤其是犊牛。

(二)症状

急性型:多发生于10~12月龄犊牛,主要表现为突然发病,心跳亢进,节律不齐,短时间内死于心力衰竭。

亚急性型:病牛精神沉郁,背腰发硬,呼吸困难。

慢性型:生长发育停滞,出现消化不良性腹泻,消瘦,被毛粗乱,脊柱弯曲,全身乏力。

(三)防治

对硒缺乏症病牛,采取对症疗法和对因疗法结合,选用抗生素或磺胺类药物进行消炎,不能配合激素疗法和营养心肌的各种药物,尤其是不能使用浓糖、维生素C、丹参液。可皮下或肌内注射亚硒钠溶液每50千克体重10毫升,根据情况,间隔几天再次用药,可配合使用维生素E制剂。注意初期不宜使用强心剂,以防加速心衰造成死亡,只有当出现慢性心衰时,方可适当选用樟脑磺酸钠或安钠咖等药物。

五、铜缺乏症

(一)病因

本病可分为原发性铜缺乏症和继发性铜缺乏症两种类型。原发性是由于采食了在铜缺乏土地上生长的牧草,其中铜含量少于3毫克/千克时,多表现为亚临床铜缺乏症;继发性铜缺乏症指饲料或饮水中铜含量较为充足,但牛机体组织对铜的吸收和利用受阻,所引起的铜缺乏症。饲料中钼含量超过10毫克/千克,可以造成铜缺乏。

(二)症状

原发性铜缺乏症病牛食欲减退,异嗜,生长发育缓慢,犊牛更为明显。被毛无光泽,黑毛变为锈褐色,红毛变为暗褐色,眼周围被毛由于脱毛或褪色,呈无毛或白色似眼镜外观。此外,病牛还有消瘦、腹泻、脱水以及贫血现象。妊娠母牛的铜缺乏症症状使泌乳量减少的同时，犊牛多表现跛行，步样强拘，甚至两腿相碰，关节肿大，骨质脆软，易骨折。继发性铜缺乏症的症状，除了贫血程度较轻，基本上与原发性铜缺乏症相同，以持续性腹泻为特征。

（三）防治

对舍饲牛群可皮下注射甘氨酸铜制剂，成年牛400毫克（纯铜120毫克），犊牛200毫克（纯铜60毫克），历时3~4个月，可起到预防效果，对发病的牛可投服硫酸铜制剂。成年牛每头每日2克或每周4克，犊牛减半，还可以用0.2%硫酸铜注射液。

六、维生素C缺乏症

（一）病因

原发性维生素C缺乏症在临床上比较少见，常发生于继发性的。长期饲喂缺乏维生素C的饲料或者患胃肠和肝脏疾病时，使维生素C的吸收、合成、利用出现障碍，或患肺炎、慢性传染病或中毒病，体内维生素C大量消耗时，会引起维生素C相对缺乏。

（二）症状

病牛精神不振，食欲减退，幼畜生长发育缓慢，成畜生产性能下降。齿龈肿胀、出血、溃疡，牙齿松动，严重者会因为毛细血管变脆和通透性增大的原因，出现全身性出血，也有的会出现皮肤病，脱落大量的皮屑，皮肤上有蜡样痂皮、脱毛和产生皮炎，多从耳部开始，逐步扩散到颈部，又发展到肩胛。严重的可导致死亡。

（三）防治

日粮平衡，饲喂富含维生素C多的饲料，如新鲜青草、苜蓿、三叶草、块茎类以及松柏针叶或其浸出液。患牛可以注射抗坏血酸，并可以与维生素B族联用，效果更好。对出现的全身症状，应该采取抗菌消炎、解毒护肝等对症措施，如果体温升高可用抗生素、磺胺类药物，体质下降者可以适当补充葡萄糖注射液。

七、白肌病

（一）病因

本病常发生在2~4月龄生长迅速的犊牛，是由于维生素E或硒单独缺乏或共同缺乏而引起的一类疾病的总称，牛长期采食缺硒地区的饲草饲料、含维生素E较低的干草或劣质干草、秸秆以及应用酸败油类作为代乳品饲喂犊牛等因素均可成为本病发生的诱因。

（二）症状

该病主要以骨骼肌、心肌纤维以及肝组织等发生变形、坏死为主要特征，可分为三种型。

急性型：多见于3月龄内的犊牛，不表现任何症状，往往在驱赶、奔跑、蹦跳过程中突然死亡。

亚急性型：以心力衰竭、运动障碍及呼吸困难为特征，鼻液混有黏液或血液，肺呼吸音粗糙，站立僵硬；新生犊牛舌肌被侵害，不能吸吮，触摸舌有稍软感，有食欲但采食困难，可发生吸入性肺炎。

慢性型：病牛精神沉郁，消化不良，食欲减退，消瘦，多顽固性腹泻，运动缓慢，全身乏力，喜卧，可视黏膜黄白；心率加快，每分钟达到140次，呼吸加快每分钟达到80次左右。

（三）防治

可肌内注射0.1%亚硒酸钠维生素E注射液，同时配合维生素A、维生素B、维生素C对症治疗。

八、锌缺乏症

（一）病因

锌缺乏症是由于饲喂的饲草（料）中锌含量过少而引起的微量元素缺乏症。本病可分为原发性和继发性锌缺乏症两种类型。原发性锌缺乏症的病因由于饲喂锌缺乏地带（即低于锌含量在30毫克/千克以下地带）生长的饲草（其中锌含量小于10毫克/千克）而发生本病；继发性锌缺乏症的病因由于饲喂的饲料（草）中含有过多的钙或植酸钙镁（肌醇六磷酸钙镁）等，阻碍牛机体对饲料（草）中的锌吸收和利用，而发生锌缺乏症。

（二）症状

病牛终止生长，鼻镜、阴门、肛门、后肢和颈部等部位易皮肤发角化不全、瘙痒、干燥，步样呈现强拘等异常姿势。母牛发情延迟或不发情，配种不妊，公牛精液量减少，其精子活力降低。

（三）防治

宜在饲料（草）中补饲硫酸锌每千克体重25~50毫克，但也应注意到锌中毒问题（宜不超过每千克体重500~1 000毫克剂量为稳妥），饲喂新鲜青绿牧草时，适量添加些大豆油，对治疗和预防锌缺乏症都可收到较好的效果。在对本病治疗上，除内服硫酸锌（2克/天）或肌内注射（1克/周）等以外，锌缺乏症病犊牛可连续服用硫酸锌，剂量为每千克体重100毫克，连续3~4周。

九、锰缺乏症

（一）病因

锰为奶牛必需的一种微量元素，机体组织器官中含有大量的锰，对锰需要量为40毫克/千克左右，肉用牛稍少，原发性锰缺乏其主要是由于摄取锰含量过少的饲草（料）所致。当土壤中锰含量在3毫克/千克以下、饲草中锰含量在50毫克/千克以下时，便使成年牛发生不妊症、犊牛出现生长发育缓慢和先天性或后天性骨骼变形等。玉米及大麦含锰最少，若日粮中长期而大量饲喂这些饲料，易引起锰缺乏。当饲草（料）中钙、磷含量过多，可使其对锰的吸收受阻而对其利用率降低，多则诱发继发性锰缺乏症。实际生产中由于牧草、干草中锰含量较多（50~150毫克/千克），自然发病较少。

（二）症状

牛锰缺乏症以生长发育缓慢，四肢骨骼和关节畸形，繁殖性能降低和不妊为主要特征，但无典型症状。

病犊食欲减退至废绝，被毛干燥，消瘦，肱骨的重量、长度及抗断性能等显著降低，关节肿大，站立姿势异常，站立困难，跛行。有的犊牛生出前即发生肢腿弯曲。成年母牛锰缺乏性周期延迟、不发情或弱发情，卵巢萎缩，排卵停滞，受胎率降低或不妊。公牛睾丸萎缩，性欲减退，精液质量下降。

（三）防治

对母牛每日补饲锰含量2克添加剂对繁殖性能恢复有较好效果。犊牛连续投服硫酸锰4克/天，有预防作用。但应注意的是投服剂量不要过大，因为锰还能干扰牛对钴和锌的利用。若补饲量大可导致犊牛生长缓慢和血红蛋白含量减少。

十、佝偻病

（一）病因

肉牛佝偻病是由于肉牛在生长发育过程中因为维生素D吸收不良，钙、磷代谢障碍所引起的一种骨骼发育不良的慢性疾病。

（二）症状

患这种疾病的肉牛食欲大减，生长发育不良，消瘦，被毛粗乱、无光泽，掌骨、蹠骨肿大，前肢向前或侧方弯曲呈“O”形，或后肢呈“八”字形叉开，牙齿的形状不规则，随病情发展，病牛运动减少，步态强拘，跛行。

（三）防治

（1）保证足够的青草和充足的阳光照射。

（2）加强对肉牛的饲养管理，让肉牛每天保持适当的运动量。

（3）让肉牛多晒太阳，有利于钙的吸收。

（4）犊牛断乳后要多喂青干草和多汁鲜嫩的青草，补充饲料中药有豆科及禾本科种子，并添加磷酸氢钙、含硒生长素、多种维生素。

（5）治疗原则是消除病因，调整日粮组合，饲料中添加维生素D，调整日粮中钙磷比例。临床用药为肌内注射维生素D胶性钙或维丁胶性钙，可以内服鱼肝油。

十一、软骨病

（一）病因

由于饲料中钙、磷缺乏或两者比例不恰当，或维生素D缺乏引起。

（二）症状

临床上主要包括消化机能紊乱、发育迟缓，不愿站立，异食癖、跛行、骨质疏松症和骨变形，行走摇摆，四肢发软，重者面骨肿大，关节变形，脊背弯曲，母牛易瘫痪等特征。该病的亚临床症状往往被忽视，例如心跳、呼吸次数增加，前胃弛缓，瘤胃蠕动次数减少；乳量下降，难孕或不孕，胎盘滞留等。

（三）防治

对出现异食癖的牛，饲料中及时补充磷酸氢钙，病情较轻的牛每天给予磷酸氢钙250克左右，5~7天一疗程，就可以痊愈，严重的牛除了补充磷酸氢钙外，对严重患病牛还应静脉注射20%的磷酸二氢钠300~500毫升，同时也可配合维生素D_3治疗。

十二、腐蹄病

（一）病因

（1）饲草中钙、磷不平衡，导致角质蹄疏松、蹄变形和不正。

（2）由于牛舍不清洁、潮湿，运动场泥泞，蹄部经常为粪尿、泥浆浸泡或者石子、铁屑等坚硬物刺伤所致。

（3）由节瘤拟杆菌（又称K微生物）引起。本菌引起的炎性损害作用很小，但它能产生强烈的蛋白酶，消化角质，使蹄的表面及基层易受侵害。因此，只有在坏死梭杆菌等菌的协同作用下，才能产生明显的腐蹄病损害。

（二）症状

病牛喜爬卧，站立时患肢负重不实或各肢交替负重；行走时跛行，蹄间和蹄冠皮肤充血，红肿。蹄间溃烂，有恶臭分泌物，有的蹄间有不良肉芽增生。

（三）防治

（1）圈舍应勤起垫，保持运动场要干燥。

（2）调节钙磷平衡，缺钙补磷酸氢钙。

（3）对症治疗，可以用20%硫酸锌溶液或10%硫酸铜溶液洗涤蹄部，修整蹄形，挖去蹄底腐烂组织，用5%磺酐棉球填塞患部。

十三、低镁血症

（一）病因

由于牛体内镁的缺乏或减少引起镁、钾、钙、磷比例失调，是引起该病的主要原因。在阴雨之后生长的青草富含蛋白质和钾，而含镁、钙、钠离子和糖较低，故在春末、夏、秋初是发病的特定时间。

（二）症状

症状与破伤风相似，以对轻微刺激反应敏感为特点。慢性型反应迟钝、不愿活动、无选择地采食；亚急性型表现为沉郁、步态蹒跚，对光与声音敏感，眼球震颤，尿频，产奶量下降，头部（特别是鼻、上唇）、腹部和四肢的肌肉震颤，血检镁值下降（正常值为

1.8~3.0 毫克/分升)。

急性型可表现为牛突然向某一侧的后方，呈侧反弓姿势，左右滚转，反复出现强直性痉挛，持续 1 分钟左右，痉挛，牙关紧闭，眼球震颤，口吐白沫，重新发作，并剧烈挣扎，体温达上升至 40 ℃左右，呼吸、脉搏加快，心搏亢进，通常来不及救治而死亡。

(三)防治

在缺镁地区，青绿牧草在牛羊放牧前或收割青贮时，喷洒硫酸镁，以预防本病的发生。治疗可用钙镁合剂(葡萄糖酸钙 250 克、硫酸镁 50 克，配成 1 000 毫升注射液)静脉注射，也可以用 25%硫酸镁溶液 200 毫升肌内注射，或可将硫酸镁溶于 5%葡萄糖溶液缓慢静脉注射，症状好转后改为肌内注射维持量。

十四、产后瘫痪

(一)病因

饲料单一，钙磷比例失调，特别是在围产期、分娩前阶段饲料配合不当，饲喂高钙低磷饲料，使血液中血钙浓度增高，刺激甲状腺的 C 细胞分泌的降钙素增多，而此时甲状旁腺功能减退，导致泌乳时骨骼钙的能力进一步降低，因此分娩前后大量血钙进入初乳，引起血钙浓度剧烈下降。在分娩过程中，大脑皮层过度兴奋，分娩后腹压急剧下降，同时乳房开始泌乳，大量血液进入乳房，引起脑的血压下降，出现暂时性供血不足，大量血糖为乳糖，使血糖下降，从而使甲状旁腺的功能减弱，使机体动员骨骼中的钙的能力降低，造成血钙进一步急速下降而发病。

(二)症状

依据血钙降低的程度，本病可分为三个病程阶段：第一阶段，病牛食欲不振，反应迟钝，呈嗜睡状态，体温不高而两耳发凉，有的瞳孔散大；第二阶段，后肢僵硬，飞节过度伸展，站立摇晃，运动不稳而易跌倒，头部和四肢肌肉震颤，磨牙，有时表现短时间的幸福不安，感觉过敏，大量出汗；第三阶段，软瘫，卧地不起呈昏睡状态。体温低下，鼻镜干燥，肢端发凉，心音减弱，心率持续在每分钟 60~80 次，呼吸缓慢、浅表，濒死期心律失常，呼吸节律紊乱。

初期症状出现后数小时(多为 1~3 小时)，病畜出现瘫痪症状，倒地后通常不容易再站起。伏卧的牛四肢缩于腹下，颈部弯向内侧，呈“S”状，将乳牛的头拉到正常位置后放手，乳牛头又重新弯向，呼吸深长、缓慢，张口伸舌，舌常伸出口外不能回缩，病牛体温一般正常或稍低。后期，病牛食欲废绝，泌乳停止，乳房，瞳孔散大，心跳120次以上，体温36℃以下。

（三）防治

静脉注射钙剂：静脉注射20%~25%硼葡萄糖酸钙或5%氯化钙或10%的葡萄糖酸钙，每隔8小时再次补钙，同时可以肌内注射5~10毫升维丁胶性钙，有助于钙的吸收。静脉注射后，多数病例在4小时内可站起，对在注射6小时后不见好转者，可能伴有严重的低磷酸盐血症，可缓慢静脉注射15%磷酸二氢钠或镁盐。

乳房送风法：此方法简便，但是技术不熟练，容易造成乳腺损伤和感染。先用酒精棉球消毒乳头和乳头管口，然后用乳房送风器往乳房内充气，充气的顺序是先充下部乳区，后充上部乳区，四个乳区均应该打满空气，打入的空气量以乳房皮肤紧张，乳腺基部边缘轮廓清楚为宜，打入空气不易过量，容易发生皮下气肿，尔后用绷带轻轻扎住乳头，防止空气外溢，经2小时后取下绷带，12~24小时后气体消失。也可以先注入青霉素注射液防止感染，结合补钙疗法，疗效更佳。

乳房注射法：首先对注射器和通乳针消毒，乳头导管向乳室内注入健康母牛的新鲜牛奶，前乳室每室一般注入200~300毫升，后乳室每室注入300~350毫升（视情况而定），注入完毕退出通乳针时，用手指轻轻捻转乳头，防止乳汁外溢即可，此方法简单，但必须保证注入的乳汁卫生健康和加强操作过程的消毒工作，结合补钙疗法，疗效更好。

第五节　修蹄及蹄病的防治技术

牛的蹄病共有23种之多，90%以上的牛跛行是由蹄病造成的。因此，兽医必须了解蹄的正常解剖和结构，了解牛群的管理条件，因为这些都与趾行有关。由于牛前蹄内侧趾比外侧趾大，后蹄外侧比内侧趾大，前蹄内侧趾，后蹄外侧趾负重大，所以前蹄内侧趾，后蹄外侧趾发病多，乳牛肢蹄病发病率高，发病情况亦相当严重，与生殖道疾病、乳房疾病成为因疾病淘汰前三位，对牧场损失是相当严重的，定期而规则的修蹄，防止和治疗肢蹄病，对牛的生产至关重要。

一、修蹄技术

因后肢牛蹄外侧趾负重比内侧趾要大，角质生长较快，逐渐变大变厚的外侧趾负重更加增大，过度的异常受力，压迫真皮层容易导致其受损，而发生蹄底溃疡。所以通常外侧趾的蹄底损发病率要比内侧趾要高。大多数蹄底溃疡发生在外侧趾，所以定期而规则的修蹄，使牛蹄直立于地面保证真皮层负重均衡，对于发生蹄底溃疡的牛应立即进行治疗性修蹄。通常须每年定期两次全面修蹄。五步修蹄法的操作方法如下(在干乳期能修蹄一次效果更好)，见图 9–1。

(1)量好尺寸，用剪蹄钳剪去蹄尖及尖部边缘角质，使蹄尖与冠端的距离为 7.0~7.5 厘米，蹄尖上端与蹄底距离 0.5~0.7 厘米。

(2)清除蹄底污秽，检查蹄底是否有溃疡和创洞，通常情况，内侧趾蹄壳厚度较外侧趾蹄壳为薄，故首先按标准将内侧趾修平，且保持蹄踵部分，然后以内侧趾为标准，修外侧趾，如外侧趾没有患病，可将其修至与内侧趾在同一水平上，按此尺寸保证内外侧趾负重一致，如外侧趾有溃疡的则进行下步。

(3)外侧趾蹄底患病时，应将蹄底患病处的角质修去更多，使患趾病变部位厚度降低，减少其负重。如蹄底有溃疡应将溃疡处修削干净，暴露活肉组织，让其自行修复，亦可用硫酸铜加鱼石脂包敷，但包敷不能太厚，如太厚又增加了患处了高度，使其负重增加，不利于康复。

(4)将蹄底中部蹄弓修成半月形。

(5)修去蹄底四周的松散角质，祛除表面渗出物。对有趾间皮炎的牛蹄在炎症处和蹄底溃疡处涂擦 10%碘酊。

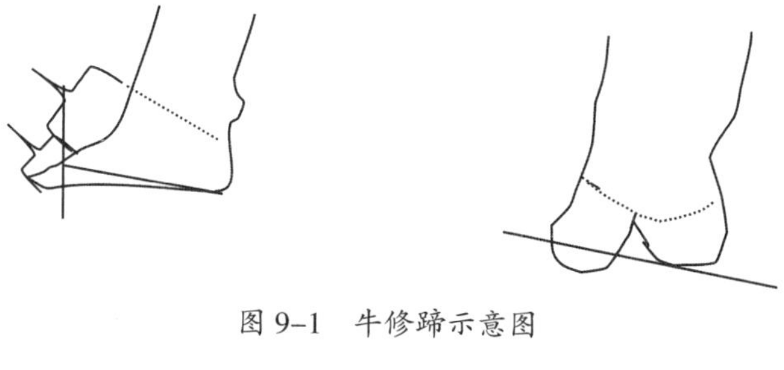

图 9–1　牛修蹄示意图

二、肢蹄病的防治

乳牛四肢每段的皮肤及皮下组织、骨、关节、韧带、肌肉、肌腱可发生病变，所以肢蹄病的种类较多,下面是牧场经常发生的几种常见肢蹄病。

(一)趾间坏死杆菌病

趾间坏死杆菌病,又称趾间蜂窝织炎,为侵害趾间皮肤及皮肤下深层软组织的急性或亚急性炎症,皮肤常常坏死或裂开,炎症从趾间皮肤蔓延到蹄冠,系部和球关节,有明显跛行,有时伴有全身症候,病原菌为坏死梭状杆菌。

临床症状:在病变发展的初期,肢蹄出现跛行,系部及球节屈曲,以蹄尖着地,2~3天病变更为明显。局限性坏疽型的皮肤及皮下组织呈现久不愈合的溃疡,两趾分开,蹄部有剧烈的痛感,病肢不愿着地;进行性坏疽型的,蹄部真皮、腱及腱鞘、关节韧带等部坏死,并有全身症状,食欲减退,奶量明显下降。

防治:全身治疗就用抗生素或磺胺类药物,局部处理,患蹄用消毒和防腐液彻底清洗后,去除趾间游离组织,伤口内放置抗生素或防腐药(纯净的甲醛溶液)。

预防本病可定期用7%~10%硫酸铜或5%甲醛溶液进行蹄浴,并保持牛蹄及牛床卫生、干燥。

(二)趾间皮炎

本病亦称趾间湿疹,本病是指没有延伸到皮下组织的趾间皮肤的急性慢性炎症。主要是趾间的皮肤潮湿,发炎,并伴有臭味,以趾间无毛处的皮肤发炎为特征。

临床症状:多数病例患牛经常跛行,这是患部不舒适或痛感的表现,早期表现为轻度跛行,病变仅局限于表皮,表皮增厚充血,在趾间有渗出物,并有茄皮形成。后期蹄内侧部的角质有些分离,相邻皮肤发生肿胀,跛行明显,如不及时治疗,即可能出现增生反应,向外蹄和趾间隙的底部发展,可能在角质部出现创洞和发生蹄底溃疡。患牛呈现严重的行走困难。

严重感染会刺激蹄部过度生长,在后蹄跟部产生裂缝,造成外蹄增厚,加大负重量。趾间皮炎的病原即结节状杆菌,有时也侵害肢的其他部位,甚至侵害乳头。

防治:去除有潜洞的角质,局部用收敛药和防腐药每天两次。病牛较多时,分断采用5%甲醛溶液进行蹄浴或每周用7%~10%硫酸铜溶液喷洒患肢蹄部。保持牛床干燥,定期修蹄,定时用10%~15%硫酸铜溶液进行喷雾蹄浴是预防本病的有效方法。

(三)蹄叶炎

蹄叶炎是由于饲养不正确造成的,是一种蹄部活肉组织的新陈代谢紊乱,在急性和亚急性阶段，有全身症候。

临床特征：在急性病例经常看到肌肉震颤，病趾做划桨运动，母牛活动僵硬并弓背，病畜偏爱四肢一边伸直躺着，起立有时困难。

急性蹄叶炎的局部变化是蹄冠和系部肿胀，触之敏感。蹄底呈现黄色蜡样并变软，少数病例蹄壳发热，患肢动脉搏动明显增加，静脉有异常扩肿。患病后期，蹄壳有明显变化，形成翘脚趾，蹄壳延长，蹄冠表面呈高低不平的形状，在后肢系部下沉，蹄冠呈现明显的环或沟。慢性蹄叶炎的主要特征是系部和球节下沉，趾静脉持久性扩张。

防治：(1)消除病因，减少精料、铺以较多垫草；(2)静脉注射抗组织胺制剂和生理盐水；(3)增喂干草，并在精料中添加适量碳酸氢钠；(4)治疗期间少喂蛋白质饲料；(5)适量修蹄。

(四)腕(跗)关节周围炎

腕(跗)关节周围炎是腕(跗)部结缔组织炎症或急性黏液囊炎。腕(跗)关节周围组织、骨膜的创伤性和挫伤或反复的轻度刺激是关节周围炎的致病因素。

临床症状：在急性和亚急性病例中，腕(跗)关节数天内出现肿胀及痛感，肿胀部位柔软，有波动感，慢性病例，关节常变粗大而且变形，肿胀坚实，痛感或稍有痛感。有些病例，可变成挫伤性皮肤破裂，流出浆液脓性分泌物，发病后期肿胀变硬，一般病牛关节屈伸正常，不发生跛行或轻微表现出跛行。

防治：给予较厚的垫草，保持牛的舒适性，减少腕(跗)关节与地面的摩擦，通常在病初发现肿胀时，立即用10%碘酊外涂或鱼石脂软膏包敷(80%鱼石脂80%凡士林加1~2克樟脑粉)。考虑到抗生素牛奶内的残留，一般情况无须抗生素治疗，但有些病例炎症严重，亦可同进结合抗生素治疗。疗效较好的有庆大霉素、卡那霉素及先锋霉素，青霉素油剂亦有一定疗效。疏于治疗的愈后不良。

(五)蹄底溃疡

本病是局限在蹄底的特殊病变。真皮局限区域的损伤及出血和角质生长异常与本病发病有关，主要是后肢外侧趾角质生长较快，负重太大，压迫真皮层，造成挫伤和出血最终发生蹄底溃疡。

临床症状：后肢外侧趾稍外展，用内侧趾或蹄尖负重，跛行突然出现，清洁蹄底后可见角质明显破裂，有些病例可见角质褪色，变软，深部有出血斑，击有痛感。如已暴露出真皮，缺损面长有肉芽组织，形成菜花样或莲蓬样突起，有些有潜洞的，打开潜洞内有恶臭样液体，如感染则导致化脓性小叶炎。

防治：首先做修蹄处理，暴露患病组织，切除坏死的角质、真皮及肉芽组织。并将患病区域角质较多削去，以降低患部的高度，使患趾负重减轻，亦可用鱼石脂硫酸铜包敷。

预防本病的主要措施在于定期而规则的修蹄，经常清除放牧场上的尖锐异物，并保持牛舍及放牧场的清洁卫生。

（六）风湿性关节炎

一般认为风湿性关节炎是由感染机体的过敏作用（变态反应）、神经营养性障碍及环境因素（突然和持续受冷）致病。

临床症状：疾病游走性最初表现在一、二个关节，以后逐渐由一个传导至其他关节或一肢所有关节或四肢所有关节，体温有间隙特征，突然一肢到两肢或更多肢体发生跛行，或是喜卧，不愿起立，本病缓慢发生过程中呈现多发性风湿性关节炎、关节囊和关节周围组织加厚或少数关节同时发生变形等症状，多半出现在跗关节、腕关节或膝关节，且运动时有捻发音、噼啪声和摩擦音。

防治：冬天牛舍防止贼风，保持干燥，垫草较厚和饲喂富于营养的饲料，尽量减少直接对牛身的喷淋，保持牛身的干燥，发病初期即给予水杨酸钠治疗，结合镇痛解热药物。

（七）蹄底挫伤

蹄底由于踩踏尖、硬石块或金属异物等可引起蹄底挫伤。

临床症状：挫伤可引起由轻到中度跛行，造成陈旧性挫伤，蹄底角质发生颜色改变，变为黄色、红色或棕色，用手按压，疼痛强烈。

治疗：修蹄时不能过削，外侧指（趾）发病的，将内侧趾下固定木块或胶皮，使患趾悬空，同时打消炎针、止痛药，效果较好。

防治：天然运动场要排水设施好，蹄病很少发生。

（八）指（趾）间皮肤增殖

本病特征是存在于指（趾）间的增殖物引起轻度至中度跛行，后肢发病较多。

病因：指（趾）间长期夹杂脏物，刺激皮肤导致增生。开始增殖物很小，不影响正常走路,但增生物长大后被踩破,就影响走路。

症状:患肢表现轻度至中度跛行,指(趾)间可见到增殖物。

治疗:手术切除,将牛蹄固定,球节处打紧止血绷带,应用2%普鲁卡因局部麻醉,手术切除增殖后,在趾缝内撒土霉素,蹄外打绷带。

三、蹄病综合预防措施

(一)清圈清蹄,改善环境卫生

(1)饮水槽附近,坚决不允许打水泥面。

(2)运动场上绝不能存水。

(3)常用清水冲洗蹄子。

(二)蹄浴

(1)干浴:用生石灰在牛过往通道上设置生石灰槽(池),生石灰有把干、杀菌作用,效果较好。

(2)湿浴:硫酸铜、福尔马林,放入宽可同时容纳4头牛进出,长为一头半牛长的池中。但这种湿浴效果不好,不实用。一般湿浴必须用喷洒蹄浴,浓度为4%,1喷雾器/40头牛,每5天1次。

第六节 牛常见的消化系统疾病

一、食管梗塞

(一)病因

病因主要是饿后贪食,采食过急,或采食中突然受惊急咽,多在吞食萝卜、甘薯、马铃薯、甜菜、玉米棒等块状饲料时发生。也可继发于食管狭窄、食管痉挛、食管麻痹等病。

(二)症状

病牛突然停止采食,骚动不安,摇头缩颈,屡做吞咽动作。口内流涎,空口咀嚼,伴发咳嗽,常从口鼻逆出蛋清样液体。采食、饮水时,食物和水从鼻腔逆出。病牛很快继发瘤胃膨胀。颈部食管梗塞,视诊可见膨大部,触诊可摸到梗塞物。胸部食管梗塞,如有大量唾液蓄积于梗塞物上方食管，触压颈部食管有波动感。

食管探诊是确诊本病的最可靠方法。食管探诊时，胃管插至梗塞部即不能继续插入。因此，根据胃管插入的长度，可以确定梗塞的部位。

（三）防治

（1）如果病牛已经发生瘤胃膨胀，应及时进行瘤胃穿刺放气，以防窒息。

根除疗法是除去食管内的梗塞物。对于颈部食管梗塞，可先用胃管灌入植物油100~200毫升，然后将牛头保定好，装开口器，助手用双手将梗塞物自下而上推送到咽部固定，术者用左手将牛舌拉出口外，右手伸入咽部位取出梗塞物。

胸部食管梗塞，可先灌服2%普鲁卡因液20~30毫升，经10分钟后，灌服液状石蜡或植物油100~200毫升，用胃管小心地将梗塞物向胃内推送。或在胃管上连接打气筒，有节奏地打气，趁食管扩张时，将胃管缓缓推进，有时可将梗塞物送入胃内。

治疗食管梗塞，还可用5%水合氯醛精液200~300毫升，静脉注射，或静松灵3毫升，肌内注射。也可先灌服液状石蜡或植物油100~200毫升，然后皮下注射3%盐酸毛果芸香碱液3毫升。

如果颈部食管梗塞物大而坚硬，应用各种疗法均无效果，可行食管切开术，取出梗塞物。

（2）饲喂要定时定量，勿使饥饿，防止采食过急；合理调制饲料，如豆饼要泡软，块根类饲料要适当切碎等；在块根类农作物收获季节，使役的牛应戴上口网，以防偷吃，即便偷吃，也应缓慢驱赶。

二、瘤胃积食

瘤胃积食也叫急性瘤胃扩张。

（一）病因

病因主要是由于饲养不当，采食大量粗硬劣质难消化的饲料，如麦草、豆秸、玉米秸、花生蔓、甘薯藤等，或采食大量适口易膨胀的饲料等所致。也可继发于前胃弛缓、创伤性网胃炎、瓣胃阻塞及皱胃变位等病经过中。

（二）症状

病牛食欲减退或废绝，反刍踢腹，呻吟摇尾。左侧下腹部膨大，左饥窝部变平坦。

触诊瘤胃，病牛疼痛不安。瘤胃内容物黏硬或坚硬，叩诊呈浊音。瘤胃蠕动音初期增强，以后减弱或消失。排粪迟滞，粪便干少色暗，有时排少量恶臭的稀便。呼吸促迫增数，可视黏膜发绀，脉搏细数，一般体温不高。

（三）防治

轻症者可按摩瘤胃，每次 10~20 分钟，1~2 小时按摩 1 次。结合按摩灌服大量温水，则效果更好。也可内服酵母粉 250~500 克，每天 2 次。中症的可内服泻剂，如硫酸镁或硫酸钠 500~800 克，加松节油 30~40 毫升，常温水 5~8 升，1 次内服；或液状石蜡 1~2 升，1 次内服；或盐类泻剂与油类泻剂并用。对病牛还可用粗胃管反复洗胃，尽量多导出一些食物。当瘤胃内容物泻下后，可应用兴奋瘤胃蠕动的药物，如新斯的明、毒扁豆碱、毛果芸香碱等，详见前胃弛缓的治疗。当瘤胃内容物已泻下，食欲仍不好转时，可酌情应用健胃剂，如番木鳖酊 15~20 毫升、龙胆酊 50~80 毫升，加水 500 毫升，1次内服。病牛饮食欲废绝、脱水明显时，应静脉补液，同时补碱，如 25%葡萄糖液 500~1 000 毫升、复方氯化钠液或 5%糖盐水 3~4 升、5%碳酸氢钠液 500~1 000 毫升等，1次静脉注射。重症而顽固的瘤胃积食，应用药物不见效果，避免突然更换饲料，粗饲料要适当加工软化后再喂。

三、瘤胃酸中毒

瘤胃酸中毒是以前胃机能障碍为主症的一种急性病。多发于奶牛，死亡率高。

（一）病因

病因主要是由于突然采食大量富含碳水化合物的谷物饲料（如大麦、小麦、玉米、谷子、高粱等），或长期过量饲喂块根类饲料（甜菜、马铃薯等）以及酸度过高的青贮饲料等所致。

（二）症状

最急性的病例，常在采食谷物饲料后 3~5 小时内突然发病死亡。

多数病例呈现综合征：病牛精神沉郁，可视黏膜潮红或发绀；食欲废绝，磨牙虚嚼，流涎，口腔有酸臭味；瘤胃胀满，瘤胃冲击式触诊有振水音，听诊蠕动音消失；粪便稀软或水样，具有酸臭味；脉搏增数，一般可达 100~140 次/分，呼吸加快，60~80 次/分，有时呼吸高度困难，体温正常或偏低，多为 36.5~38.5 ℃；机体脱水明显，皮肤干燥，眼窝凹陷，血液黏稠色暗，排尿减少或停止。有的病例精神兴奋，狂躁不安，盲目运动或做圆周运动。病至后期多卧地不起，角弓反张，眼球震颤，最后昏迷而死亡。实验室检查红细胞压积容量增高，血液乳酸含量增高，血浆二氧化碳结合力下降。瘤胃内容物和尿液 pH 明显下降，重症病例 pH 可降到 5.0 以下。

（三）防治

治疗：制止瘤胃内继续产酸可用 1%氯化钠液，或 1%碳酸酸氢钠液反复洗胃，直至瘤胃液呈碱性反应为止。解除酸中毒可静脉注射 5%碳酸氢钠液 1~2 升。脱水时，应及时补液，可用 5%糖盐水、复方氯化钠液、生理盐水或平衡液等，每日 6~10 升，分 2~3 次静脉注射。也可用 20%葡萄糖酸钙液 500 毫升、20%硫代硫酸钠溶液 100 毫升，静脉注射。心力衰竭时，应用强心剂，如 20%安钠咖液 10~20 毫升，静脉或肌内注射。降低颅内压，缓解神经症状，可用 20%甘露醇或 25%山梨醇 500~1 000 毫升，静脉注射。兴奋瘤胃运动机能，可用新斯的明 4~20 毫升或毛果芸香碱 40~60 毫克，皮下注射。对于严重的瘤胃酸中毒病牛，可行瘤胃切开术，直接取出瘤胃内容物。如能同时移入健康牛瘤胃内容物，则效果更好。

预防：主要是加强饲料管理，不要突然大量喂谷物精料，经常补饲青草、干草等，防止偷吃精料。

四、皱胃变位

皱胃变位是皱胃的自然位置发生改变的疾病。分左方变位和右方变位两种。左方变位是皱胃通过瘤胃下方移行到左侧腹腔，嵌留在瘤胃与左腹壁之间。右方变位又叫皱胃扭转，可进一步分为前方变位和后方变位，前方变位是皱胃向前方（逆时针）扭转，嵌留在网胃与膈肌之间，后方变位是皱胃向后方（顺时针）扭转，嵌留在肝脏与右腹壁之间。临床上以右方变位为多见。

（一）病因

1. 精料过多

精料过多，产生大量挥发性脂肪酸及乳酸，这些酸性物质后移进入真胃后，pH 下降，在酸性物质刺激下，真胃扩张，体积变大，胃壁变薄，造成移位。

2. 与分娩有关

干奶期，精料过多，使真胃总处于扩张状态，分娩前不会移位。分娩后，瘤胃空虚则真胃变位，常发现在分娩 2~3 天后就不吃食了，实际发生移位时间就在分娩那一刻。

3. 与糟粕饲料有关

做淀粉时泡玉米的水中加入 0.25%~0.30%的亚硫酸，所以淀粉渣中残存了大量的亚硫酸，亚硫酸在瘤胃内转化为硫酸，长期大量饲喂玉米渣，可引起真胃炎，真胃扩张可发生移位。

（二）症状

1. 皱胃左方变位

本病多发生于高产母牛，大多数发生地分娩之后，少数发生在产前 3 个月到分娩之前。病初呈现前胃弛缓症状，食欲减退，厌食精料，反刍和嗳气减少或停止，瘤胃蠕动音减弱或消失，有的呈现腹痛和瘤胃膨胀。排粪迟滞或腹泻。

随着病程的进展，呈现出本病的典型症状。左腹肋弓部膨大，在该区域内听诊可以听到与瘤胃蠕动不一致的皱胃蠕动音。如在左侧最后 3 个肋骨的上 1/3 处叩诊，同时用听诊器听诊，可听到明显的钢管音。冲击式触诊可听到液体振荡音。在左腹侧膨大部穿刺，穿刺液为酸性反应，穿刺液为酸性反应无纤毛虫，pH 为 2~3。直肠检查瘤胃背囊右移，瘤胃与左腹壁之间出现间隙，有时在瘤胃的左侧可摸到膨胀的皱胃，拨动皱胃可判断其粘连程度。

2. 皱胃右方变位

急性病例，突然发生腹痛，呻吟不安，后肢踢腹，背腰下沉或呈蹲伏姿势。心跳加快，100~120 次/分，体温偏低或正常。常拒食贪饮，瘤胃蠕动音消失，粪软色暗，乃至黑色，混有血液，有时腹泻。

右腹肋弓部膨大，冲击式触诊可听到液体振荡音，将听诊器放在右饥窝内，同时叩打最后两个肋骨，可听到明显的钢管音。直肠检查，在右侧腹部可摸到膨满而紧张的皱胃。严重病例，常伴发脱水、休克和碱中毒。轻者 10~14 天、重者 2~4 天即可引起死亡。

（三）治疗

一旦确诊，应尽快手术。滚转疗法对皱胃右方变位成功率极低，对左方变位如运用巧妙可以治愈。其方法是先使病牛采取左侧横卧姿势，然后再转成仰卧姿势（背部着地，四肢朝上），随着以背部为轴，先向左滚转 45 度，回到正中再向右滚转 45 度，再回到正中。如此反复左右摇晃约 3 分钟，突然停止，使病牛仍呈左侧横卧姿势，再转成俯卧式（胸部着地），最后使之站立，检查复位情况。如尚未复位，可重复进行。值得注意的是，在应用此法时，应事先让病牛饥饿数日，并限制饮水。瘤胃的体积变得越小，其成功率越高。

第七节　牛常见的产科疾病防治

产后疾病往往是由于产后饲养管理不善、病原体感染或接产不科学等原因导致繁殖母牛发生的产科疾病，如不进行及时治疗将对牛繁殖和生产造成一定影响。

一、早产与流产的防治

当牛的胚胎或胎儿与母体之间的孕育关系被破坏，使妊娠中断就会发生早产或流产现象，此病多发在母牛怀孕 6~9 个月。

（一）病因

造成早产和流产原因很多，如感染衣原体病、布鲁氏杆菌病、沙门氏菌病、蓝舌病等传染性疾病引起的早产和流产；寄生虫病引起的流产性早产和流产；营养物质（如硒）缺乏引起的早产和流产；母体内激素水平不足引起的早产和流产；饲养管理不当引起的早产和流产等。

（二）症状

早产和流产这种预兆及过程与正常分娩相似，怀孕母牛出现流产先兆，如阴门肿胀充血、黏液流出夹杂血液、乳房肿大甚至可以泌乳，部分妊娠母牛流产后表现努责、拱背、频繁排尿等。如排出呈水肿、气肿、色暗、坏死腐败有臭味胎儿时，一般是因子宫炎症引起的流产；因外伤导致胎儿流产，产道多数流出血液颜色新鲜，甚至排出活胎。一般早产的胎儿精心照顾部分可以存活。有时排出干尸样胎儿和浸润胎儿。胎儿干尸化和胎儿浸润是延期流产的表现形式。

（三）治疗

（1）有流产先兆时药物进行保胎。保胎常用的药物有黄体酮15~30毫克，肌内注射，或皮下注射1%硫酸阿托品5~10毫升，灌服中草药以安胎。

（2）防止流产不可能时，应及时助产（按难产处理方法），处理后的母牛要防止子宫炎症发生。

（3）对延期流产，用前列腺素（可同时使用己烯雌酚），促使颈口扩张，设法排出胎儿及胎儿骨片。大部分牛的胎儿干尸化，一次性注射雌激素后约24小时即可将干尸排出。然后用0.01%的高锰酸钾溶液冲洗，并注入抗生素。另外，宜采用适当的对症疗法。

（四）预防措施

（1）加强对怀孕母牛饲养管理。科学调配日粮是预防早产和流产特别是营养性早产和流产的主要措施之一。加强饲养管理，饲料中足量添加胡萝卜，适当添加精饲料和含硒微量元素添加剂，特别是冬春季抓好补饲工作，以增强孕牛体质，提高抗病能力。实行公母分群饲养，保证栏舍清洁卫生和通风良好。

（2）要严禁喂发霉、变质、冰冻或其他异常饲料，禁忌空腹饮水和饮冰渣水。

（3）在日常放牧管理中禁忌惊吓、急跑、跳沟等剧烈动作，特别是在出入圈门或补饲时，要防止相互挤压。

（4）抓好免疫措施的落实。因地制宜制定好免疫程序，提前注射如布鲁氏杆菌病疫苗等易导致流产疾病的疫苗。

（5）人工授精时，科学操作，严格消毒，防止感染产道疾病。

（6）及时治疗衣原体病、布鲁氏杆菌病、沙门氏菌病、寄生虫病等原发病。

二、阴道脱出的防治

阴道脱出是指阴道壁的一部分突出阴门外，或整个阴道翻出脱垂于阴门之外的总称。常见于妊娠后期、年老体弱、多胎、高产的母牛。

（一）病因

1. 激素水平的影响

怀孕后期，胎盘产生过多的雌激素，使骨盆内固定阴道的组织和韧带松弛，引起阴道脱出。

2. 腹腔压力过大

怀孕后期胎儿过大，胎水过多或怀双胎或多胎使腹内压增高。

3. 饲养管理不当

营养不良，体弱消瘦或年老经产，运动不足时，全身组织特别是盆腔内的支持组织张力减弱或降低，可引起本病。

4. 疾病因素

瘤胃臌胀、积食便秘、下痢，分娩瘫痪、产前截瘫，直肠脱出、阴道受到过分刺激，严重的软骨病卧地不起以及产后努责过强等，可继发阴道脱出。

5. 其他因素

如放牧回圈拥挤等外力作用所致。

（二）症状

阴道部分脱出时，使阴道壁的位置发生改变，形成皱襞从阴门中突出来。多发生于产前，在母牛卧地时，可见到有一鸡蛋或核桃大的粉红色瘤状物夹在两侧阴唇之中，或露出于阴门之外，站立时，脱出部分多能自行缩回。如病因未除，反复发生脱出，则脱出的阴道壁会逐渐增大，以致病畜起立后需经过较长时间才能缩回，脱出时间过久，黏膜出现充血、水肿、干燥，甚至出现龟裂，流出带血的液体。脱出的黏膜上常常粘有粪便、垫草和泥土。病畜常表现不安、拱背、努责，时做排尿姿势。如发炎和损伤严重，又发生在产前强烈持续的努责，可能引起直肠脱出、胎儿死亡和流产。

（三）治疗

1. 保守疗法

对站立后能自行恢复的阴道部分脱出，特别是快要生产的病例，治疗时首先是防止脱出的部分继续扩大和受到损伤，这种病畜分娩后多能自愈。对于病畜站起后不能自行缩回阴道脱出的情况，应及时整复，并加以固定。

2. 手术疗法

适用于阴道完全脱出和不能自行缩回的部分脱出。整复前对脱出的部分清洗消毒，切忌动作粗鲁引起损伤。对出现水肿淤血者，事先加以处理，如有破口须用肠线缝合。整复之后应加以固定。固定阴道的方法很多，常用的有圆枕缝合和袋口缝合法

2种。

3. 补中益气

对饲养管理不当造成营养不良、体弱消瘦或年老经产的母牛，灌服中成药补中益气散50~100克，每天1次，连用5~7天。

（四）预防

（1）加强妊娠期母牛的饲养管理。妊娠期母牛最好散养，适当增加运动量，供给营养全面的日粮。

（2）妊娠期母牛减少粗饲料的供给量，以母牛吃7~8成饱为标准，减轻腹压。

（3）适当控制饮水量，每天饮水2~3次，或自由饮水，减轻腹压。

（4）发现有阴道脱出情况，及时赶牛站立，让脱出的阴道自行恢复。

（5）及时治疗怀孕母牛的瘤胃臌胀、积食便秘、下痢、分娩瘫痪、产前截瘫、直肠脱出等原发病。

三、难产

对于每一难产病例，都必须详细了解病史，仔细检查产道、胎儿及母牛全身状态，确定难产的原因及性质，所以需要先进行检查，找出病因，提出助产的方法。

（一）产道检查

首先清洗和消毒母牛的外阴部及检查者的手臂，然后伸手入产道，检查产道、骨盆腔是否狭窄，子宫颈是否完全开张，产道是否干燥以及有无水肿和损伤等。

（二）胎儿检查

检查者宜将手伸入胎膜内检查，主要检查胎儿进入产道的程度、正生或倒生、胎势、胎向、胎位及胎儿的死活等情况。

1. 正生、倒生

胎头及两前肢对向产道为正生；反之，两后肢对向产道为倒生。一般分娩时多为正生，倒生极少，两者都是正常现象。

2. 胎势

正生时头及两肢或倒生时两后肢的姿势伸直进入产道的是正常胎势。如果产道的头颈或四肢弯曲的就是异常胎势。

3. 胎向

胎儿的背部对向母牛的背部为上胎向，是正常胎向。如果胎儿背部对向母牛的一侧或腹下，则叫做侧胎向或下胎向，都可造成难产。

4. 胎位

胎儿身体纵轴与母体纵轴一致的叫纵胎位，为正常胎位。近于横位或竖位时，分别叫做横胎位或竖胎位，都是造成难产的胎位。

5. 胎儿的死活

这对于选择助产方法有重要意义。在正生时可将手指伸入胎儿口内轻拉舌头，轻压眼球，或牵拉前肢，注意有无生理性活动。倒生时牵拉后肢，或将手伸入肛门，或触摸脐带血管，判定有无生理性活动。如果发现有某一项生理性活动存在，就可判定是活胎儿；当判定胎儿死亡时，必须确认生理性活动全部消失，才能下结论。

（三）全身检查

对难产母牛，除重点检查产道、胎儿外，还要检查母牛的精神状态、体温、脉搏、呼吸及结膜色彩以及阵缩、努责强弱等全身状态，注意有无并发症。

1. 阵缩及努责微弱引起的难产

分娩时子宫肌及腹肌收缩力弱和时间短，以致不能排出胎儿时叫做阵缩及努责微弱。

（1）病因：原发性的多由于母牛年老体弱、饲料不足或品质不良，缺乏运动等所引起。此外，子宫疝、胎水过多、双胎妊娠及子宫发育不全等，使子宫紧张性降低，也可发生本病。

（2）诊断要点：母牛已到分娩期，并且有分娩前的表现，但阵缩及努责弱而短，分娩时间延长而排不出胎儿，有时分娩现象很不明显。检查阴道时子宫颈完全开张，子宫颈黏液塞已软化，在子宫颈前即可摸到胎儿。继发性病例，是已出现正常分娩的阵缩及努责，但未排出胎儿，以后阵缩及努责变为微弱而出现难产。

（3）助产：原发性的病例，如果子宫颈完全开张，应按助产的一般方法，缓慢地拉出胎儿。如果欲促其自行排出胎儿，可用子宫收缩剂，肌内注射垂体后叶素或麦角注射液 8~10 毫升。必须注意，麦角制剂只限于子宫破裂。当子宫收缩剂无效，子宫颈开张不全，无法拉出胎时，应施行剖宫产术。

继发性病例，如果是发生在难产之后，即按难产的助产原则，除去原因和拉出胎儿。

2. 阵缩及努责过强引起的难产

该病是指子宫及腹肌收缩时间长，力量强，但间歇短的情况。

（1）病因：应用麦角类子宫收缩剂、乙酰胆碱分泌过多及破水过早等，可引起阵缩及努责过强。由于胎势、胎向及胎位不正，胎头过大或产道狭窄等也可引起此病。

（2）诊断要点：分娩时母牛努责强烈，有时过早排出胎水。胎儿无异常时可被迅速排出，但往往发生子宫脱。在胎势、胎向及胎位不正、胎儿过大或产道狭窄时，由于阵缩及努责过强，不仅胎儿易发生窒息，而且易造成子宫或阴道破裂。

（3）助产：为了减弱和制止阵缩及努责，简单的方法是缓慢牵遛 15 分钟左右，或用指端掐其背部皮肤，可收到暂的效果。母牛卧地时宜垫高后躯，必要时也可应用镇静剂，如口服白酒 800~1 000 毫升。阵缩和努责减弱或停止后，如果因胎儿异常或产道狭窄造成难产的，宜进行助产。

3. 阴门及阴道狭窄引起的难产

阴门或阴道的狭窄，都可妨碍胎儿正常娩出。

（1）病因：多半是由于初产母牛阵缩过早，产道组织浆液浸润不足所引起的阴门及阴道壁弹性不够。助产时在产道内操作过久，造成阴道壁高度水肿，也是阴道狭窄的原因。此外，阴道及阴门狭窄还可由于瘢痕收缩及肿瘤而引起。

（2）诊断要点

阴门狭窄：分娩时阴门扩张不大，在强烈努责时，胎儿唇部和蹄尖出现在阴门处而不能通过，外阴部被顶出，但在努责的间歇期外阴部又恢复原状。由于努责过强会引起会阴破裂。

阴道狭窄：阵缩及努责正常，但胎儿久不露出产道。阴道检查时可发现狭窄的部位及其原因，在其前部可摸到胎儿。

（3）助产

试行拉出胎儿：首先向阴门黏膜上涂布或向阴道内灌注滑润油或温肥皂液，然后应用产科绳缓慢牵拉胎头及前肢。此时助产者尽量用手扩张阴道，如果有肿瘤时，要用手将它推开。

切开狭窄部:如果试拉胎儿无效时,应切开阴道狭窄部的阴道黏膜,拉出胎儿后,立即缝合。对于阴门或阴道内的较大肿瘤,如果妨碍胎儿产出时,须切除或者施行截胎术。

4. 胎儿异常引起的难产

难产通常是由于胎儿或母畜异常造成胎儿和母畜产道不相适应,但常见的难产主要是胎儿本身异常所引起的。对这种难产的处置方法如下。

(1)推进胎儿:推进是为了更好地拉出。为了便于推进胎儿,必须向子宫内灌注多量的温肥皂液,然后用手或产科梃抵在胎儿的适当部位,趁母牛不努责时,用力推回胎儿。如果努责过强无法推回时,根据情况可行全身半麻醉后再做适当处理。

(2)矫正胎儿:一般情况下,主要是设法矫正胎儿异常部位。方法是在用手推进胎儿的同时,立即拉正异常部位,或者设法将产科绳套在胎儿的异常部位,在助产者推进胎儿的同时,由助手拉绳纠正它。

(3)拉出胎儿:当胎儿已呈正常姿势、胎向或胎位时,或者异常部位的程度较轻时,就可用手握住蹄部,必要时可用产科绳拴上,同时用手拉住胎头,随着母畜的努责把胎儿拉出来。对于因胎儿过大、双胎难产、胎儿发育异常及畸形胎的助产,除按上述方法进行相应的助产外,如仍不能达到目的,可考虑施行截胎术或剖宫产术。

四、胎衣不下

胎衣不下也称胎衣滞留,牛羊等家畜都可发生。母畜分娩后,经过 4~6 小时仍不排出胎衣,即为胎衣不下,在临床上发病率特别高,如果治疗不彻底,常常引起子宫炎症、发情异常,严重时导致母畜不孕,阻碍牛养殖业的发展。

(一)病因

1. 产后子宫收缩无力

怀孕期间饲料单一,营养不良,缺乏无机盐、微量元素和某些维生素;或是产双胎,胎儿过大及胎水过多,使子宫过度扩张;雌激素不足,导致子宫收缩无力。

2. 胎盘炎症

怀孕期间子宫受到感染发生隐性子宫内膜炎及胎盘炎,母子胎盘粘连。例如怀孕母牛感染布鲁氏杆菌或胎儿孤菌,缺乏维生素 A 等均可引起胎儿胎盘与母体胎盘粘连。

3. 流产和早产

早产、流产时胎盘未发育成熟，子宫上皮未发生变性，收缩力的减弱，继发胎衣不下。

4. 环境应激反应

外界环境干扰引起应激反应，抑制子宫正常收缩，导致胎衣不下。

母畜分娩后，受到惊吓或刺激等干扰产生应急反应，子宫颈口过早闭锁，无法使胎衣及时排出。

（二）症状

母畜产牛后，胎衣未在正常时间内排出，或部分胎衣露出阴门外；病畜会出现弓背、举尾和努责等现象。经1~2天，停滞的胎衣开始腐败分解，从阴道内排出污红色混有胎衣碎片的恶臭液体。病畜表现出体温升高、精神沉郁、食欲减退、泌乳减少等全身症状。

（三）治疗

治疗原则：促进子宫收缩，加速胎衣排出。

治疗方法：有药物疗法和手术剥离两类。

1. 药物治疗

处方1：皮下或肌内注射垂体后叶素20~40 IU。最好在产后8~12小时注射，如分娩超过24小时，则效果不佳，可隔2~4小时重复注射1次；

处方2：注射催产素20~50 IU；

处方3：苯甲酸雌二醇注射液1~3毫克肌内注射，每日或隔日1次；

处方4：10%葡萄糖酸钙100~150毫升，10%葡萄糖200~300毫升，维生素C 10毫升，一次静脉注射；

处方5：向子宫腔内投放四环素族、土霉素、磺胺类或其他广谱抗生素粉剂等药物，例如0.1%高锰酸钾、0.5%新洁尔灭或0.01%碘溶液，可起到防止腐败的作用，防止继发感染。隔日投药1次，共用2~3次；

处方6：益母生化散（中成药）60~100克，灌服，每天1次，连用7天；

处方7：青霉素2~3 IU、链霉素10~15毫克、鱼腥草10~20毫升肌内注射，每天2

次，连用3~4天。主要防止继发感染。

2. 手术剥离

捻转剥离胎衣。0.1%高锰酸钾液洗净外阴后，戴上长臂手套，手套外消毒并涂抹润滑剂，一手抓住外露胎衣，顺时针方向捻转几周后逆时针方向再捻转剥离胎衣，动作力度要适宜，不易剥离不要强行剥离。剥离胎衣应做到无菌操作，彻底剥净，在5~20分钟内剥完，动作要轻，不可粗暴，严禁损伤子宫内膜。对患急性子宫内膜炎和体温升高的病畜，不可进行剥离。

(四)预防

1. 加强饲养管理

增加母牛运动，注意饲料营养的合理搭配及矿物质的补充，特别是钙与磷的比例要适当。做好布鲁氏杆菌病、沙门氏菌、结核杆菌等的防治工作。

2. 科学助产

母牛分娩后，尽早让其舔干犊牛身上的液体；或事先准备一干净脸盆，待产时胎膜破裂后，将羊水接入盆内，加温到38 ℃左右，等母牛分娩后即让其饮用；按摩乳房，让犊牛吸吮乳汁也有助于子宫收缩促进胎衣排出。

3. 其他预防措施

饮益母草、当归水、红糖汤、温麸皮盐水等，也可预防胎衣不下。

五、子宫内膜炎

子宫内膜炎，是在母畜分娩时或产后由于微生物感染(链球菌、葡萄球菌、大肠杆菌等)所引起的子宫黏膜的炎症，为产后最常见的一种生殖器官疾病，是引起母畜不孕的主要原因之一。

(一)病因

常因难产、产道损伤、流产、阴道脱出、子宫脱出、胎衣不下等继发细菌感染引起。人工授精器械消毒不严，操作不规范；助产或剥离胎衣时，术者的手臂、器械消毒不严；胎衣不下腐败分解，恶露停滞；产房环境卫生差，临产母畜外阴、尾根部污染粪便而未彻底清洗消毒等均可引起本病的发生。引起子宫内膜炎的病原微生物很多，主要有大肠杆菌、链球菌、葡萄球菌、变形杆菌、棒状杆菌、嗜血杆菌、支原体等。

(二)症状

急性子宫内膜炎常常表现出全身症状,食欲减退,反刍减少或停止,精神沉郁,体温升高,轻度瘤胃臌气等。慢性化脓性子宫内膜炎,病畜经常由阴门流出脓性分泌物,特别是在发情时排出较多,阴道和子宫颈黏膜充血,发情周期紊乱或不发情。隐性子宫内膜炎无明显症状,发情周期和排卵均正常,但屡配不孕,或配种受孕后发生流产,发情时从阴道中流出较多的混浊黏液。患急性子宫内膜炎,病畜临床症状比较明显,不难做出诊断。患隐性子宫内膜炎呈慢性经过,病畜无明显症状,发情周期正常,但屡配不孕,可结合实验室诊断方法进行确诊。

(三)治疗

治疗原则:控制感染、消除炎症,促进子宫腔内病理分泌物的排出,增强机体抵抗力。治疗方式如下。

1. 冲洗子宫

如果子宫颈尚未开张,可肌内注射苯甲酸雌二醇注射液 1~3 毫克,促进子宫颈口开张;子宫颈口开张,肌内注射催产素 20~50 IU 或静脉注射 10%氯化钙液 50~100 毫升,促进子宫收缩,诱导子宫内分泌物排出后。用 0.1%高锰酸钾液、或 0.02%呋喃西林液等冲洗子宫后,灌注青霉素 360 万 IU,每日或隔日 1 次,连续 3~4 次;也可以用土霉素粉 1 克或四环素粉 1 克在子宫内投药,每日或隔日 1 次,直至排出的分泌物量变少而洁净清亮为止。

对于纤维蛋白性子宫内膜炎禁止冲洗,以防炎症扩散,而应向子宫腔内投入抗生素,且采取全身疗法。

2. 对于子宫蓄脓症的治疗

子宫积脓是子宫内蓄积脓汁并伴有持久黄体和不发情, 化脓性放线菌为引起本病的主要原因。治疗可用前列腺素及其类似物,如肌内注射氯前列醇钠(2 毫升:0.2 毫克)2 毫升,每天 1 次,连用 2~3 天。能获得良好效果。

3. 对于全身症状明显的病畜采取输液疗法

处方: 生理盐水 200~300 毫升、青霉素 240~400 万 IU、头孢噻呋钠 0.5~1.0 克,10%的葡萄糖溶液 200 毫升、维生素 C 10 毫升、地塞米松 5~10 毫升,一次静脉注射,每天 1次,连用 3~5 天。

（四）保健预防

1. 提高机体抵抗力

合理调配日粮，给予富含营养和维生素的全价饲料，适当运动。

2. 加强饲养管理

保持圈舍清洁卫生；严格人工授精技术操作规程，防止子宫感染；科学接产和助产；及时治疗产科疾病，对患有产道疾病，特别是子宫疾病的牛要及时治疗，未治愈前不宜配种。

六、乳腺炎的防治

乳房炎为乳房实质、间质或间质实质组织的炎症。临床型乳房炎乳产量明显下降，炎乳废弃，继而乳区化脓坏疽，失去泌乳能力，其经济损失严重。隐性乳房炎对生产影响如下。

（1）流行面广，为临床型乳房炎的 15~40 倍。

（2）乳产量降低 4%~10%。

（3）牛奶品质下降，乳糖、脂肪、乳钙减少；乳蛋白升高、变性；钠和氯增多。

（4）为临床型乳房炎发生的基础。为此，防治乳房炎的发生，已是当前奶牛场十分重要的一项工作。

（一）发病原因

1. 病原菌侵入引起乳腺炎

该病由金黄色葡萄球菌、大肠杆菌、链球菌等，支原体、真菌、霉菌等感染。隐性乳腺炎约90%是由链球菌和葡萄球菌引起的。

2. 环境管理因素引起乳腺炎

牛舍环境卫生不良、饲养管理失当、运动场泥泞不堪、乳房周围积垢太多、气温过高（36 ℃以上）或过低（–5 ℃以下）等均可引起该病。

3. 自身因素引起乳腺炎

激素失调、乳房缺陷和其他疾病诱发等均可引起本病的发生。处于泌乳盛期或乳产量过高的母畜体能量处于负平衡，老龄牛、多胎次牛相对发病率高。

4. 其他

乳腺组织受到机械性、化学性、物理性的刺激引起。

（二）症状

临床型乳房炎外观可见乳房、乳汁已发生明显异常。轻者乳汁稀薄，色呈灰白色，有絮状物，乳房疼痛不明显，乳产量、全身变化不大；重者乳区肿胀，皮肤变红，质地硬，疼痛明显，乳量剧减，色呈淡灰色，体温升高，乳上淋巴结肿胀如核桃大；极重者，食欲废绝，体温升高 41 ℃以上，稽留多日，心跳 100 次/分以上，泌乳停止，乳房坚硬如石，皮肤发紫、龟裂，疼痛，仅从乳房内挤出一两把黄水。隐性乳房炎又称亚临床型乳房炎，为无临床症状表现的一种乳房炎。其特征是乳房和乳汁无肉眼可见异常，然而乳汁在理化性质，细菌学上已发生变化。具体表现 pH 为 7.0 以上，呈偏碱性；乳内有奶块、絮状物、纤维；氯化钠含量在 0.14%以上，体细胞数在 50 万个/毫升以上，细菌数和电导值增高等。

（三）治疗

治疗原则：消除病因和病原，增强机体抵抗力。

治疗措施：临床上多数采取综合防治措施，有条件的要进行药敏试验，消灭病原，临床多用抗生素、磺胺类和呋喃类制剂治疗。

1. 对急性乳房炎的初期

前期进行冷敷，中后期改为热敷，每次 20 分钟，每天 1~2 次。

2. 对于慢性乳房炎，应用抗生素治疗

方剂 1：青霉素每千克体重 2 万~3 万 IU，链霉素 10~15 毫克，鱼金注射液 20 毫升肌内注射，每天 2 次，连用 5~7 天。

方剂 2：头孢噻呋钠 0.5~1.0 克，双丁注射液 10~20 毫升，乳房注入，每天 2 次，连用5~7 天。

方剂 3：公英散（中成药）100 克，每天 1 次灌服，连用 5~7 天。

方剂 4：对高烧不退、食欲减少、全身症状明显的病畜，要采取输液疗法，处方为10%葡萄糖 200 毫升、生理盐水 200 毫升、青霉素 160 万~320 万 IU，头孢噻呋钠 0.5~1.0克，维生素 C 10 毫升一次静脉注射，每天 1 次，连用 3~5 天。也可一次性静脉注射100毫升葡萄糖酸钙（10%），促进炎性产物吸收。

方剂 5:静脉注射长效磺胺或四环素等消炎药。

方剂 6:用 6%的硫酸镁溶液清洗乳房,每天 2 次,连用 3~5 天。

(四)预防措施

加强母畜饲养管理,提高母畜抗病力,减少乳腺炎的发生;加强环境消毒工作和乳房卫生,防止病原微生物侵入机体;加强对隐性乳腺炎的防治,具体措施是在干奶前最后一次挤奶后,向乳房内注入适量抗菌药物,可预防乳腺炎的发生。一般将青霉素 320 万 IU、链霉素 100 万 IU 溶于 40~50 毫升生理盐水中,注入乳池内,或土霉素眼药膏 1 支,分别注入 4 个乳头管内,进行封闭。

乳腺炎有很多病例由于患其他疾病继发,在临床上一定要注意原发病的治疗。乳腺炎发生后,除药物治疗外,还要注意增加挤乳次数,以降低乳房内压和减轻乳腺负担,限制饲喂精料、多汁饲料和饮水,以减少乳汁分泌等措施。做好传染病的防疫检疫工作,如有乳腺炎征兆时,除采取治疗措施外,还应根据情况隔离病畜。

七、子宫套叠及脱出

子宫的一部分或全部翻转,脱出于阴道内或阴道外,叫做子宫脱。根据脱出程度可分为子宫套叠及完全脱出两种。通常发生于产后数小时内。

(一)病因

孕牛饲养不良、运动不足、瘦弱、经产老龄母牛,以及胎儿过大、胎儿过多等,或由于子宫弛缓,均可发生本病;助产时产道干燥而迅速拉出胎儿,或胎衣不下时胎衣上坠以重物或强拉胎衣,或子宫弛缓时努责过强,都易发生本病。

(二)症状

子宫套叠时,从外表不易发现。母牛产后不安,努责、举尾、有轻度腹痛现象。检查阴道可发现子宫角套叠于子宫腔、子宫颈或阴道内。子宫套叠不能复原时,易发生浆膜粘连和顽固性子宫内膜炎,引起不孕。

完全脱出时,从阴门脱出椭圆形的袋状物,往往下垂到跗关节上方,其末端有时分两支,有大小两个陷凹。脱出的子宫表面有鲜红色乃至紫红色的散在的母体胎盘。时间较久,脱出的子宫易发生淤血和水肿,受损伤及感染时可继发大出血和败血症。

（三）治疗

1. 子宫套叠：必须立即整复

术者手臂消毒涂油后，伸入阴道及子宫内，轻轻向前推压套叠部分，必要时将并拢的手指伸入套叠部的陷凹内，左右摇动向前推进，常可使其复原。有时用生理盐水灌注子宫，借水的压力可使子宫角复原，但灌进的液体应及时排出。

2. 完全脱出

病牛不能站立时宜垫高后躯，用0.1%高锰酸钾液洗净脱出子宫，并用2%明矾水洗涤和浸泡，然后涂上碘甘油。子宫黏膜有创口时，应缝合。

整复时由助手用大毛巾或塑料布将子宫托至与阴门同高。术者用纱布包住拳头，顶住子宫角的末端，趁母牛不努责时，小心向阴道内推送。也可从子宫角基部开始，用两手从阴门两侧一部分一部分地向阴道内推送，在换手时，助手应压住已推入的部分。当子宫已送入阴道后，必须用手将它推到腹腔，使之复位。如果母牛努责强烈影响整复时，须全身半麻醉或中等麻醉。整复后向子宫内投入抗生素，必要时肌内注射促进子宫收缩的药物，如麦角新碱或垂体后叶素等。整复后将母牛系于前低后高的地面上，注意看护。如母牛仍有努责，为了防止重新脱出，可在阴门上角至中部做一个圆枕缝合，2~3天母牛停止努责时便可拆线。

3. 脱出子宫截除术

脱出子宫发生破裂、大面积损伤或发生坏死时，为了挽救母牛生命，可施行子宫截除术。

八、子宫复旧不全

分娩后，子宫恢复至未孕状态的时间延长，即为子宫复旧不全或子宫弛缓。

（一）病因

凡能引起阵缩微弱的各种原因，均导致子宫复旧弛缓，如年老、体弱、肥胖、运动不足，胎儿过大，胎水过多，多胎怀孕，难产时间过长等。胎衣不下及产后子宫内膜炎常继发本病。

（二）症状

产后恶露排出时间延长，常继发慢性子宫内膜炎。因此，产后第一次发情的时间也延长。开始发情时,配种不易受孕。病牛全身状况一般无异常,有时体温略升高,精神不振,食欲及奶量稍减。阴道检查可见子宫颈弛缓、开张。有的在产后 7 天仍能伸入整个手掌,产后 14 天还能通过 1~2 指。直肠检查,子宫体积较产后期的要大,下垂,壁厚而软,收缩反应微弱;若子宫腔内潴留有大量液体,触诊有波动感;有的还可摸到未完全萎缩的母体子叶。

(三)治疗

应增强子宫收缩,促使恶露排出,防止发生慢性子宫内膜炎。可肌内注射垂体后叶素、雌激素、麦角制剂等。用 40~42 ℃的 10%盐水(或其他温防腐液)冲洗子宫收缩。冲洗液量应根据子宫大小来确定,不可过多。反复冲洗 2~3 次后,导出冲洗液后灌入抗生素。

九、卵巢囊肿

卵巢囊肿可分为卵泡囊肿和黄体囊肿。

(一)病因

确切原因尚不完全清楚。目前认为,卵巢囊肿可能与内分泌机能失调、促黄体素分泌不足、排卵机能受到破坏有关。

(二)症状

卵泡囊肿时,病牛一向发情不正常,发情周期变短,而发情期延长,或者出现持续而强烈的发情现象,成为慕雄狂。母牛极度不安,大声哞叫,食欲减退,频繁排粪排尿,经常追逐或爬跨其他母牛。病牛性情凶恶,有时攻击人畜。直肠检查时,通常可发现卵巢增大,在卵巢上有 1 个或 2 个以上的大囊肿,略带波动。黄体囊肿时主要表现是母牛不发情;直肠检查时,卵巢体积增大,可摸到带有波动的囊肿。为了鉴别诊断,可间隔一定时间进行复查,如超过一个发情期没有变化,母牛仍不发情,可以确诊。

(三)治疗

近年来多采用激素疗法治疗囊肿,效果良好。

1. 促性腺激素释放激素类似物

奶牛每次肌内注射 400~600 微克,每日 1次,可连续 1~4 次,但总量不得超过 3 000 微克。一般在用药后 15~20 天内,囊肿逐渐消失而恢复正常发情排卵。

2. 垂体促黄体素

无论卵泡囊肿或黄体囊肿，牛一次肌内注射 200~400 IU，一般 3~6 天囊肿症状消失，形成黄体、15~20 天恢复正常发情。如用药 1 周后未见好转，可第二次用药，剂量比第一次稍增大。

3. 绒毛膜促性腺激素

具有促使黄体形成的作用。牛静脉注射 2 500~3 000 IU 或肌内注射 5 000~10 000 IU。

十、奶牛酮病

奶牛酮病，多发生于产犊第一个月泌乳月内，又称奶牛醋酮血病、酮血症、酮尿病，是奶牛产后因碳水化合物及挥发性脂肪酸代谢障碍所引起的疾病，以高产奶牛多发。

（一）病因

大量泌乳，消耗大量乳糖，导致体内糖异生产生的葡萄糖供给不足，容易发生本病。此外，饲喂饲料品质，低劣单一或者高蛋白、高能量的日粮，抑或日粮组合含有生酮物质（丁酸）等均可以引发此病。

（二）症状

消化型：顽固性消化障碍，迅速消瘦，体重减轻，粪便稍干、量少，尿量减少，呈淡黄色，易形成泡沫，病牛的呼出气、乳汁、尿液中有特殊的丙酮气味。

神经型：除呈现消化型症状外，还可见不同程度的神经症状，初期兴奋，眼球震颤，号叫，跳槽，全身肌肉颤抖不久转为抑郁阶段，低头耳耷，眼睑闭合，嗜睡。

瘫痪型：瘫痪型酮病许多症候与产后生产瘫痪相似外，其特点表现为脊椎骨呈现“S”形弯曲，食欲减退或拒食，产奶量严重下降。体重减少。

（三）治疗

（1）平衡日粮，不同阶段的牛分阶段饲养，每天要保持足够的运动量，定期补钙补糖。

（2）治疗的主要措施就是补糖，如葡萄糖、激素、生糖先质等，可以用激素或胰岛素缓解机体酸中毒症状。

十一、母牛妊娠毒血症

母牛妊娠毒血症又称肥胖母牛综合征、奶牛脂肪肝病。本病是由于干奶期母牛采食过多精料造成过度肥胖的代谢性疾病。

(一)病因

干奶期母牛日粮中精料、糟粕类饲料比例过大,饲喂量也过多;饲料品种单一,粗饲料缺乏,日粮以加喂精料来补充粗饲料的不足;日粮未按不同生理阶段进行调整,干奶期母牛群与泌乳期母牛群合群饲养。

(二)症状

急性常随分娩而发病,食欲废绝,少乳或无乳,可视黏膜发绀、黄染,体温初升高39.5~40.0 ℃,目光呆滞,对外界反应不敏感,常伴有胃肠症状,粪便呈黄色具恶臭味,对药物无反应,于2~3天死亡或卧地不起。亚急性多于分娩后3天发病,主要表现为酮病,病牛食欲降低或废绝,乳产量骤减,粪便量少干硬,消瘦,伴乳房炎,乳汁稀薄呈黄色汤样或脓样,胎衣不下,子宫弛缓,产道内蓄积大量褐色腐臭恶露,药物治疗无效,卧地不起,常呻吟磨牙,抬头望天或颈肌抽搐。

(三)防治

饲养稳定,避免突然变更;干乳牛应限制精料量,增加干草喂量,混合料每天3~4千克,青贮料15千克,干草自由采食;分群管理,根据不同生理阶段,随时调整营养比例,为避免进食精料过多,可将干乳牛与泌乳牛分开饲喂;为增加母牛全身张力,加强牛体抗病力,减少产后胎衣不下,子宫弛缓的发生,干奶期每天应有1.0~1.5小时运动;建立酮体监测制度,定期补糖、补钙,对年老、高产、食欲不振和有酮病史的母牛,于产前1周静脉注射20%葡萄糖液和葡萄糖酸钙各500毫升,共补1~3次;对围产期母牛加强监护工作,对妊娠母牛,在分娩前1个月和分娩后1个月,每日在饲料中混加蛋氨酸30~50克、氯化胆碱20~30克,对预防本病有一定效果。及时配种不漏掉发情牛。提高受胎率,防止奶牛干乳期过长而致肥。药物治疗目的是抑制脂肪分解,减少脂肪酸在肝中的积存,加速脂肪的利用,防止并发酮病,其原则是解毒、保肝、补糖。

(1)抗脂肪肝形成,降低血脂。25%木糖醇注射液、蛋氨酸制剂、10%~40%葡萄糖液,混合静脉注射,每日1次,连用3~5天为一疗程。

(2)补充糖原,保肝解毒。多用50%葡萄糖液500~1 000毫升,静脉注射,连用5~7

天，再用25%木糖醇注射液500~1 000毫升，静脉注射，每日2次，连用5天以上。

（3）为防止继发感染，可使用广谱抗生素金霉素或四环素200~250万IU，1次静脉注射，每天2次。

（4）防止代谢酸中毒症，用5%碳酸氢钠500~1 000毫升，1次静脉注射。

十二、奶牛产后血红蛋白尿

（一）病因

奶牛产后血红蛋白尿是缺磷等因素所致的以急性血管内溶血，排除血红蛋白尿，多伴有一定程度的贫血等为特征的高产奶牛代谢病，由于该病发病急，病势发展迅速，治疗不及时或错误诊治，患牛通常在2~3天死亡。

（二）症状

红尿为主要特征，初期食欲降低，反刍减弱，走路蹒跚，周身乏力，排尿逐渐由淡粉色、红色、紫红色，直至变为酱油色，病程可达1~2周，如能及时确诊治疗，均可治愈。

（三）防治

尽快补磷，以提高血磷水平，可以静脉注射20%磷酸二氢钠溶液或者3%磷酸钙溶液，同时注射碳酸氢钠、葡萄糖、复方氯化钠、氢化可的松等对症治疗。

第八节　牛常见的其他疾病

一、感冒

（一）病因

病因主要由于天气突然变化，寒冷季节贼风侵袭，早春及秋末受到冷雨浇淋及牛舍原因营养不良而使牛抵抗力下降而致病。

（二）症状

体温升高至40 ℃，食欲减少直至废绝，精神沉郁，呆滞、耳尖发冷也有发热，眼结膜充血、潮红，呼吸心跳频率加快，伴有咳嗽，病情严重时，患体皮温不均匀、寒战、反刍停止，常表现前胃弛缓症状，鼻腔内流出清水鼻涕。

（三）防治

解热镇痛预防继发感染为原则，可用以下处方：

（1）30%安乃近或复方氨基比林40毫升，每日2次。

（2）复方氨基比林40毫升，青霉素80万IU×10支，混合肌内注射，每日2次。

（3）5%糖盐水1 000~1 500毫升，10%安纳加30毫升，维生素C注射液40~50毫升，静脉注射。

柴胡注射液或柴胡注射液普鲁卡因青霉素80万IU/瓶×8瓶，混合肌内注射，每日2次。

二、支气管炎

（一）病因

（1）由于非特异性细菌在患体抵抗力下降时，细菌乘虚繁殖，且毒力加强，使患体上呼吸道发生病变。

（2）也有患体由于贼风侵袭，冷雨浇淋感冒而伴发该病。

（二）症状

一般气管炎以慢性经过，但无明显症状，当运动后及呼吸寒冷空气时症状加剧，咳嗽会变为频繁并出现支气管啰音，此时体温也升高、心跳加快。呼吸困难为支气管炎并发肺炎而致支气管肺炎时，肺部听诊有干啰音或湿啰音，重者为捻发音体温维持在40~41 ℃。

（三）防治

（1）秋末冬初做好保暖工作，防止贼风侵袭，一般以关闭牛舍门窗，也有用彩条布防风，加厚垫草。

（2）牛体清洁，牛床干燥。

（3）预防冰冻饲料。

（4）药物治疗一般以抗生素及磺胺类药。

（5）可用如下处方治疗：青霉素80万IU/瓶×10+链霉素1克×10支混合肌内注射，每日2次；青霉素80万IU/瓶×10+卡那霉素1克×10支混合肌内注射，每日2次；一般症状消失时，继续巩固治疗2~3天；适当可强心补液时加入抗生素一起静脉注射。

三、支气管肺炎

（一）病因

饲养管理不当，营养不良，抵抗力下降，受寒感冒，牛舍及周边环境差及吸入有刺激性气体、灰尘等致使葡萄球菌、肺炎球菌等病原体繁殖而致病。

气管炎、咽喉炎影响吞咽动作，也有其他疾病伴发该病，如胃肠炎、子宫炎、放线菌病、肺丝虫病。

（二）症状

发病突然，体温升高 1~2 ℃，精神沉郁、呆滞，食欲减少，甚至废绝，呼吸浅快，鼻腔内流出清水样鼻涕，频咳嗽，听诊病灶区，呼吸音增加，并可听到支气管啰音。血液检查，嗜中性粒细胞增多，并有核左移现象。

（三）治疗

加强护理，调整饲料配方，加强营养以增强其抵抗力。处方治疗为青霉素 80 万IU/瓶×10+链霉素 1 克×10 支混合肌内注射，每日 2 次；5%葡萄糖盐水 1 000~1 500 毫升+青霉素钾 80 万 IU/瓶×15+庆大霉素 2 毫升×10 支静脉注射，每日 2 次；5%葡萄糖盐水 1 000~1 500 毫升+青霉素钾 80 万 IU/瓶×10+卡那霉素 1 克×10 支静脉注射，每日 2 次；氢化可的松 20 毫升×8 支混合静脉注射，每日 2 次。

四、创伤性心包炎

（一）病因

病因主要是误食混在饲料中的各种尖锐异物，如铁钉、铁丝、硬扫帚丝、缝针，推向网胃，穿破膈膜，引发此病。

（二）症状

该病一定有一段消化管道扰乱及腹压增加的病史。病初以创伤性网胃炎经过，体温升高至 40 ℃，奶产量急剧下降，患牛表现为沉郁、废食，心率加快在 100 次/分以上，心音为摩擦音 1~2 天，后期转为拍水音，随病情加重，心音由拍水音所掩盖；两侧颈静脉努张明显，在下颌、前胸部出现水肿，且肿大明显，肘肌外展有颤抖，牛体进行性消瘦。心包穿刺有乳白色或乳黄色或棕褐色浑浊异臭液体，常因心包液絮状物阻塞而停止流出。

（三）防治

（1）预防创伤性网胃炎的发生，一旦发生应作取出异物，可用磁铁吸出，也可用磁铁从口腔内灌服，也可用瘤胃切开手术，用手探查瘤胃、网胃，将尖锐异物而取出。

（2）手术疗法：先做患体全身麻醉，一般使用静松灵。在剑状软骨与左侧肋弓之间三角区将腹腔切开，再将第7、第8胸骨端切除，通过胸膜后组织用手伸进胸膜下部切开胸腔，切开心包取出异物，对心包腔进行药物冲洗并导流最后缝合。

（3）手术进行过程需预防气胸。

五、真胃左侧移位

（一）病因

真胃左侧移位是指真胃从瓣胃后面由右侧经过腹底移至左侧胁部置于瘤胃与腹壁之间。多发生于分娩后新产牛，有时重胎牛也可发病。

（二）症状

患畜发病后食欲、反刍、蠕动音明显减退，拒食精料，只吃一些干草、粗料，大便干结，有时也腹泄，精神沉郁，日渐消瘦，被毛粗糙，无光泽，产奶量逐渐减少至正常1/4，左侧腹壁处叩诊发出特有金属钢管音“叮叮咚”或用膝盖骨顶住腹壁往上抬，听诊也可听到“叮叮咚”响声，一般患畜体温、心率、呼吸均正常。

（三）防治

消除真胃中气体，健胃，补液，增加真胃活动。有保守疗法和手术疗法两种治疗方法。

1. 保守疗法

外方：大黄酊100毫升、橙皮酊80毫升、龙胆酊80毫升、松节油50毫升、消气灵10毫升×2瓶，一次口服，3次/天，连用两天，并静脉注射50%糖水500毫升×1瓶、20%糖钙500毫升×1瓶、5%糖盐水500毫升×1瓶+维生素C10%×5支、维生素B_1 20毫升×10支、10%安钠咖10毫升×5支，一次静脉量连用两天，并肌内注射甲基新斯的明2毫升×10支，可起到良好效果。在饲喂过程中以后控制精料量，但复发较多。

2. 手术方法

目前有三种方法，即左右腹壁切开法、左侧腹壁切开法和右侧倒卧腹壁切开术。

（1）肌内注射5%静松灵5~8毫升，患畜倒地采用左侧卧保定，牛头抬高一些（术前禁用油类泻剂），手术区域在最后中肋骨下方10厘米处，并前后延伸10厘米区域做常规剃毛。5%碘皮肤消毒，2%普鲁卡因200毫升做菱形浸润麻醉，待5分钟后患畜口流唾液或眼睑反应不敏感时方可手术。

（2）一般使用4号刀柄20号钝圆刀片，切开皮肤约20厘米，依次切开腹外斜肌、腹内斜肌、腹直肌，一般小血管出血用止血钳止血或纱布压迫止备。待腹膜露出时，用止血钳轻轻夹住，腹膜往上提一些，再用手术剪刀剪开腹膜，左手一指垫上后全部切开腹膜约15厘米，露出大网膜。

（3）术者沿右侧腹壁用消毒过手轻轻伸入穿越腹中线后到达左侧，触摸到真胃后缓慢拉回至右侧，为防止真胃以后再移位，穿好两根18号白丝线在真胃上方大网膜大弯处固定两针。注意避让大网膜内肠子，针距在5~6厘米穿透腹膜，在真胃解剖位置上慢慢拉紧丝线，使真胃与腹壁相贴住，丝细固定在腹外斜肌上。

（4）用生理盐水冲洗创口处，并放入适量抗生素。

（5）用3号羊肠线缝合腹膜（一般连续缝合），再做结节缝合各层肌肉，层层用生理盐水冲洗创口，并放上适量抗生素，最后用三棱直针（18#）、白丝线结节缝合皮肤，针距在1厘米左右。

（6）外涂5%碘酊于缝针处，涂上胶棉液，覆上一层纱布。

（7）术后连用3天抗生素，若有脱水现象，应补液补钾，一般加强护理2天后，食欲恢复正常，奶产量一周后可复原，2周后可拆线，拆线后暂停放牛，待创口肿势消退后即痊愈。

六、真胃扭转

（一）病因

真胃扭转（真胃右侧移位）指真胃仍处于腹底正中线偏右方向，但改变了前后位置，造成向后方扭转（顺时针扭转）或向前方扭转（逆时针扭转）。

（二）症状

发病急，食废绝，心率加快，眼下凹，伴有脱水，真胃转到瓣胃的上方，呈现气囊，右侧气囊处叩诊发出特有金属钢管音，奶产量骤减，甚至无，病情短，可在48小时内发生死亡。

（三）防治

矫正真胃位置，排出气体或积液，处方为轻者可口服消气灵10毫升×2瓶，松节油50毫升，液状石蜡500毫升×2瓶，驱赶牛在放牧场内后一般可自行调整真胃位置。重者可手术，部位与左侧移位一样在最后切开腹膜后，术者左手托住真胃，用带有6~9号针头，刺入真胃放气排液，慢慢纠正真胃扭转方向，促使真胃中气体和内容物进入十二指肠，然后再固定真胃于解剖位置上，再层层缝合，层层用生理盐水冲洗，并放上适量抗生素，术后一定要加强护理，控制精料喂量，并适量补液和补钾，恢复较快，拆线一般在2周后愈合良好。

七、犊牛下痢

（一）病因

犊牛下痢一般可分为消化不良、细菌性下痢和病毒性腹泻。

（二）症状

1. 消化不良

犊牛消化不良，主要是犊牛体质虚弱，初乳温度偏低或量过多，使犊牛不能完全消化，导致排粪次数增加，粪便呈淡黄色或灰白色，最后水样或糊状，带有酸臭味，有的粪便中带血，有轻微腹痛，犊牛表现消瘦，被毛粗乱，无光泽。

2. 细菌性下痢

呈急性型，体温上升，厌食，腹泻剧烈，脱水严重。病犊迅速衰竭，呈败血症倒地死亡。少数病例粪便量少面黏稠，病犊里急后重，频频努责，以至肛门脱出，周围黏结粪便块，极度消瘦。皮肤失去弹性，体表感觉冰冷。慢性型可继发慢性肺炎、关节炎、脐带炎等。

3. 轮状病毒性下痢

突然发病，有传染，2~3天内多数犊牛相继发病，粪便淡黄色水样含有气泡及血丝。有的病犊流黏液性鼻涕，咳嗽，初期有体温升高，3~7天多数可恢复。

（三）防治

以消炎、抗菌、补液，解除酸中毒为原则，处方可用碳片5克，食母生（干酵母）5

克,磺胺噻唑 8 克,小苏打 5 克,一次口服,每日 3 次,连服 3 天。抗生素可使用庆大霉素、复方磺胺甲恶唑等,严重病例静脉注射生理盐水 500 毫升×1 瓶、10%安钠咖 100毫升×1 支、0.5 克氨化钾 10 毫升×11 支、碳酸氢钠 50 毫升,为 1 次量。本病关键在于犊牛喂奶定时、定量、定温,犊牛舍通风、干燥、清洁,每天消毒,增加运动,发生传染性下痢应及时采取隔离、消毒。

八、腹泻

(一)病因

腹泻分为消化不良、细菌性腹泻和病毒性腹泻。

(二)症状

1. 消化不良

由于食到霉变饲料或饲料中带有不洁泥土、脏物,使奶牛肠胃功能发生紊乱,消化吸收受阻,粪便变稀、臭,体温一般正常,食欲减退,奶产量下降。

2. 细菌性腹泻

体质差或高产、新产、老年,受到不良环境影响细菌侵入肠道,发生腹泻,体温升高,精神差,有腹痛感。粪便恶臭或水样,奶产量减少,恢复较慢。严重时细菌侵入乳房或血液,可呈现败血症,抢救不及时可发生心力衰竭而死亡。

3. 病毒性腹泻

发病时,精神沉郁,废食,体温高,口流涎,鼻流出浆液性液体,咳嗽,呼吸急促,心率加快,粪便呈水样,逐渐稠厚,恶臭,并混有大量黏液和气泡,奶产量无,重胎牛可早产或流产,持续时间较长。

(三)防治

抗菌、消炎、补液、解除酸中毒为原则,处方为一般性腹泻碳片 40 克,次碳酸铋 40 克,食母生(干酵母)40 克,磺胺脒(70 克首次量),碳酸氢钠 40 克,为 1 次量,每日 2 次,连用 2 天。

病例严重,出现脱水现象时,肌内注射 10%黄连素 10 毫升×5 支,静脉注射复方氯化钠500 毫升×4 瓶,0.9%生理盐水 500 毫升×2 瓶,10%安钠咖 10 毫升×5 支,10%氯化钾 10 毫升×7 支,10% 维生素 C×5 支,1 日 2 次。抗生素可用庆大霉素、卡那霉素、诺氟沙星等。发生本病主要加强员工责任性，饲喂细心、耐心，牛舍干燥、通风，定期消毒。

九、前胃弛缓

（一）病因

前胃弛缓是由于前胃神经的兴奋性降低，收缩力减弱，使饲料在前胃中的消化功能发生障碍，产生腐败和发酵，并伴有全身机能紊乱的一种疾病。

（二）症状

1. 急性前胃弛缓

食欲废绝，反刍停止，嗳气停止，瘤胃蠕动音弱、短，甚至无。左侧瘤胃三角处平坦，触诊瘤胃内容物充满，呈生面团样或粥状。大便干、黑，患畜奶产量下降，一般体温、呼吸、心率值正常。若伴发酸中毒，则病情急剧恶化，精神沉郁，眼球凹陷，严重出现脱水现象。

2. 慢性前胃弛缓

多为其他疾病继发或由急性转变。患畜食欲时好时坏，反刍无规律，嗳气减少，瘤胃蠕动音减弱，次数减少甚至无。大便出现便秘或下痢，有时相互交替，奶产量逐渐减少，患畜日渐消瘦，皮肤干燥，无弹性，病情较重者，出现眼球下陷、脱水等，抢救不及时，导致心力衰竭而死亡。

（三）防治

原则：促进瘤胃蠕动，制止内容物发酵，改善瘤胃内环境，防止患畜脱水和酸中毒，处方为肌内或皮下注射甲基新斯的明 2 毫升×10 支，口服液状石蜡 500 毫升×2 瓶或人工盐 300~500 克，加食母生（干酵母）40 克，为 1 次量，1 日 2 次，基本康复。严重病例若出现脱水等，须补液强心。一般静脉注射5%糖盐水 500 毫升×5 瓶（或加 500 毫升×2 瓶复方氯化钠，减少 2 瓶糖盐水）、10%安钠咖 10 毫升×5 支、100 毫克维生素 B_1 2 毫升×10 支、10% 维生素 C 10 毫升×5 支，有酸中毒现象另加 5%小苏打液 500 毫升×2 瓶，1 天 2 次，3 天为 1 个疗程。对于继发性前胃弛缓，首先积极治疗原发病，其次加强患畜的饲喂和护理，有利于机体康复。

十、瘤胃臌气

（一）病因

瘤胃臌气又名瘤胃气胀。主要是由于采食了大量易发酵饲料后，在瘤胃内产生大量气体，导致瘤胃急剧臌大的一种急性疾病。临床上以左肷部突出，腹部明显增大，呼吸困难，反刍、嗳气停止为特征。

（二）症状

患畜大多采食后马上发病，最明显特占是左肷、腹部臌胀，尤以左肷部高突，甚至可高出脊背。触诊瘤胃壁坚张而有弹性，听诊有鼓音。患畜站立不安，时有回头张望，有腹痛感，呼吸困难，头颈伸直，张口伸舌，口中可流出泡沫唾液，呼吸心率增快，体温正常，严重病例后期出现精神沉郁，站立不稳，最后卧地不起，终因窒息而死亡。

（三）防治

以排除瘤胃内气体，制止瘤胃内容物发酵，改善瘤胃内环境及增强其收缩力为原则。

急性瘤胃臌气：在瘤胃三角处经常规消毒，用穿刺针放气，待放气到一定程度（约放掉 3/4 时），在穿刺处向瘤胃内注射消气灵 10 毫升×2 瓶加 20 毫升蒸馏水混合或配以鱼石脂 20 克、松节油 30 毫升、消气灵 10 毫升×2 瓶，加适量水一次口服，1 日 2 次，疗效尚可。或服用油类或盐类泻剂均可。

慢性瘤胃臌气或常发本病患畜：除加强饲喂同时，发病时，在牛舌面放一把人工盐（约 50 克），再用一根木棒或一段稻草强制固定于牛口腔中，让患畜不断舔，增加嗳气排出。

十一、创伤性网胃炎

（一）病因

创伤性网胃炎指误入金属异物后，金属异物进入网胃造成其创伤并伴有急性或慢性腹膜炎症。患畜日渐消瘦，精神低迷，被毛粗乱，无光泽。

（二）症状

本病发生与奶牛大口吞咽饲料习性和网胃的解剖生理特征相关。一旦金属异物穿透网胃壁，造成创伤时，患畜表现为站立不安，体温上升，食欲减少，后期反刍停止，大便量少,干带黑(片状隐血)伸颈、低头拱背,有痛感,四肢常曲于腹下,不愿行走或很少走动、缓慢小心,病情一长,患畜消瘦、贫血,被毛粗糙、失去光泽,产奶量下降,失去生产价值。

(三)防治

取出网胃内金属异物,抗菌消炎,防止腹膜炎发生为原则。固定牛头,用开口器打开牛嘴巴,使用牛胃强力取铁器,使导管慢慢从口空中插入食管再延伸至网胃中吸取金属异物(使用时需两人),并投放磁棒一块,再每天二次肌注普鲁卡因青霉素400万IU×2瓶,链霉素1克×8瓶,连续一周,有一定疗效。本病发生关键在于预防,特别在牛舍、饲料堆放处控制使用铁钉、铁丝等金属物。对于青年牛每年吸铁一次并投放磁铁一块,也是预防措施之一。

十二、瓣胃阻塞

(一)病因

它是反刍动物一种严重前胃运动机能障碍性疾病,特别是瓣胃自身的收缩机能减弱,使内容物不能排除而积聚于瓣胃中(也有干草中塑料片、膜积于其中),使内容物的水分被吸收而变干,致瓣胃肌肉麻痹,导致第3胃(以下简称3胃)发生阻塞。

(二)症状

病初有前胃弛缓症状,当3胃发生阻塞后,其蠕动音先弱后消失,患畜表现为精神沉郁。食欲减少或停止,有时空口咀嚼和磨牙齿,鼻镜干燥、脱水、体温略低,呼吸心率增快,尿少而黄,后期无尿,大便无或只有排粪便动作,常呈左侧横卧,头向右侧观腹,四肢伸直有努责和疼痛表现。

(三)防治

软化3胃中内容物,及时排空,保证畅通。

病初静脉注射糖盐水500毫升×6瓶,口服液状石蜡500毫升×3瓶,肌内注射甲基新斯的明1毫克×2毫升×10支,每天1次,连用3天。或3胃直接穿刺注射液状石蜡1~2瓶。

后期采用常规手术疗法,切开患畜右侧腹壁,皮肤切口长20厘米,暴露出3胃和真胃,术者用手按摩3胃,轻轻地让3胃中内容物向第4胃中流动,待到3胃中内容物基本软化、流动,再缝合腹膜肌肉、皮肤。一般术后连续用3天抗生素,患畜基本痊愈。对于本病阶段，在于保证充足饮水，减少坚硬粗纤维，饲喂中挑选出脏、塑料类纸屑等，本病发生大大降低，饲养管理好，正规奶牛场发病少见。

十三、亚硝酸盐中毒

（一）病因

亚硝酸盐中毒是指饲料中的硝酸盐转变为亚硝酸盐，而引起中毒。亚硝酸盐主要是一种血液毒和神经毒，主要表现为对血管舒缩神经有抑制作用，可使血管扩张、血压下降；血液毒主要表现为使血红蛋白氧化成高铁血红蛋白，这种高铁血红蛋白与氧结合得异常牢固，不易脱落，因而丧失供氧功能，致使组织缺氧。牛误食硝酸铵、硝酸钾等化学肥料，硝酸盐进入胃肠道也可转化成亚硝酸盐而引起中毒，某些疾病治疗不当也可引起继发性中毒。

（二）症状

急性中毒常在采食后半小时内突然发病。主要症状表现为发抖，痉挛，口吐白沫，呕吐，走路摇摆，歪斜或转圈，同时常伴发臌气，呼吸困难，心跳加速，血液呈棕褐色，体温正常或偏低，结膜充血、发绀，皮肤青紫，特别是四肢蹄部皮肤。

（三）防治

（1）迅速静脉注射 1%~2%亚甲蓝水溶液，每千克体重 1 毫升；或用 5%甲苯胺蓝，每千克体重 5 毫克。

（2）可静脉注射 10%碳酸氢钠 1 000~2 000 毫升，同时静脉注射安钠咖 20~30 毫升，葡萄糖、生理盐水各 1 000 毫升，并可加入 10%维生素 C 50~100 毫升。

十四、尿素中毒

尿素是农业上广泛应用的一种速效肥料，它又可以作为牛的蛋白质饲料，也可用于麦秸的氨化。但若用量不当，则可导致牛尿素中毒。

（一）病因

尿素喂量过多，或喂法不当，或被大量误食即可中毒。

（二）症状

牛过量采食尿素后 30~60 分钟即可发病。病初表现不安，呻吟，流涎，肌肉震颤，体躯摇晃，步样不稳。继而反复痉挛，呼吸困难，脉搏增速，从鼻腔和口腔流出泡沫样液体。末期全身痉挛出汗，眼球震颤，肛门松弛，几小时内死亡。

（三）防治

1. 预防

严格化肥保管使用制度，防止牛误食尿素。用尿素作饲料添加剂时，严格掌握用量，每天每头牛按每 100 千克体重给 15~20 克尿素，体重 500 千克的成年牛，用量不超过 150 克。尿素以拌在饲料中喂给为宜，不得化水饮服或单喂，喂后 2 小时内不能饮水。如日粮蛋白质已足够，不宜加喂尿素。6 月龄以下犊牛因瘤胃发育不全，故不宜使用尿素。

2. 治疗

发现牛中毒后，立即灌服食醋或醋酸等弱酸溶液，如 1%醋酸 1 升，糖 250~500 克，水 1 升，或食醋 500 毫升，加水 1 升，一次内服。静脉注射 10%葡萄糖酸钙液 200~400 毫升，或静脉注射 10%硫代硫酸钠液 100~200 毫升，同时应用强心剂、利尿剂、高渗葡萄糖等疗法，5~7 天为一个疗程。

十五、黑斑病甘薯中毒

本病是牛吃了一定量的黑斑病甘薯或黑斑病甘薯的秧苗而引起的中毒。

（一）病因

甘薯也叫红薯、白薯或地瓜，贮存不当时，常污染甘薯黑斑病真菌，甘薯霉烂变质，产生甘薯酮、甘薯醇、甘薯宁和羟甘薯宁等毒素，牛吞食了这些霉烂的甘薯，即可发生中毒。

（二）症状

有采食黑斑甘薯史。病初病牛精神沉郁，食欲减退，呈轻度前胃弛缓症状。继而食欲废绝，反刍停止，瘤胃蠕动音减弱，内容物黏硬，粪便干硬色暗，附有黏液和血液。很快出现高度呼吸困难，呼吸浅表疾速，呈冲突状呼吸。头颈伸展，眼球突出，鼻翼扇动，张口大喘，肷肋起伏。胸部听诊可听到各种啰音。肩胛部、颈部、肘部、背部乃至全身皮下气肿，触压呈捻发音。严重病例 2~3 天死亡。

(三)防治

1. 预防

禁止用霉烂甘薯喂牛。黑斑病的甘薯应集中处理,防止被牛采食。为防止甘薯患黑斑病,在收获甘薯时,应尽量不擦伤表皮;贮藏甘薯时,地窖应干燥密封,温度控制在 11~15 ℃以内。

2. 治疗原则

排除牛吃入的毒物,解毒和缓解呼吸困难,减少牛的活动,对症治疗。

(1)排除毒物:当牛吃入了毒物尚停留在瘤胃时,可采用洗胃方法将其洗出,必要时做瘤胃切开术取出吃入的毒物。也可内服氧化剂,如 1%高锰酸钾 1 500~2 000 毫升,1%过氧化氢 500~1 000 毫升,一次灌服,当毒物已进入牛肠道时,可内服硫酸钠 500~700 克,口服输补液盐 200~300 克,常水 6 000~7 000 毫升,混合后一次灌服,以促使牛排泄出毒物。

(2)缓解呼吸困难:用 3%过氧化氢 125~250 毫升,生理盐水 400~500 毫升,混合后缓慢地静脉注射。也可用 5%~20%硫代硫酸钠 200~300 毫升,维生素 C 1~3 克,混合后静脉注射。

(3)减轻肺的水肿:用 10%氯化钙 100~150 毫升,50%葡萄糖 500 毫升,20%安钠咖注射液10 毫升,混合后静脉注射。

十六、有机氯中毒

有机氯农药作为杀虫剂,在农业上已被广泛应用。引起牛中毒的有狄氏剂、七氯茚、氯丹、毒杀芬等。

(一)病因

常因其保存和使用不当,导致药物液外泄或污染了家畜的饲料、饲草和饮水,被牛误食而引起中毒。

(二)症状

轻度中毒的病牛,仅表现为吃草减少,但当人接近病牛或强迫病牛运动时,会引起病牛的兴奋,频频眨眼、皱鼻,全身肌肉大范围或局部的轻微痉挛;严重中毒的病牛,则表现为不安,眼睑、眼球震颤,鼻唇肌痉挛性收缩,全身肌肉震颤,牛空口磨牙,反刍停止，食欲废绝，有时表现兴奋，有后退动作，或失去平衡而倒地，心跳加快，最终因中枢神经抑制和呼吸衰竭而死亡。

（三）防治

首先排除牛体内的有机氯化合物并使牛与有机氯化合物脱离接触。对于摄入毒物不久的急性病例，因体表接触中毒的可用大量的温肥皂水刷洗体表，因内服中毒的，则可经洗胃排除毒物，并向牛胃内灌服碳酸氢钠，以促进毒物毒性的消退，还可内服泻剂，以促进有毒物质从粪便中排出。对有中枢神经症状的病牛，可给予镇静剂，如巴比妥钠或溴化钠治疗。

十七、棉籽饼中毒

（一）病因

棉籽饼是一种富含蛋白质的良好饲料，但其中含有毒物质棉酚，如果未经脱酚或调制不当，大量或长期饲喂，可引起中毒。

（二）症状

长期以棉籽饼喂牛时，可使牛出现维生素 A 和钙缺乏症，表现为食欲减退，消化系统紊乱，尿频、尿淋漓或形成尿道结石，使牛不能排尿。用棉籽饼喂牛 5~6 个月，可引起牛的夜盲症。若一次喂给大量的棉籽饼，可引起牛的急性中毒。病牛食欲废绝，反刍停止，瘤胃内容充盈，蠕动弛缓，排粪量少而干，患病后期牛可能拉稀粪，排尿时可能带血。病牛眼窝下陷，皮肤弹性下降，严重脱水和明显消瘦。

（三）防治

1. 预防

限量限期饲喂棉籽饼，防止一次过食或长期饲喂。饲料必须多样化。用棉籽饼作饲料时，要加温到 80~85 ℃并保持 3 小时以上，弃去上面的漂浮物，冷却后再饲喂。也可将棉籽饼用 1%氢氧化钙液或 2%熟石灰水或 0.1%硫酸亚铁液浸泡 1 昼夜，然后用清水洗后再喂。牛每天饲喂量不超过 1.5 千克，犊牛最好不喂。霉败变质的棉籽饼不能用作饲料。

2. 治疗

消除致病因素，停止饲喂棉籽饼，用 0.1%高锰酸钾洗胃，也可用 5%苏打溶液洗胃。将硫酸镁或硫酸钠 300~500 克溶于 2 000~3 000 毫升水中，给牛灌服，以促使牛加快排泄。若病牛并发胃肠炎时，可将磺胺脒 30~40 克，鞣酸蛋白 20~50 克，溶于 500~1 000 毫升水中，给牛灌服。此外，也可用硫酸亚铁 7~15 克给牛灌服。同时，采取措施对症治疗。当病牛有脱水症状且心功能不好时，可用 25%葡萄糖 500~1 000 毫升，10%安钠咖 20 毫升，10%氯化钙 100 毫升，混合后静脉注射。对发病的牛增喂青绿饲草及胡萝卜，有助于病牛的康复。

十八、有机磷中毒

有机磷农药是农业上常用的杀虫剂之一，引起家畜中毒的有机磷农药，主要有甲拌磷（3911）、对硫磷（1605）、内吸磷（1059）、乐果、敌百虫、马拉硫磷（4049）和乙硫磷（1240）等。

（一）病因

引起中毒的原因主要是误食喷洒有机磷农药的青草或庄稼，误饮被有机磷农药污染的饮水，误用配制农药的容器当做饲槽或水桶来喂饮家畜，滥用农药驱虫等。

（二）症状

患牛突然发病，表现为流涎、流泪，口角有白色泡沫，瞳孔缩小，视力减弱或消失，肠音亢进，排粪次数增多或腹泻带血。严重的病例则表现为狂躁不安，共济失调，肌肉痉挛及震颤，呼吸困难。晚期病牛出现癫痫样搐搦，脉搏和呼吸减慢，最后因呼吸肌麻痹窒息死亡。

（三）防治

1. 预防

健全农药的保管使用制度；用农药处理过的种子和配好的溶液，不得随便乱放；配制及喷洒农药的器具要妥善保管；喷洒农药最好在早晚无风时进行；喷洒过农药的地方，应插上“有毒”的标记，1 个月内禁止放牧或割草；不滥用农药来杀灭家畜体表寄生虫；敌百虫驱虫用量要适当。

2. 治疗

立即将病牛与毒物脱离开，紧急使用阿托品与解磷定进行综合治疗。大剂量使用阿托品（即一般用量的 2 倍），0.06~0.20 克，皮下注射或静脉注射，每隔 1~2 小时用

1 次，可使症状明显减轻。在此治疗基础上，配合解磷定或氯解磷定 5~10 克，配成 2%~5%水溶液静脉注射，每隔 4~5 小时用药 1 次。有效反应为瞳孔放大，流涎减少，口腔干燥，视力恢复，症状显著减轻或消失。另外，双复磷比氯解磷定效果更好，剂量为每千克体重 10~20 毫克。

对有严重脱水的病牛，应当静脉补液，对心功能差的病牛，应使用强心药。

对于经口吃入毒物而致病的牛，可早期洗胃；对因体表接触引中毒的病牛，可进行体表刷洗。

第十章　牛场建设设计与科学管理

第一节　牛场场址的选择

一、场址选择原则

(1)符合国家或地方农牧、环保等管理部门对区域发展规划的相关规定,且要面积满足要求,达到生产要求,并考虑今后的发展,应留有余地。

(2)确保养殖场场区具有良好的小气候条件,有利于养殖场环境卫生调控尽量利用自然条件。

(3)为防疫卫生,管理联系以及实现机械化创造方便条件,便于合理组织生产、提高设备利用率和劳动生产效率。

(4)便于各项卫生防疫制度的实施和废弃物的处理与利用。

二、牛场选择的条件

(一)自然条件

1. 地形

地形要开阔整齐,理想的是正方形或长方形,尽量避免过于狭长和边角太多。狭长的场地会因建筑布局的拉长而显得松散,不利于生产作业。边角太多,会影响牛场地面的合理利用。

2. 地势

养殖场场地应地势高燥、平坦、稍有坡度及排水良好,避开低洼潮湿的场地,远离沼泽地,地势要背风向阳,有利于保持地面干燥,防止雨季洪水的冲击。至少应高出当地历史洪水线1~2米，地下水位在2米以下。场地平坦，最好有1%~3%坡度，便于场地排水，但场地坡度不宜过大，一般要求不超过25%，否则会加大建场施工工程量，而且也不利于场内运输。

3. 土壤质地

养殖场场地的土壤状况对畜禽影响很大，不仅影响场区空气、水质和植被的化学成分及生长状态，而且影响土壤的净化作用。适宜建场的土壤类型，应是透气、透水性强、容水量小、毛细管作用弱、导热性小、质地均匀、抗压性强、无污染、无地质化学环境性地方病的土壤。在壤土、沙土、黏土3种类型中，以壤土最为理想。

4. 水源水质

养殖场的水源要求水量充足，水质良好，便于防护和取用。养殖场水源的水量，必须满足养殖场内的人、畜饮用和其他生产、生活用水，并应考虑消防等其他需要。

5. 气候因素

气候状况不仅影响建筑物规划、布局和设计，而且会影响畜禽舍朝向、防寒与遮阳设施的设置，与养殖场防暑、防寒等日程安排也十分密切。因此，场址选择时，需要收集拟建地区气候气象资料以及常年气象变化、灾害性天气情况等，如平均气温、绝对最高气温、绝对最低气温，土壤冻结深度，降水量与积雪深度，最大风力，常年主导风间、风向频率及日照情况等，这些资料为选址和建造畜禽圈舍提供依据。

（二）社会条件

1. 地理位置

四周幽静，无污染源影响牛场，交通、供电、饲料供应等方便，同时牛场也不致对居民区造成污染，既要不影响城镇和乡村居民的生活生产又不受外界环境对养殖场发展的制约。在城郊建场，距离大城市至少要20千米，小城镇要小于10千米，养殖场应选在远离自然保护区，水源保护区，工业、商业和居民聚居的地方，不能处于化工厂、屠宰场、制革厂等易造成环境污染的企业的下风向及附近。

2. 卫生防疫要求

场址选择应遵循公共卫生准则，符合《中华人民共和国动物防疫法》的相关规定，养殖场与居民点及其他养殖场应保持一定的卫生安全间距，距离生活饮用水源地、动物屠宰加工场所、动物和动物产品集贸市巧威场500米以上；距离种畜禽场1千米以上；距离动物诊疗场所 200 米以上；动物饲养场（养殖小区）之间距离不少于 500 米；距离动物场所、无害化处理场所 3 千米以上；距离城镇居民区、文化教育科研等人口集中区域及公路、铁路等主要交通干线 500 米以上。且应位于居民区及公共建筑群营年主导风向的下风向。切忌在旧养殖场、屠宰场或生化制革厂等场地上重建养殖场，以免疫情的发生。

3. 交通条件

在选择场址时.既要考虑到交通方便，又要使养殖场与交通干线保持适当的间距。一般来说，场区距铁路、高速公路、交通干线不小于 1 千米，距一般道路不小于 500米，养殖场最好修建专用道路与主干公路相交。

4. 供电条件

养殖场必须具备可靠的电力资源。为了保证生产的正常进行，减少供电投资，应尽量靠近原有输电线路，缩短新线架设距离。通常，养殖场要求有二级供电电源。在三级以下供电电源时，则需自备发电机，以保证养殖场内供电的稳定可靠。

5. 土地使用

场址选择必须符合本地区农牧业生产发展总体规划、土地利用发展规划和城乡建设发展规划等用地要求，符合动物卫生防疫相关法律法规的要求，不得占用基本农田，尽量利用荒地和劣地建场，确定场地面积应本着节约用地的原则。我国养殖场建筑物一般采取密集型布置方式，建筑系数一般为 20%~35%（建筑系数是指养殖场总建筑面积占场地面积的百分数）。

第二节　牛场的规划设计及配套设施

一、牛场规划原则

牛场规划布局是否合理，直接关系到能否正常组织生产，提高劳动生产率，降低生产成本，提高牛场生产的经济效益。其原则主要有以下五点。

（1）根据地势和当地全年的主风向，按功能分区，合理布置各种建筑物。

（2）因地制宜，合理利用原有地形地物，降低成本。

（3）牛场规划布局满足生产工艺流程的要求，便于严格执行各项卫生防疫制度和措施,保证正常的生产,提高劳动效率。

(4)全面考虑粪尿和牛场污水的处理和利用,变废为宝,利于环境保护。

(5)考虑牛场的长远发展,在规划时留有余地、空间,对生产区的规划更应注意长远规划。

二、牛场功能分区

(一)管理区

管理区是牛场从事经营管理活动的功能区,与社会环境具有极为密的联系。包括行政和技术办公室、会议室、接待室、传达室、警卫值班室、水塔、宿舍、会堂、围墙和大门等,此区位置的确定除考虑风向、地势外,还应考虑与外界联系方便。门前设车辆消毒池,两侧设门卫和消毒通道,应单设生活区,生活区应在管理区上风向、地势较高处。

(二)辅助生产区

辅助生产区主要布置供水、供电、供热、设备维修、物资仓库、饲料贮存等设施,这些设施应靠近生产区的负荷中心布置。

(三)生产区

生产区是牛场的核心,是从事牛养殖的主要场所,生产区主要布置各种牛舍、挤奶厅、人工授精室、胚胎移植室、装车台等。生产区与其他区之间应用围墙或绿化隔离带严格分开,在生产区入口处设置第2次人员更衣消毒室和车辆消毒设施。这些设施都应设置两个出入口，分别与生活管理区和生产区相通。此区应设在牛场的中心地带,规划时应考虑生产全过程,以便于管理和防疫。

(四)隔离区

隔离区主要布置兽医室、病备离剖检室、隔离牛舍和养殖场废弃物的处理设施,与生产区的间距应满足兽医卫生防疫要求,至少保持30米的卫生间距,隔离区与生产区均应该有专用道路。

三、牛场建筑物布局

牛场建筑物布局就是合理设计各种建筑物及设施的排列方式和次序，确定每栋建筑物和各种设施的位置、朝向和相互间距。布局是否合理，不仅关系到牛场的生产联系和劳动效率，同时也直接影响场区和牛舍内的小气候状况及卫生防疫。在牛场布局时，要综合考虑各建筑物之间的功能联系、场区的小气候状况，以及牛舍的通风、采光、防疫、防火要求，同时兼顾节约用地、布局美观整齐等要求。

（一）建筑物的排列

牛场建筑物通常应设计为东西成排、南北成列，尽量做到整齐、紧凑、美观。生产区内牛舍的布置，应根据场地形状、畜禽舍的数量和长度布置为单列、双列或多列。

1. 单列式

单列式布置使场区的净、污道路分工明确，但道路和工程管线线路较长。适用于小规模和场地狭长的牛场。

2. 双列式

双列式布置是各种牛场最经济实用的布置方式，其优点是既能保证场区净、污道路分工明确，又能缩短道路和工程管线的长度。

3. 多列式

多列式布置适合大型牛场使用，但应避免因线路交叉而引起互相污染。如果场地允许，应尽量避免将生产区建筑物布置成横向狭长或竖向狭长，因为狭长形布置势必造成饲料、粪污运输距离加大，管理和生产联系不便，道路、管线加长，建筑物投资增加，如将生产区按方形或近似方形布置，则可避免上述缺点。

（二）建筑物的位置

确定每栋建筑物和每种设施的位置时，主要根据它们之间的功能联系、工艺流程和卫生防疫要求加以考虑。

（1）牛舍应平行整齐排列，两墙端之间距离不少于 15 米。

（2）数栋牛舍排列时，每栋前后距离应视饲养头数所占运动场面积大小来确定。成乳牛每头不少于 20 平方米；青年牛和育成牛不少于 15 平方米；犊牛不少于 8~10 平方米。

（3）车库、料库、饲 料加工应设在场门两侧，以方便出入。

（4）散放饲养时，成乳牛休息棚应靠近挤奶厅（台）。

（5）奶库应靠近成乳牛舍或挤奶厅（台）。

(6)兽医室、病牛舍建于其他建筑物的下风向。

(7)配种室应靠近成乳牛舍,为工作联系方便不应与兽医室距离太远。

(8)青贮窖、干草棚建于安全、卫生、取用方便之处。

(9)粪尿,污水池应建于场外下风向。

四、牛场绿化

绿化能够美化场区环境、改善场区小气候、净化空气、防止尘埃和噪声、防火、利于防疫、防污染,绿化种类主要包括以下几种。

(一)防护林

防护林要种植在牛场区四周,多以乔木为主(如白杨、柳树、洋槐、国槐、泡桐等)。为加强冬季防风效果,可种植一两行松柏,主风向应多排种植。行距幼林时 1.0~1.5 米,成林 2.5~3.0 米。要注意缺空补栽和按时修剪,以维持美观。

(二)路旁绿化

路旁绿化既要夏季遮阴,防止道路被雨水冲刷,也可起防护林的作用。要以种植乔木为主,乔灌木搭配种植效果。

(三)遮荫林

遮荫林主要种植在运动场周围及房前屋后,但要注意不影响通风采光。

(四)环境美化

多以种植花卉灌木为主。

五、牛舍建筑的主要结构

(一)基础

基础要求有足够的强度和稳定性,必须坚固,以防下沉和不均匀下陷,使建筑物发生裂缝和倾斜。

(二)墙壁

墙壁主要是维持舍内温度及卫生。牛舍墙壁要求坚固结实、抗震、防水、防火,并具良好的保温与隔热特性,同时要便于清洗和消毒。一般多采用砖墙。

（三）屋顶

屋顶主要作用是防雨水，风沙侵入，隔绝太阳辐射。要求质轻，坚固耐用，防水、防火、隔热保温；能抵抗雨雪、强风等外力因素的影响。屋顶常见的形式有以下4种。

（1）单坡式：只有一个坡向，跨度小，有利于采光，适于单列牛舍。

（2）双坡式：有两个坡向，跨度大，保温性能好，适于双列式牛舍。

（3）联合式：与单坡式相似，只后墙上部屋顶多一短檐，起防雨、保温，挡风的作用。

（4）钟楼式或半钟楼式是在双坡式屋顶上开单侧或双侧天窗，以利于通风和采光。

（四）地面

牛舍地面要求致密坚实，不硬不滑，温暖有弹性，易清洗消毒。地面质量的好坏，关系着舍内的卫生状况。地面主要用来设置牛床、中央通道、饲料通道、饲槽、颈枷、粪尿沟等。大多数地面采用水泥，其优点是坚实，易清洗消毒，导热性强，夏季有利散热。缺点是缺乏弹性，冬季保温性差。

（五）门

牛舍门高不低于2米，宽2.2~2.4米，坐南朝北的牛舍东西门对着中央通道，百头成年乳牛舍通到运动场的门不少于2~3个。牛舍门应向外开或靠墙壁推拉，以便于牛进出，饲料运送、清除粪便等。门上不应有尖锐突出物，靠地面不应设台阶和门槛。

（六）窗

窗主要用来通风换气和采光。窗户面积与舍内地面面积之比，成乳牛为1:12，小牛为1:10~1:14。一般窗户宽为1.5~2.0米，高为2.2~2.4米，窗台距地面1.2米。

窗户越大越有利于采光，但冬季在严寒地区应注意增加保温措施。窗户采光的强弱受入射角（不小于25 ℃），透光角（不小于5 ℃）、玻璃透明度及舍内反光面的影响而有不同。故玻璃应常保持清洁，舍内墙壁应刷成白色。

第三节　牛的饲养设备及辅助设施

奶牛场设备设施是奶牛场使用的各种专用机具及内部设施的总称，主要包括拴系、饲喂、饮水、除粪、挤奶、牛奶冷却、牛奶输送等。（见图10–1）

图 10-1 牛的饲养

一、牛舍设备

(一)颈枷

在拴系饲养牛舍内,颈枷用于将奶牛固定于槽位上,拴系饲养牛舍和散栏饲养牛舍的颈枷在结构上是不同的。不同月龄牛的颈枷的大小也不同。

(二)卧床

卧床是散栏饲养牛舍的特有设备,牛可以随意躺卧在上面休息。每个卧床只能容纳 1 头牛,数个或数十个卧床连成一体,卧床与卧床之间用隔栏隔开。

(三)饲槽

饲槽用于盛放饲料,位于颈枷前端。成年母牛、青年牛、育成牛的饲槽尺寸不同。

(四)饮水设备

散栏饲养牛舍一般在舍内安装自动饮水器或饮水槽。拴系饲养牛舍大多在运动场设置饮水槽。

(五)环境控制设备

风机是各类牛舍都要使用的常规设备,有两方面的作用,一为通风换气,防止舍内湿度过高和有害气体(主要为二氧化碳和硫化氢)的聚集;二为夏季牛舍的降温。

二、运动场设备

运动场周围设有护栏,以保证牛被有效限制在运动场内。护栏高度、栏杆间隔视牛群内牛大小而定。护栏应有一定强度。运动场中应设有自动饮水装置,能够连续提供清洁饮水。自动饮水装置的周边应防滑、防泥泞。寒冷地区,运动场自动饮水装置应

图 10-2　牛的运动场

有防冻保温措施，防止饮水设施结冰和水温过低。此外，还应设有粗饲料补饲槽，供牛自由采食，增加粗饲料采食时间，此项对高产泌乳母牛尤为重要。

三、饲料加工设备

（一）精饲料加工设备

由于精补料不宜贮存，因此奶牛场可购买各种原料（玉米、豆粕、棉籽粕、麸皮）自行加工。精饲料加工设备主要有粉碎机和混合机，配套相应的去铁除杂设备。精饲料加工设备安装于饲料加工间内。

图 10-3　饲料加工

（二）粗饲料加工设备

有铡草机和揉搓机。粗饲料加工设备一般安装在于草棚附近或直接安装在于草棚中。

（三）青贮饲料设备

青贮饲料设备包括青贮制作设备和青贮取用设备。制作青贮最好使用专用青贮收割机，可集收割与铡切一起进行。牛场一般租用，也可由铡草机代替。

四、其他设备设施

(一)配种设备

配种设备一般包括精液保存设备、精液检查设备、精液解冻设备、发情鉴定设备、妊娠检查设备、产科检查设备、接产助产器具、产科治疗设备等。

(二)冲洗设备

牛舍内应安装冲洗设备,特别是散栏饲养牛舍。冲洗设备一般为高压水枪,也可以是普通的水管。

(三)清粪设备

散栏饲养牛舍一般采用机械清粪方式,应安装清粪设备。拴系饲养牛舍一般采用人工清粪方式,不需要特殊的清粪设备。

(四)消毒池

消毒池应设在场门口,应坚实,能承受出入车辆的重量,长宽以常出入车辆的车轮间距和车轮周长而定,一般长不少于4米,宽3米,深0.1米,消毒药液应维持经常有效。人员来往在场门两侧应设紫外线消毒走道。

(五)青贮池

建青贮池要选择地势高,排水畅,离牛舍较近的地方,地下水位低的地方可建地下池,水位高的可建半地上池半地下池。为保证秸秆质量,以砖砌水泥结构的双联池为好。青贮池大小,要根据家畜饲喂量而定。常见的青贮池分为半地下式,地下式和地上式,前两种虽然节省投资但是不易排出雨水和渗出液。一般青贮池呈条形,三面为墙,一面敞开,池底稍有坡度,并设排水沟。青贮池一般为2.5~4.0米,一般要求取料深度20厘米以上,根据养牛数量多少注意青贮窖池宽度,一般至少4~5米,长度因贮量和地形而定。

(六)饲料库

要靠近饲料调制室,运输方便,车辆可以直接到达饲料库门口。草垛应距离房舍50米以外,且在下风向。

(七)堆粪场(粪污池)

设在牛舍下风向、地势低洼处,在距牛舍200米以外偏僻地方,以避免疾病传染。

(八)贮奶罐

贮奶罐也叫贮奶缸,在使用前,缸内须用淡热水洗干净,然后用蒸汽消毒。各种物料由固定在缸体上的物料管进入缸内。输入物料不宜装得太满。贮存结束，放尽缸内剩余物料。应尽快用温水冲洗，刷掉附着物料，然后用 400~500 ℃碱水在容器内壁全面清洗，并用清水冲洗，待下次使用。要经常注意整台设备和减速器的工作情况。减速器润滑油不足时，应及时补充，半年换一次(40#)机油。在设备不用时，一定要用温水清洗内外。勿用盐水冲洗，以免腐蚀。经常擦洗缸体，保持外表清洁。内胆光亮，达到经久耐用的目的。

(九)运输车辆

办公用车每个牛场配置 1 辆，车型应考虑能够携带部分货物。场外运输车辆用于各种饲料原料的运输，一般为 10 吨以下卡车，可根据牛场规模等情况配置 1~2 辆。

场内运输车辆包括场内饲料运输车辆和牛粪运输车辆，一般以小四轮拖拉机为宜，但应考虑噪声问题。

第四节　牛舍内环境卫生的要求

一、温度

奶牛最适宜温度为等热区，但在日常管理中由于受多种因素的影响，很难维持在等热区范围，故一般以适宜温度为标准。大牛为 5~31 ℃，小牛为 10~24 ℃。为控制适宜温度，炎夏应搞好防暑降温，严寒应搞好防寒保温。

二、湿度

奶牛用水量大，舍内湿度会高，故应及时清除粪尿，污水，保持良好通风，尽量减少水汽。湿度大的牛舍利于微生物的生长繁殖，使牛易患湿疹、疥癣等皮肤病，气温低时，还会引起感冒、肺炎等病。所以，舍内相对湿度应控制在 50%~70%为宜。

三、气流

夏季气流能减少炎热，而冬季则加剧寒冷，所以在冬季舍内的气流速度不应超过 0.2 米/秒。低温潮湿的气流，易引起奶牛发生关节炎、肌腱炎、神经炎、肺炎等病，严重时，还会使奶牛瘫痪。

四、光照

光照对调节奶牛生理功能有很重要的作用，缺乏光照会引起生殖功能障碍，出现不发情。牛舍一般为自然采光，进入牛舍的光分直射和散射两种，夏季应避免直射光，以防增加舍温，冬季为保持牛床干燥，应使直射光射到牛床。进入牛舍的光受屋顶、墙壁、门、窗，玻璃等影响强度远比舍外少，所以长期饲养在密闭牛舍内的牛群，饲料利用率往往较低。

五、灰尘

牛舍内的灰尘来源于空气的带入、刷拭牛体、清扫地面、抖动饲料等。灰尘直径大多为 10~100 微米，5 微米以下不易下沉。下沉的灰尘落入牛奶中影响卫生，落在皮肤上与皮肤分泌物、皮屑、毛等混在一起粘在皮肤使牛发痒，骚动不安。若混有病原微生物时，还会使皮肤发炎，严重时溃烂；落入眼内发生结膜炎，严重时失明；被吸入呼吸道则引起肺炎等呼吸道疾病。虽然舍内灰尘难免，但要控制在最低程度。

六、微生物

牛舍内微生物的含量与灰尘的含量有直接关系，灰尘大，微生物多。在通风换气不良，饲养密度大的牛舍内常易发生传染病，这是由于灰尘带有病原菌造成的，因此也叫“灰尘传染”，故应尽量减少灰尘的产生。

七、噪声

噪声太大会降低牛奶产量，严重时还会引起早产、流产。奶牛能忍受的噪声极限，虽尚无资料可查，但从上述报道来看，不应超过 100 分贝。

八、有害气体

氨（NH_3）、硫化氢（H_2S）、一氧化碳（CO）等均为有毒有害气体，超过卫生指标许可，则会给奶牛带来严重损害。CO_2 虽为无毒气体，但牛舍内含量过高，说明卫生状况极差，奶牛的健康也会受到影响，使牛生产能力下降，同时大量 CO_2 排出也会引起温室响应，对环境造成威胁。

第五节　免疫接种

免疫接种是给牛接种抗原(疫苗、类毒素)或免疫血清,激发机体产生相对的特异性抵抗力,使易感动物转化为不易感动物的一种手段。有计划的免疫接种,是防制畜禽传染病的一个重要组成部分。

一、免疫接种的准备

(一)设备和材料

金属注射器(5、10、20 毫升等规格),玻璃注射器(1、2、5 毫升等规格),金属皮内注射器(螺口),针头(兽用 12~14 号、人用 6~9 号、螺口皮内 19~25 号),煮沸消毒锅,镊子,毛剪,体温计,气雾免疫器,5%碘酒、70%酒精、来苏水或新洁尔灭等消毒剂,疫苗,免疫血清,脸盆,毛巾,纱布,脱脂棉,搪瓷盘,出诊箱,工作服,登记册或卡片,保定家畜用具。

(二)生物制品的检查

免疫接种前,必须对所使用的生物制剂进行仔细检查。主要检查瓶签、瓶体、瓶盖和说明书等,具有瓶签或瓶签模糊不清、过期失效的、没有经过合格检查的、生物制剂的质量与说明书不符者,如色泽、沉淀有变化,制剂内有异物、发霉或有臭味的、瓶塞不紧或瓶体破裂、没有按规定方法保存等情形不能使用。

(三)接种牛体检查

为保证免疫接种的安全和效果,接种前应对预定接种的牛进行了解及临床观察,必要时进行体温检查。凡体质过于瘦弱的牛,妊娠后期的母牛,温升高者或疑似病畜,均不应接种疫苗,过后对这类未接种的牛以后应及时补漏接种。

二、免疫接种的方法

根据不同生物制剂的使用要求采用颈侧部位皮下注射、牛在颈外或尾根皮肤皱襞或肩胛中央等处皮内注射、臀部或颈部肌内注射等相应的接种方法。较少的生物制剂采用饮水免疫、喂食免疫、气雾免疫。

三、免疫接种的注意事项

(1)工作人员需穿工作服及胶鞋,必要时戴口罩。工作前后均应洗手,工作中不应吸烟和吃食物。

(2)接种时应严格执行消毒及无菌操作。注射器、针头等应消毒,使用时应做到一个动物一个针头,至少每吸液一次换一个针头。

(3)吸取疫苗时,应在瓶塞上固定一个针头上,吸液后不拔出,以供再次吸取。疫苗使用前,必须充分振荡,使其均匀混合后才能应用。

(4)免疫血清不应振荡,沉淀不应吸取。已经打开或稀释的疫苗,必须当天用完,未用完的处理后弃去。

(5)针筒排气溢出的药液,应吸积于酒精棉球上,并将其收集于专用瓶内,用过的酒精棉球、碘酒棉球和吸入注射器内未用完的药液都放入专用瓶内,集中烧毁之。

第六节　调运管理

牛场调运外购牛需要做好入场前的准备工作、入场时的检查工作以及入场后的饮水、饲料、疫苗等各方面的工作,最终把应激牛的死亡率最大限度地降低。

一、入场前的准备工作

(1)场地、圈舍:检查排除安全隐患→清洁卫生→消毒→清洁卫生→消毒→干燥待用。

(2)药品准备:抗应激药物、血清、疫苗、电解质、多维保健药物等。根据各牛场需要和临床使用效果备足。

(3)饲料准备:应激精饲料、优质粗料(主要是优质干草)、麦麸。

(4)调查了解来源地的疫情情况、免疫注射情况、饲料饲养情况、起运地点、路途运输时间、路途运输状况等。

(5)人员、物资设备的准备,保证牛到场及时卸牛。

二、入场时的检查

(1)车辆入场的消毒。凡入场车辆必须经过严格的车辆消毒后方可入场。

（2）查证验物。无检疫证明、消毒证明、牛调运单的一律拒收。对证物不符的，证件不齐全的必须查明原因，视情况酌情处理。

（3）临床检查。牛称重过磅后，仔细核对牛数，由驻场兽医主管或兽医人员对每头牛进行临床检查。发现可疑传染病、寄生虫病的，该批牛退回拒收。个别普通病的牛进行入场隔离观察，及时采取治疗措施处理，并与供牛商交接清楚。对伤残牛和问题牛应退回拒收。

（4）临床检查重点检查传染病和寄生虫病。传染病主要检查有无口蹄疫、水疱病、呼吸道传染病等重大动物疫病；寄生虫病主要检查体表皮肤病。

三、入场时处理

（1）牛经入场临床检查无异常后，由牛的管理人员编耳号，佩戴耳标，做好标识记录。

（2）注射抗应激药物针，主要防治牛在运输途中的伤风感冒和隐性感染（潜伏期感染）。具体做法根据牛场药品准备情况。根据牛的运输距离远近、运输时间长短、牛整体状况、季节不同等因素确定药物配方、剂量大小。

参考处方（处方①和②可二选一）：

① 鱼腥草或黄芪多糖 10 毫升/支×3 支（大牛 4 支）+青霉素 400 万 IU（大牛800万IU）。

②安痛定 10 毫升/支×3 支（大牛 4 支）+青霉素 400 万 IU（大牛 800 万 IU）。

③头孢喹诺冻干粉：3 头牛/1 支用注射用水稀释。

（3）接牛要做到三快，即下牛快、戴耳标快、注射抗应激药物针要快。

四、入场后饮水饲料调节

（1）夏季牛入场进圈休息 2 小时后必须饮水，冬季时间可延长至 4 小时。饮水量控制在平时一次饮水量的 2/3 左右。严禁牛入圈后即大量饮水，特别是夏季。饮水中添加电解多维或平衡剂（按说明书使用）。每头每天添加食盐 30~50 克，连用 7 天。

（2）饲料调节。第 1 天牛入圈 5~6 小时后开始饲喂草料（最好是优质干草），有青草的要与干草料搭配使用，不能只喂青草，限制饲喂六成饱；第 2 天继续喂草料，不限饲；第 3~6 天，每天饲喂麦麸 0.5~1.0 千克+草料+通发应激饲料 0.5~1.5 千克，草料不限饲;第 7 天开始添加精饲料 1 千克,逐日添加 0.25 千克至正常精料采食量(体重的 1%减去突发应激饲料用量)。

五、牛入场后的跟踪检查治疗

牛入场有条件的拴系喂养 1~3 天,再散开合群。每天落实兽医专人进行临床检查,测量体温,发现体温升高、咳嗽、腹泻等病况时应及时治疗处理。对病牛要进行隔离跟踪治疗,连续用药,疗程足够,不能一针了事。跟踪检查治疗直至牛群应激反应结束。

六、消毒驱虫工作

新进牛入场 1 周内要做到每天进行消毒,一周后视牛群状况隔天消毒 1 次,应激期结束后转为每周两次消毒。驱虫在精料饲喂转为正常采食量时进行第 1 次,5~7 天后做第 2 次驱虫,观察驱虫效果,经两次驱虫效果差的用伊维菌素针剂作皮下注射再进行一次驱虫。

七、免疫注射

(1)牛进场后第 3 天注射巴氏杆菌灭活苗 6 毫升/头(第 3 天注射口蹄疫血清3 毫升/头,第 10 天注射口蹄疫苗)。

(2)牛接种巴氏杆菌灭活苗 21 天后,接种口蹄疫 O 型-亚洲 I 型二价灭活苗,接种前做好体温测量工作。

八、疫病监测

对每批外购牛疫苗注射完毕 21 天后采血作抗体保护率测定,要求牛出败、牛口蹄疫抗体保护率达到 70%以上。达不到 70%必须进行加强免疫注射。

技术优点:入场时的各项检查,由于拒收病牛、伤残牛、问题牛,这就为后面快速、高效的育肥提供了保障;入场时的各项处理,包括对牛注射的药品、饮水和饲料,这是整个应激方案最核心的地方,这个过程如果处理不好,牛会因为应激而落下病根,这会直接影响到接下来的育肥环节;入场后的跟踪调查、消毒、驱虫、疫病的监测,这些工作每一个环节都必须重视,并且严格执行,这样才能保证牛育肥后的经济效益。

参考文献

[1] 韩兆玉,王根林. 养牛学[M]. 4 版. 北京:中国农业出版社,2021.

[2] 昝林森. 牛生产学[M]. 3 版. 北京:中国农业出版社,2017.

[3] 杨利国. 动物繁殖学[M]. 2 版. 北京:中国农业出版社,2008.

[4] 李文华. 现代养牛实用技术[M]. 北京:中国农业科学技术出版社,2011.

[5] 杨鸿斌,李世满. 肉牛标准化生态养殖与保健新技术[M]. 银川:宁夏人民出版社,2021.

[6] 张桂杰,王红梅. 饲草料加工与利用[M]. 北京:中国农业出版社,2019.

[7] 杜健. 奶牛养殖技术[M]. 北京:北京理工大学出版社,2013.

[8] 陈代文. 动物营养与饲料学[M]. 2 版. 北京:中国农业出版社,2015.